数据库原理与应用项目化教程（MySQL）

胡巧儿　李慧清　主编

化学工业出版社
·北京·

内容简介

《数据库原理与应用项目化教程（MySQL）》教材以“模块导入、任务驱动”的方式编写，全书分为10个模块，分别是数据库的基础，设计数据库，MySQL的安装与配置、使用，数据库的创建与维护，数据表的创建与维护，数据操作，单表简单数据查询，高级数据查询，视图与索引，数据库的安全管理。每个模块均针对数据库设计与开发中的一个工作过程介绍相关的课程内容，每个模块又分为几个任务，以实际工作任务为背景，将知识的学习、技能的练习与任务相结合；以双案例贯穿全书，构建立体的技能训练体系，课上任务实施以“学生成绩管理”数据库的设计与开发为主线贯穿始终，课后同步实训以“员工管理”数据库的设计与开发为主线贯穿始终；每个模块后面的同步实训可以强化对学生的技能训练，而且每个模块后面附有大量习题，以客观题为主，可以让学生课后及时巩固需要识记、理解的知识点。

本书可作为高职高专院校计算机类相关专业的教材，也适合数据库技术的初学者使用。

图书在版编目（CIP）数据

数据库原理与应用项目化教程：MySQL/胡巧儿，李慧清主编. —北京：化学工业出版社，2021.1
ISBN 978-7-122-37975-7

Ⅰ.①数… Ⅱ.①胡… ②李… Ⅲ.①SQL语言-关系数据库系统教材 Ⅳ.①TP311.138

中国版本图书馆CIP数据核字（2020）第221136号

责任编辑：潘新文　　装帧设计：张　辉
责任校对：边　涛

出版发行：化学工业出版社（北京市东城区青年湖南街13号　邮政编码100011）
印　　装：涿州市般润文化传播有限公司
787mm×1092mm　1/16　印张12½　字数302千字　　2022年4月北京第1版第1次印刷

购书咨询：010-64518888　　售后服务：010-64518899
网　　址：http://www.cip.com.cn
凡购买本书，如有缺损质量问题，本社销售中心负责调换。

定　　价：46.00元

前　言

数据库技术是信息系统的一个核心技术，是一种计算机辅助管理数据的方法，它研究如何组织和存储数据，如何高效地获取和处理数据。数据库技术是计算机及相关专业学生必备的专业基础知识。从目前各大招聘网站的信息来看，各类计算机人才的技能要求中都要求应聘者至少掌握一种数据库管理系统的操作和使用，相对其他数据库产品而言，MySQL 具有体积小、速度快、使用方便、可移植、费用低等特点，并且开放源代码，因此越来越多的公司开始使用 MySQL，尤其在 Web 开发领域，MySQL 占据着举足轻重的地位。

本教材的主要特色与创新如下。

1. 坚持高职高专“实用为主，够用为度”的教学原则，对教材内容进行合理规划。

本教材将数据库原理与数据库应用有机结合，数据库原理部分主要讲解关系数据库的基础知识，以及数据库概念设计与逻辑设计的常用方法；数据库应用部分则突出了软件开发时使用频率最高的数据查询语句的重要性。

2. 突出高职高专技能培养为主的特点。

本教材以“模块导入、任务驱动”的方式编写，全书分为 10 个模块，分别是数据库的基础，设计数据库，MySQL 的安装与配置、使用，数据库的创建与维护，数据表的创建与维护，数据操作，单表简单数据查询，高级数据查询，视图与索引，数据库的安全管理。每个模块均针对数据库设计与开发中的一个工作过程介绍相关的课程内容，每个模块又分为几个任务，以实际工作任务为背景，通过“任务描述”→“相关知识”（完成任务需要用到的相关知识）→“任务实施”（完成具体的工作任务）这几个环节，将知识的学习、技能的练习与任务相结合；以双案例贯穿全书，构建立体的技能训练体系，两个案例的选择充分考虑了初学者的特点，课上任务实施以“学生成绩管理”数据库的设计与开发为主线贯穿始终，课后同步实训以“员工管理”数据库的设计与开发为主线贯穿始终；每个模块后面的同步实训可以强化对学生的技能训练，而且每个模块后面附有大量习题，以客观题为主，可以让学生课后及时巩固需要识记、理解的知识点。数据库设计、数据查询需要大量的技能训练，在习题中以主观题的形式作了进一步的强化；数据查询语句是使用频率最高的语句，知识点也比较多，分为两个模块完成，确保学生能很好地掌握。

本书由胡巧儿、李慧清担任主编，刘妮娜参编。

由于编者水平所限，不妥之处在所难免，敬请广大读者和专家批评指正。

编者

目 录

模块1 数据库的基础

【模块描述】

在学习设计和使用数据库之前，需要理解数据库的基本概念；数据库是有结构的，数据库结构的基础是数据模型，数据库管理系统都是基于某种数据模型的，关系模型是目前使用最广泛的数据模型，要掌握关系模型的数据结构和数据完整性规则；了解操作关系数据库的标准语言——SQL 语言。

【学习目标】

1. 理解数据库基本概念（数据、数据库、数据库管理系统、数据库系统等）。
2. 理解概念模型相关术语及 E-R 图的三要素。
3. 理解关系模型的数据结构及数据完整性规则。
4. 了解关系数据库的标准语言——SQL 语言。
5. 能根据给定的数据表，写出关系模式，分析主键、外键及字段取值约束条件。

任务 1.1 理解数据库的基本概念

【任务描述】

本任务的具体内容是：理解数据库几个基本概念的基础上，描述数据库、数据库管理系统、数据库系统三者之间的关系，了解常用的数据库管理系统产品。

【相关知识】

数据、数据库、数据库管理系统和数据库系统是与数据库技术密切相关的 4 个基本概念。

1.1.1 数据

数据（Data）是数据库中存储的基本对象。早期的计算机系统主要用在科学计算领域，处理的数据基本是数值型数据，如整数、实数、浮点数等，因此数据在大多数人头脑中的第一个反应就是数字，但数字只是数据的一种最简单的形式，是对数据的传统和狭义的理解。现在计算机存储和处理的对象十分广泛，因此数据种类也更加丰富，例如文本、图形、图像、音频、视频、学生选课记录等都是数据。

可以将数据定义为描述事物的符号记录。描述事物的符号可以是数字，也可以是文字、图形、图像、音频、视频等，数据有多种表现形式，它们都可以经过数字化后存入计算机。

数据的表现形式不一定能完全表达其内容，需要经过解释才能明确其表达的含义，例如：80 是个数据，可以表示是一个学生某门课的成绩 80 分，也可以表示某件商品的价格 80 元，还可以表示某个人的体重 80kg。数据的解释是对数据语义的说明，数据的含义称为数据的语义，数据与其语义是不可分的。

在日常生活中，人们一般直接用自然语言来描述事物。例如，描述一位学生的基本信息：刘卫平同学，男，1994 年 10 月 16 日出生，住在衡山市东风路 78 号。但在计算机中常常这样来描述：

（刘卫平，男，1994-10-16，衡山市东风路 78 号）

即把姓名、性别、出生日期、家庭住址信息组织在一起，构成一个记录。这个记录就是描述一个学生的数据，这样的数据是有结构的。记录是计算机中表示和存储数据的一种格式或一种方法。

1.1.2 数据库

数据库（Database，简称 DB），顾名思义，就是存放数据的仓库。只是这个仓库是存储在计算机存储设备上的，而且是按一定的格式存放的。

人们在收集并抽取出一个应用所需要的大量数据之后，就希望将这些数据保存起来，以供进一步进行加工处理，抽取有用信息。在科学技术飞速发展的今天，人们对数据的需求越来越多，数据量也越来越大。最早人们把数据存放在文件柜里，现在人们可以借助计算机和数据库技术来科学地保存和管理大量复杂的数据，以便能方便而充分地利用这些宝贵的信息资源。

1.1.3 数据库管理系统

数据库管理系统（Database Management System，简称 DBMS）是介于用户与操作系统之间的数据管理软件。DBMS 可以创建数据库，并对其进行统一的管理和控制。

数据库管理系统的主要功能包括以下几个方面。

（1）数据定义功能

DBMS 提供数据定义语言，用户通过它可以方便地定义数据库的各种对象，包括数据表、视图、存储过程等，这些对象要先定义才能使用。

（2）数据操纵功能

DBMS 提供数据操纵语言，用户可以使用它操纵数据库，实现对数据库的基本操作，如查询、插入、修改、删除数据等。

（3）数据库的运行管理

数据库在建立、运行和维护时由 DBMS 进行统一的管理和控制，以保证数据的安全性、完整性、多用户对数据的并发访问及发生故障后的数据库恢复等。

（4）数据库的建立和维护

数据库的建立和维护包括数据库初始数据的输入和转换功能，数据库的转储、恢复功能，数据库的重组和性能监视、分析功能等。这些功能通常是由一些实用程序或管理工具完成的。

1.1.4　数据库系统

数据库系统（Database System，简称 DBS）是在计算机系统中引入数据库后的系统，由硬件、操作系统、数据库、数据库管理系统、数据库应用程序、各类人员等组成，它们之间的关系如图 1.1 所示。

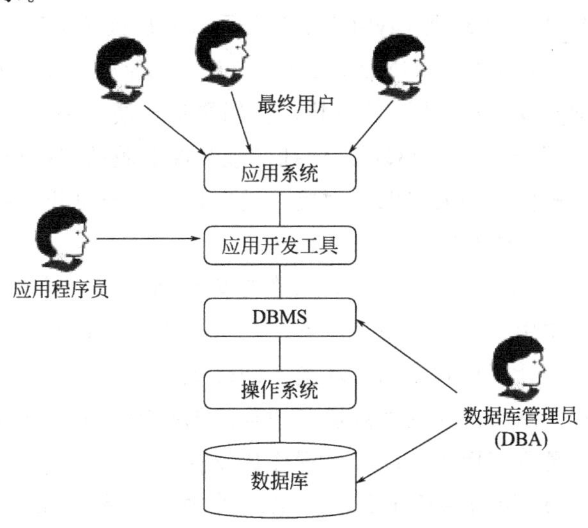

图 1.1　数据库系统的组成

对数据库提供专职管理和维护的人员，称为数据库管理员（Database Administrator，DBA）。DBA 的核心目标是保证数据库管理系统的稳定性、安全性、完整性和高性能。

数据库系统有以下几个特点：

① 数据结构化。

② 数据共享性高，冗余度低，易扩充。

③ 数据独立性高。

④ 数据由 DBMS 提供统一的管理与控制。

【任务实施】

1. 描述数据库、数据库管理系统与数据库系统三者之间的关系

数据库系统包含了数据库和数据库管理系统。数据库是长期存储在计算机内有组织、可共享的相关数据的集合，数据库中的数据按一定的数据模型组织、描述、存储，冗余度小，具有较高的数据独立性、共享性和易扩展性。数据库管理系统是数据库系统的核心组成部分，它是介于用户与操作系统之间的一层数据管理软件，用来创建数据库，并对数据库提供统一的管理与控制，是用户和数据库的接口。

2. 了解常用的数据库管理系统产品

目前市场上常用的数据库管理系统产品有 Oracle、SQL Server、MySQL、DB2、Access 等，以下对它们做简单的介绍。

① Oracle　Oracle 是美国 Oracle（甲骨文）公司开发的，是目前最流行的大型关系数据库管理系统之一。它是数据库领域一直处于领先地位的产品，市场占有率高，系统可移植

性好、使用方便、功能强，适用于各类大、中、小、微机环境。它是一种高效率、可靠性好的、适应高吞吐量的数据库方案。

② SQL Server　SQL Serve 是 Microsoft 公司推出的关系数据库管理系统，它已广泛应用于电子商务、银行、保险、电力等行业，因为操作容易、界面良好等特点深受广大用户喜爱。早期版本的 SQL Server 只能在 Windows 平台上运行，新版本的 SQL Server2017 已经支持 Windows 和 Linux 平台。

③ MySQL　MySQL 是由瑞典 MySQL AB 公司（先后被 SUN 和 Oracle 公司收购）开发的关系数据库管理系统，支持在 UNIX、Linux、Mac OS 和 Windows 等平台上使用。相对其他数据库而言，MySQL 体积小、速度快、使用更加方便、快捷，并且源代码开放，开发人员可以根据需要进行修改。MySQL 采用社区版和商业版的双授权政策，兼顾了免费使用和付费服务的场景，软件使用成本低。因此，越来越多的公司开始使用 MySQL，尤其在 Web 开发领域，MySQL 占据着举足轻重的地位。

④ DB2　DB2 是由 IBM 公司研制的关系数据库管理系统，主要应用于 UNIX（包括 IBM 的 AIX）、z/OS（适用于大型机的操作系统）、Windows Server 等平台下，具有较好的可伸缩性，可支持从大型计算机到单用户环境。DB2 提供了高层次的数据利用性、完整性、安全性和可恢复性，以及从小规模到大规模应用程序的执行能力，适合于海量数据的存储，但相对于其他数据库管理系统而言，DB2 的操作比较复杂。

⑤ Access　Access 是 Microsoft Office 办公组件之一，是 Windows 操作系统下基于桌面的关系数据库管理系统，主要用于中小型数据库应用系统开发。

Access 的功能体现在两个方面：一是用来进行数据分析，二是用来开发软件。在功能上 Access 不仅是数据库管理系统，而且是一个功能强大的数据库应用开发工具，它提供了表、查询、窗体、报表、页、宏、模块等数据库对象；提供了多种向导、生成器、模板，把数据存储、数据查询、界面设计、报表生成等操作规范化，不需太多复杂的编程，就能开发出一般的数据库应用系统。Access 采用 SQL 语言作为数据库语言，使用 VBA（Visual Basic for Application）作为高级控制操作和复杂数据操作的编程语言。

⑥ MongoDB　MongoDB 是一个介于关系数据库和非关系数据库之间的数据库管理系统，它在非关系数据库中功能丰富，更接近关系数据库。它支持的数据结构非常松散，是类似 JSON 的 BSON 格式，可以存储比较复杂的数据类型。

任务 1.2　理解数据模型

【任务描述】

本任务了解信息世界的常用术语及概念模型常用的表达工具（E-R 图），目前机器世界主流的数据模型是关系模型，识记并理解关系模型的数据结构及数据完整性规则。

本任务的具体内容是：根据学生基本信息表、课程基本信息表、学生选课成绩表的内容，分析三张表对应的是学生选修课程 E-R 图中的哪个部分；分析三张表的主键、外键；写出三张表对应的关系模式；分析三个表字段取值的约束条件。

【相关知识】

1.2.1 概念模型

概念模型用于建立信息世界的数据模型，按用户的观点对现实世界事物及事物间的联系进行抽象建模，是用户和数据库设计人员之间进行交流的工具，要求简单、清晰、易于用户理解。概念模型独立于具体的 DBMS。

（1）信息世界相关术语

① 实体（Entity） 客观存在并且可以相互区别的事物称为实体。实体可以是具体的事物，也可以是抽象的概念或联系，例如学生、课程、学生的一次选课等都是实体。

② 属性（Attribute） 实体所具有的特性称为属性。一个实体可由若干个属性来刻画。例如，学生实体可以由学号、姓名、性别、出生日期、家庭地址等属性组成，属性组合（刘卫平，男，1994-10-16，衡山市东风路 78 号）即描述了一个学生。

③ 码（Key） 唯一标识实体的属性或属性的组合称为码。例如，学号是学生实体的码，因为每个学生的学号都不相同。

④ 实体型（Entity Type） 用实体名及其属性名的集合来描述同类实体，称为实体型。例如，学生（学号，姓名，性别，出生日期，家庭地址）就是一个实体型。

⑤ 实体集（Entity Set） 同类实体的集合称为实体集。例如全体学生、所有课程等。

⑥ 联系（Relationship） 在现实世界中，事物内部及事物之间是有联系的，这些联系在信息世界中反映为实体内部的联系和实体之间的联系。实体内部的联系通常是指组成实体的各属性之间的联系，实体间的联系通常是指不同实体集之间的联系。

两个实体间的联系主要有一对一、一对多和多对多三种类型。

a. 一对一联系。如果对于实体集 A 中的每一个实体，实体集 B 中至多存在一个实体与之联系，反之亦然，则称实体集 A 与实体集 B 存在一对一的联系，记作 1∶1。

例如，一个学生只能有一张校园卡，一张校园卡只能属于一个学生，学生与校园卡之间存在一对一联系。

b. 一对多联系。如果对于实体集 A 中的每一个实体，实体集 B 中存在多个实体与之联系，反之，对于实体集 B 中的每一个实体，实体集 A 中至多存在一个实体与之联系，则称实体集 A 与实体集 B 存在一对多的联系，记作 $1:n$。

例如，一个班级有多个学生，一个学生只能属于一个班级，班级与学生之间存在一对多联系。

c. 多对多联系。如果对于实体集 A 中的每一个实体，实体集 B 中存在多个实体与之联系，反之，对于实体集 B 中的每一个实体，实体集 A 中也存在多个实体与之联系，则称实体集 A 与实体集 B 存在多对多的联系，记作 $m:n$。

例如，一个教师可以讲授多门课程，一门课程可以有多个教师讲授，教师与课程之间存在多对多的联系。

（2）E-R 图

概念模型常用的描述工具是 E-R（Entity-Relationship）图，又叫实体-联系图。E-R 图有三个要素，即实体型（一般简称为实体）、联系和属性，通用表示方法如下。

① 用矩形表示实体，实体名写在框内。

② 用菱形表示实体间的联系，联系名写在菱形框内，用无向边分别把菱形框与有关实体连接起来。

③ 用椭圆表示实体的属性或实体间联系产生的属性，并用无向边把属性和其所属的实体或联系连接起来。

如图 1.2 所示是一个描述学生、课程以及学生与课程间联系的 E-R 图。一个学生可以选修多门课程，一个课程可以被多个学生选修，所以学生与课程之间是多对多的联系，学生选课会产生一个新的属性“成绩”。学号是学生实体的码，课程号是课程实体的码。

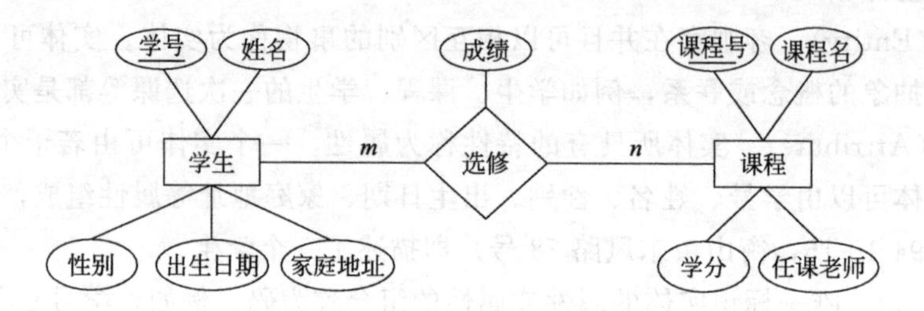

图 1.2 学生选修课程 E-R 图

1.2.2 关系模型

逻辑数据模型简称为数据模型，它直接面向机器世界里数据库的逻辑结构，任何一个 DBMS 都是基于某种数据模型的。

数据模型有三个要素，即数据结构、数据操作和数据约束条件。

层次模型、网状模型和关系模型是三种最主要的数据模型。层次模型用“树”结构来表示数据之间的关系，网状模型用“图”结构来表示数据之间的关系，关系模型用“二维表”（或称“关系”）来表示数据之间的关系。

关系模型的数据结构简单、清晰、易用，是目前最重要、使用最广泛的数据模型。采用关系模型的数据库管理系统称为关系型数据库管理系统（Relational Database Management System，简称 RDBMS），目前常用的数据库管理系统几乎都是关系型数据库管理系统，它们创建的数据库称为关系数据库，关系数据库的逻辑结构是二维表。

下面介绍关系模型的数据结构、数据操作和数据完整性规则。

（1）关系数据结构

关系模型是建立在数学集合代数的基础上的。关系模型由一组关系组成，每个关系的数据结构是一张规范化的二维表，把关系看成是行的一个集合。规范化的意思是表中没有子表，即每个属性都不可再分。如表 1.1 所示是非规范化的二维表，通过修改表 1.1 可以得到如表 1.2 所示的规范化的二维表。

表 1.1 非规范化的二维表

学号	姓名	成绩		
		语文	数学	英语
S001	张三	70	65	80
S002	李四	85	90	77
S003	王五	60	75	82
…	…	…	…	…

表 1.2　规范化的二维表

学号	姓名	语文	数学	英语
S001	张三	70	65	80
S002	李四	85	90	77
S003	王五	60	75	82
…	…	…	…	…

下面介绍关系模型中的一些术语。

① 关系：一个关系就是一张二维表。

② 元组（记录）：表中的一行叫一个元组或一条记录。

③ 属性（字段）：表中的一列叫一个属性或字段，给每个属性取一个名称叫属性名。

④ 域：属性的取值范围。

⑤ 候选码（候选键）：关系中能唯一标识一个元组的属性或属性组合，而且从这个属性组合中去掉任何一个属性，都不再具有这样的性质。唯一标识的意思是它的每个值在关系中不会重复，是唯一的。

⑥ 主码（主键）：从关系的候选码中选定一个做主码。

⑦ 全码：在最简单的情况下，候选码只包含一个属性，在最极端的情况下，候选码包含关系的所有属性，称为全码，全码是候选码的特例。

⑧ 主属性：在关系中，候选码中的属性叫主属性。

⑨ 非主属性：在关系中，不包含在任何候选码中的属性称为非主属性。

⑩ 外码（外键）：设 F 是关系 R 中的一个或一组属性，但不是 R 的主码，如果 F 与关系 S 中的主码相对应（即 F 在 S 中做主码），则称 F 是关系 S 的外码。

外码是表与表之间联系的桥梁，在后面查询操作时可以通过外码把多个表连接起来。

注意：外码可以与相对应的主码不同名，但为了识别，尽量让它们同名。

⑪ 关系模式：用来描述关系，表示为 R（U，D，Dom，F），其中：R 为关系名，U 为组成该关系的属性的集合，D 为属性组 U 中所有属性的域，Dom 为属性向域的映像集合，F 为属性间数据依赖关系的集合。一般简记为：R（U）。

关系实际上就是关系模式在某一时刻的状态或内容。也就是说，关系模式是型，关系是它的值。关系模式是静态的、稳定的，而关系是动态的、随时间不断变化的，因为关系操作在不断地更新着数据库中的数据。但在实际中，常常把关系模式和关系统称为关系，读者可以从上下文中加以区别。

关系有如下性质：

① 同列同质，即同一属性名下的各属性值是同类型的数据，且必须来自同一个域。

② 同一关系中属性名不能重复，但同一关系中不同属性的数据可来自同一个域。

③ 行的顺序无关，可以任意交换。

④ 列的顺序也无关，可以任意交换。

⑤ 任意两个元组不能完全相同，即没有完全相同的两行数据。

⑥ 表中不能有子表，即分量必须取原子值，每一个分量必须是不可分的数据项。

⑦ 一个关系只能有一个主码，外码可以有 0 到多个。

（2）关系数据操作

关系数据操作主要包括查询、插入、修改和删除数据。关系数据操作是集合操作，即把关系（二维表）中的每条记录看作是集合的一个元素，操作对象和操作结果都是关系（二维表）。关系数据操作的具体内容在后面再详细介绍。

（3）关系数据完整性规则

关系数据完整性控制是RDBMS提供的重要控制功能之一，用来确保数据的准确性和一致性，通俗地讲是为了确保表中数据不出现明显不合逻辑的错误。例如，学生基本情况表中一个学生一条记录，但是有两个学生的学号相同；成绩表中出现了一个学生基本情况表中不存在的学号（意味着根本没有这个学生）；学生成绩不在0～100之间，性别不是“男”或“女”等。

关系数据完整性规则包括三部分内容：实体完整性、参照完整性和用户自定义完整性。

① 实体完整性规则：实体完整性规定主键取值不能重复，主属性不能为空值（NULL）。即构成主键的字段都不能为NULL。

说明：空值（NULL）是数据库里一个特殊的值，表示“不知道”“不确定”的意思，不等于数值0，也不等于空串。

② 参照完整性规则：参照完整性规定外键的取值必须等于被参照表的主键的某个值或取空值（NULL）。

说明：当外键为主属性，即构成主键的字段时，不允许取空值（NULL）。否则，就违反了实体完整性规则。

③ 用户自定义完整性规则：用户自定义完整性就是根据具体语义要求，字段取值满足某种条件或函数要求。如性别只能取“男”或“女”，百分制成绩只能在0～100之间等。

【任务实施】

以下任务基于一个小型“学生成绩管理”数据库的三张数据表：学生基本信息表、课程基本信息表和学生选课成绩表，三个表的内容分别如表1.3～表1.5所示。这三个表的结构由学生选修课程E-R图（如图1.2所示）转换而来（如何转换在模块二数据库设计时再介绍）。

表1.3 学生基本信息表

学号	姓名	性别	出生日期	家庭住址
S001	刘卫平	男	1994-10-16	衡山市东风路78号
S002	张卫民	男	1995-08-11	地址不详
S003	马　东	男	1994-10-12	长岭市五一路785号
S004	钱达理	男	1995-02-01	滨海市洞庭大道278号
S005	东方牧	男	1994-11-07	东方市中山路25号
S006	郭文斌	男	1995-03-08	长岛市解放路25号
S007	肖海燕	女	1994-12-25	山南市红旗路15号
S008	张明华	女	1995-05-27	滨江市韶山路35号

表 1.4 课程基本信息表

课程号	课程名	学分	任课教师
0001	大学计算机基础	2	周宁宁
0002	C语言程序设计	3	欧阳夏
0003	SQL Server 数据库及其应用	3	张秋丽
0004	英语	2.5	李斯文
0005	高等数学	2	王洁实
0006	数据结构	3	李佳佳

表 1.5 学生选课成绩表

学号	课程号	成绩
S001	0001	80.0
S001	0002	90.0
S001	0003	87.0
S001	0004	NULL
S001	0005	78.0
S002	0001	76.0
S002	0002	73.0
S002	0003	67.0
S002	0004	NULL
S002	0005	89.0
S003	0001	83.0
S003	0002	73.0
S003	0003	84.0
S003	0004	NULL
S003	0005	65.0
S004	0006	80.0

1. 分析三张表对应的是学生选修课程 E-R 图中的哪个部分

根据三张表的数据，三张表与学生选修课程 E-R 图的对应关系如下。

① 学生基本信息表对应的是“学生”这个实体，表中一条记录对应一个学生。

② 课程基本信息表对应的是“课程”这个实体，表中一条记录对应一门课程。

③ 学生选课成绩表对应的是“选修”这个多对多的联系，每个学生选修一门课会产生一条成绩记录。

2. 分析三张表的主键

主键是表中能唯一识别一条记录的字段或字段的组合，即主键的值在表中不能重复。

① 学生基本信息表中每个学生的学号是唯一的，可以当主键。姓名有可能重名，同样，性别、出生日期、家庭地址都有可能重复，它们都不适合当主键。所以，学生基本信息表的主键：学号。

② 课程基本信息表中课程号简单又不会重复，做主键最合适。一个教师可以担任几门课的教学，几门课的学分可能相同，同名的课程也许教学大纲完全不一样而被作为两门课对待。所以，课程基本信息表的主键：课程号。

③ 学生选课成绩表记录的是学生选修课程的成绩，一个学生选修了多门课，该生学号就会重复出现，同样，一门课被多个学生选，该门课的课程号也会重复出现，成绩值可能重复是大概率事件，因此，学号、课程号和成绩三个字段单独都不能做主键。考虑三个字段的两两组合：（学号、课程号）这个组合的值假设有可能重复，根据关系的性质，表中不允许有重复行，意味着如果表中存在（学号、课程号）这个组合的值相同的两行，那成绩就不能相同，这明显是不合理的，因为一个学生选修某一门课程只能有一个成绩；（学号，成绩）这个组合的值重复意味着一个学生有几门课成绩相同，这是完全可能的；（课程号，成绩）这个组合的值重复意味着一门课有多个学生的成绩相同，这也是完全可能的。所以，学生选课成绩表的主键是两个字段的组合：（学号，课程号）。

3. 分析三张表的外键

根据外键的定义，外键在本表中不是主键，但是对应另外一个表的主键。

① 学生基本信息表中学号是主键，外键只可能是其他几个字段，因为姓名、性别、出生日期和家庭住址这几个字段在其他表中都没有，所以，学生基本信息表没有外键。

② 课程基本信息表中课程号是主键，课程名、学分和任课教师这几个字段在其他两个表中都没有，所以，课程基本信息表也没有外键。

③ 学生选课成绩表中主键是字段组合（学号，课程号）。成绩在其他表中没有，很明显不是外键；学号单个字段不是主键，而且对应学生基本信息表的主键（学号），所以学号是学生选课成绩表的外键，同理，课程号对应课程基本信息表的主键（课程号），所以课程号也是该表的外键。学生选课成绩表有两个外键：学号、课程号。

4. 写出三张表对应的关系模式

一个关系就是一张二维表，关系模式用来描述关系，简写为 R（U），R 为关系名，U 为组成该关系的属性的集合。

三张表对应的关系模式如下。

① 学生基本信息表（学号，姓名，性别，出生日期，家庭地址）。

② 课程基本信息表（课程号，课程名，学分，任课教师）。

③ 学生选课成绩表（学号，课程号，成绩）。

5. 分析三个表字段取值的约束条件

根据关系数据完整性规则，主键取值不能重复，构成主键的字段不能取空值（NULL）；外键取值等于被参照表的主键的某个值或取空值（NULL）；除了主键、外键以外其他字段取值要根据具体的语义来判断。

① 学生基本情况表主键是学号，学号取值不能重复，也不能取空值（NULL）；性别只能取“男”或“女”。

② 课程基本信息表主键是课程号，课程号取值不能重复，也不能取空值（NULL）。

③ 学生选课成绩表主键是字段的组合：（学号，课程号），这个字段组合的值不允许重复；学号是外键又是构成主键的字段，取值要等于被它参照的学生基本信息表的学号的某个值，不能取空值（NULL），同理，课程号取值要等于被它参照的课程基本信息表的课程号的某个值，不能取空值（NULL）；百分制成绩的取值范围是 0～100 分。

任务1.3 了解SQL语言

【任务描述】

本任务的具体内容是：了解SQL语言语句的分类及SQL语言的特点。

【相关知识】

SQL语言（Structured Query Language）又叫结构化查询语言，它是由国际标准化组织ISO颁布的操作关系数据库的标准语言。主要用于管理数据库中的数据，如存取数据、查询数据、更新数据等。

1.3.1 SQL语句的分类

SQL语句可以按功能分为四大类：数据定义、数据操纵、数据查询及数据控制。

（1）数据定义（Data Definition Language，DDL）

DDL语句包括CREATE、ALTER、DROP这三种语句，用于定义数据库，定义表、视图、存储过程等数据库对象。CREATE表示创建，ALTER表示修改，DROP表示删除。

（2）数据操纵（Data Manipulation Language，DML）

DML语句包括INSERT、UPDATE、DELETE这三种语句，分别用于对数据库中的数据进行增、改、删操作。INSERT表示插入，UPDATE表示修改、DELETE表示删除。

（3）数据查询（Data Query Language，DQL）

DQL语句是SELECT语句，用于查询数据库中的数据。SELECT语句是SQL语言中使用频率最高的一条语句。

（4）数据控制（Data Control Language，DCL）

DCL语句包括GRANT、REVOKE、COMMIT、ROBACK这四个基本语句，用于控制用户的访问权限。GRANT表示给用户授权，REVOKE表示收回用户权限，COMMIT表示提交事务，ROLLBACK表示回滚事务。

1.3.2 SQL语言的特点

（1）综合统一

SQL可以独立完成数据库生命周期中的全部活动，包括定义关系模式、录入数据、建立数据库、查询、更新、维护、数据库重构、数据库安全性控制等一系列操作，这就为数据库应用系统开发提供了良好的环境，在数据库投入运行后，还可根据需要随时逐步修改模式，且不影响数据库的运行，从而使系统具有良好的可扩充性。

（2）高度非过程化

非关系数据模型的数据操纵语言是面向过程的语言，用其完成用户请求时，必须指定存取路径。而用SQL进行数据操作，用户只需提出“做什么”，而不必指明“怎么做”，因此用户无需了解存取路径，存取路径的选择以及SQL语句的操作过程由系统自动完成。这不但大大减轻了用户负担，而且有利于提高数据独立性。

（3）面向集合的操作方式

SQL采用集合操作方式，把表看成是一个集合，把表中每行数据看成是集合的一个元素，不仅查询操作的对象和结果是集合，而且一次插入、删除、更新操作的对象也可以是数据行的集合。

（4）以同一种语法结构提供两种使用方式

SQL 既是自含式语言，又是嵌入式语言。作为自含式语言，它能够独立地用于联机交互的使用方式，用户可以在终端键盘上直接输入 SQL 命令对数据库进行操作。作为嵌入式语言，SQL 语句能够嵌入到高级语言（如 C、C#、JAVA）程序中，供程序员设计程序时使用。而在两种不同的使用方式下，SQL 的语法结构基本上是一致的。这种以统一的语法结构提供两种不同的操作方式，为用户提供了极大的灵活性与方便性。

（5）语言简洁，易学易用

SQL 功能极强，但由于设计巧妙，语言十分简洁，完成数据定义、数据操纵、数据控制的核心功能只用了 9 个动词：CREATE、ALTER、DROP、SELECT、INSERT、UPDATE、DELETE、GRANT、REVOKE。而且，SQL 语言语法简单，接近英语口语，因此容易学习，也容易使用。

【任务实施】

通过观察下面的几个 SQL 语句，进一步了解 SQL 语句的分类，体会 SQL 语言的特点。

1. CREATE DATABASE mydb;

说明：CREATE 表示创建，是一条 DDL 语句，功能是创建一个数据库，数据库名称 mydb。

2. DELETE FROM stumarks;

说明：DELETE 表示删除，是一条 DML 语句，功能是删除 stumar 表中的所有记录。

3. SELECT stuno，stuname FROM stuinfo WHERE stusex=‘女’;

说明：SELECT 表示查询，是一条 DQL 语句，功能是查询 stuinfo 表中所有女同学的学号和姓名。

4. GRANT SELECT ON stumarks TO wang;

说明：GRANT 表示授予，是一条 DCL 语句，功能是将查询 stumarks 表的权限授予用户 wang。

【同步实训 1】分析“员工管理”数据库的数据

1. 实训目的

能根据给定的数据表，写出关系模式，分析主键、外键及字段取值约束条件。

2. 实训内容

以下任务基于一个小型“员工管理”数据库的两张数据表：部门基本信息表、员工基本信息表，两个表的内容分别如表 1.6、表 1.7 所示。

表 1.6　部门基本信息表

部门编号	部门名称	部门地址
10	ACCOUNTING	NEWYORK
20	RESEARCH	DALLAS

续表

部门编号	部门名称	部门地址
30	SALES	CHICAGO
40	OPERATIONS	BOSTON

表 1.7 员工基本信息表

工号	姓名	工作职位	领导工号	入职日期	工资	奖金	部门编号
7369	SMITH	CLERK	7902	1980-12-17	800.00	NULL	20
7499	ALLEN	SALESMAN	7698	1981-02-20	1600.00	300.00	30
7521	WARD	SALESMAN	7698	1981-02-22	1250.00	500.00	30
7566	JONES	MANAGER	7839	1981-04-02	2975.00	NULL	20
7654	MARTIN	SALESMAN	7698	1981-09-28	1250.00	1400.00	30
7698	BLAKE	MANAGER	7839	1981-05-01	2850.00	NULL	30
7782	CLARK	MANAGER	7839	1981-06-09	2450.00	NULL	10
7788	SCOTT	ANALYST	7566	1987-04-19	3000.00	NULL	20
7839	KING	PRESIDENT	NULL	1981-11-17	5000.00	NULL	10
7844	TURNER	SALESMAN	7698	1981-09-08	1500.00	0.00	30
7876	ADAMS	CLERK	7788	1987-05-23	1100.00	NULL	20
7900	JAMES	CLERK	7698	1981-12-03	950.00	NULL	30
7902	FORD	ANALYST	7566	1981-12-03	3000.00	NULL	20
7934	MILLER	CLERK	7782	1982-01-23	1300.00	NULL	10

① 写出两个表的关系模式。

② 分析两个表的主键、外键。

③ 分析两个表字段取值的约束条件。

习题 1

1. 数据库是相关数据的集合，它不仅包括数据本身，而且包括（　　）。

   A. 数据之间的联系　B. 数据安全　C. 数据控制　D. 数据操纵

2. （　　）是位于用户和操作系统之间的一种数据管理软件。数据库在建立、使用和维护时由其统一管理、统一控制。

   A. DBMS　B. DB　C. DBS　D. DBA

3. 数据库的基本特点是（　　）。

   A. 数据可以共享、数据独立性、数据冗余大、统一管理和控制

   B. 数据可以共享、数据互换性、数据冗余小、统一管理和控制

   C. 数据可以共享、数据独立性、数据冗余小、统一管理和控制

   D. 数据非结构化、数据独立性、数据冗余小、统一管理和控制

4. 数据冗余指的是（　　）。

A. 数据和数据之间没有联系　　B. 数据有丢失
C. 数据量太大　　D. 存在重复的数据

5. 数据库系统不仅包括数据库本身，还要包括相应的硬件、软件和（　　）。
A. 数据库管理系统　　B. 数据库应用系统
C. 相关的计算机系统　　D. 各类相关人员

6. 数据库管理系统能实现对数据库中数据的插入、修改和删除等操作，这种功能称为（　　）。
A. 数据定义功能　　B. 数据查询功能
C. 数据操纵功能　　D. 数据控制功能

7. 在数据库技术中，实体-联系模型是一种（　　）。
A. 逻辑数据模型　　B. 物理数据模型
C. 结构数据模型　　D. 概念数据模型

8. E-R 图的三要素是（　　）。
A. 实体、属性、实体集　　B. 实体、键、联系
C. 实体、属性、联系　　D. 实体、域、候选键

9. 在 E-R 图中，用矩形和椭圆形分别表示（　　）。
A. 联系、属性　　B. 属性、实体
C. 实体、属性　　D. 属性、联系

10. 下列实体类型的联系中，属于一对多联系的是（　　）。
A. 学生与课程之间的联系
B. 学校与班级之间的联系
C. 商品条形码与商品之间的联系
D. 公司与总经理之间的联系

11. 学生社团可以接纳多名学生参加，每个学生可以参加多个社团，从社团到学生之间的联系类型是（　　）。
A. 多对多　　B. 一对一　　C. 多对一　　D. 一对多

12. 关系模式的任何属性（　　）。
A. 不可再分　　B. 可以再分
C. 命名在关系模式上可以不唯一　　D. 以上都不是

13. 在关系理论中，如果一个关系中的一个属性或属性组能够唯一地标识一个元组，那么可称该属性或属性组为（　　）。
A. 外码　　B. 主码　　C. 域　　D. 关系名

14. 关系模型中，一个关系就是一个（　　）。
A. 一维数组　　B. 一维表　　C. 二维表　　D. 三维表

15. 表示二维表中的“行”的关系模型术语是（　　）。
A. 数据表　　B. 元组　　C. 属性　　D. 字段

16. 如果一个关系中的属性或属性组不是该关系的主码，但它们是另外一个关系的主码，则称这个属性或属性组为该关系的（　　）。
A. 主码　　B. 内码　　C. 外码　　D. 关系

17. 关系的主码可由（　　）属性组成。
A. 一个　　B. 两个　　C. 多个　　D. 一个或多个

18. 关系模式的候选码可以有 1 个或多个，而主码只能有（　　）。

A. 多个　　B. 0 个　　C. 1 个　　D. 1 个或多个

19. 关系数据库是若干（　　）的集合。

A. 表（关系）　　B. 视图　　C. 列　　D. 行

20. 下面的选项中，不是关系性质的是（　　）。

A. 不同的列应有不同的数据类型　　B. 不同的列应有不同的列名

C. 行的顺序无关　　D. 列的顺序无关

21. 现有一个关系：

借阅（书号，书名，库存数，读者号，借阅日期，还书日期)。

假如同一本书允许一个读者多次借阅，但不能同时对一种书借多本，则该关系的主码是（　　）。

A. 书号　　B. 读者号

C. 书号＋读者号　　D. 书号＋读者号＋借阅日期

22. 在关系模型中，为了实现“关系中不允许出现相同元组”的约束应使用（　　）。

A. 临时键　　B. 主键　　C. 外键　　D. 索引键

23. SQL 语言是国际标准化组织 ISO 颁布的操作关系数据库的标准语言，该语言中使用频率最高的语句是（　　）。

A. INSERT　　B. UPDATE　　C. DELETE　　D. SELECT

24. ALTER 语句属于 SQL 语言的（　　）语句。

A. 数据定义　　B. 数据操纵　　C. 数据查询　　D. 数据控制

25. GRANT 语句属于 SQL 语言的（　　）语句。

A. 数据定义　　B. 数据操纵　　C. 数据查询　　D. 数据控制

模块2 设计数据库

【模块描述】

本模块将根据一个小型学生成绩管理系统的需求分析结果，设计该系统后台数据库的概念结构（用E-R图表示），再把E-R图转换为数据库的逻辑结构（一组关系模式，即若干个表结构），并根据关系规范化理论对其进行评价及优化。

【学习目标】

1. 识记E-R图的设计原则及步骤。
2. 识记E-R图转换成关系模型的一般转换规则。
3. 理解关系规范化理论。
4. 能根据某小型应用系统需求设计E-R图（数据库的概念结构）。
5. 能把E-R图转换成关系模型（数据库的逻辑结构）。
6. 能在函数依赖范畴内判断关系模式满足第几范式，并能通过分解达到3NF。

任务2.1　概念结构设计

【任务描述】

本任务的具体内容是：根据一个小型学生成绩管理系统的用户需求，设计该系统后台数据库的概念结构（用E-R图表示）。

【相关知识】

E-R图是概念模型常用的表达工具，E-R图有三个要素，即实体型（一般简称为实体）、联系和属性，分别用矩形、菱形和椭圆来表示，实体间的联系有三种，即$1:1$、$1:n$和$m:n$。

开发一个信息管理系统，最经常采用的策略是自顶向下需求分析，然后自底向上地设计概念结构，即首先设计各子系统的局部E-R图，再将它们合并得到全局E-R图。

2.1.1 设计局部 E-R 图

设计局部 E-R 图的第一步是先确定各局部应用中的实体、实体的属性、实体的码、实体间的联系及联系的类型（1∶1，1∶n，m∶n）。

实际上，实体和属性是相对而言的，如何确定实体和属性这个看似简单的问题经常会困扰设计人员。确定一个事物是否作为属性处理要遵守以下两条原则：

① 属性不能再具有需要描述的性质，即属性必须是不可分的数据项，不能包含其他属性。

② 属性不能与其他实体具有联系，即 E-R 图中的联系只发生在实体之间。

凡满足以上两条准则的事物，一般作为属性对待。

例如，学生是一个实体，有学号、姓名、性别等属性，如果班级只是作为学生这个实体的属性，表示学生所在班级，但如果还需要描述学生的班主任、班级固定教室等与班级相关的信息，则需要考虑把班级作为一个实体来处理，如图 2.1 所示。

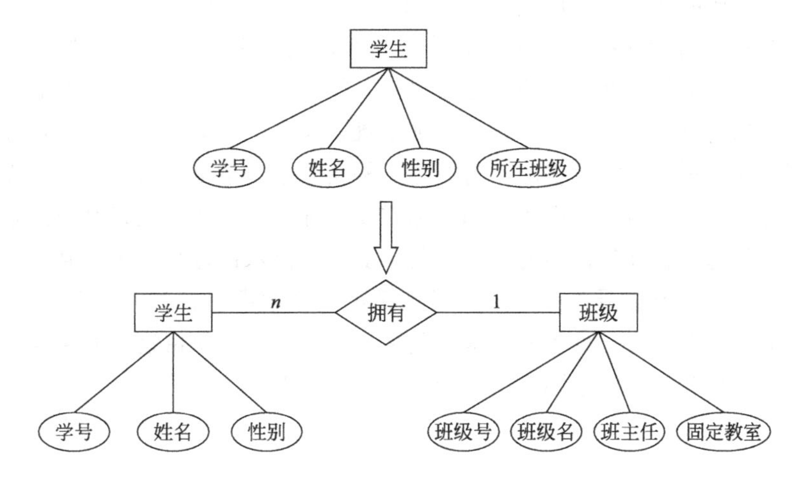

图 2.1　班级作为一个实体

2.1.2 设计全局 E-R 图

(1) 合并 E-R 图，生成初步 E-R 图

各个局部应用所面向的问题不同，且通常是由不同的设计人员进行局部 E-R 图设计，因此各局部 E-R 图不可避免地会存在许多不一致的地方，称之为冲突。

各局部 E-R 图间的冲突主要有三种，即属性冲突、命名冲突和结构冲突。

① 属性冲突　属性冲突主要包含以下两种。

a. 值域冲突，即属性值的类型、取值范围或取值集合不同。例如，学生年龄，有些部门用出生日期表示学生的年龄，有些部门用整数表示学生的年龄。

b. 取值单位冲突。例如：零件的质量，有的以公斤为单位，有的以千克为单位。

属性冲突属于用户业务上的约定，需要与用户协商解决。

② 命名冲突　命名冲突可能发生在实体、联系或属性之间，其中属性的命名冲突最为常见。命名冲突主要包含以下两种。

a. 同名异义，即同一名字的对象在不同的局部 E-R 图中具有不同的意义。

b. 异名同义，即不同名字的对象在不同的局部 E-R 图中具有相同的意义。

命名冲突解决办法与属性冲突相同，需要与用户协商解决。

③ 结构冲突

a. 同一对象在不同局部 E-R 图中有不同的抽象。例如，班级在某一局部 E-R 图中是属性，但在另一局部 E-R 图中被当作实体。

解决办法通常是把属性变换为实体或把实体变换为属性，使同一对象具有相同的抽象。但变换时还是要遵循 2.1.1 节讲述的两条原则。

b. 同一实体在不同局部 E-R 图中的属性组成不同，可能是属性个数或属性的排列次序不同。这是很常见的冲突，原因是不同的局部应用关心的是该实体的不同特性。

解决办法是该实体的属性取各局部 E-R 图中属性的并集，再适当调整属性的次序。

c. 实体间的联系在不同的局部 E-R 中为不同的类型。例如，E1 与 E2 在一个局部 E-R 图中是一对多的联系，而在另一个局部 E-R 图中可能是多对多的联系。

解决的办法是根据应用的语义对实体联系的类型进行综合或调整。

（2）消除不必要的冗余，生成基本 E-R 图

在初步 E-R 图中可能存在一些冗余的数据和实体间冗余的联系。所谓冗余的数据是指可由基本数据导出的数据，冗余的联系是指可由其他联系导出的联系。冗余数据和冗余联系容易破坏数据库的完整性，给数据库维护增加困难，应当予以消除。但是，也并不是所有的冗余数据和冗余联系都必须加以消除，有时为了提高效率，不得不以冗余信息作为代价，在设计数据库概念结构时，需要根据用户的整体需要来确定。比如，银行客户经常需要查自己账户的余额，如果每次查询都需要对该账户的历史银行流水进行统计再得到余额，查询效率就太低了，这是用户不能接受的，所以，虽然余额这个数据可以通过统计每次支取金额得到，是个冗余数据，但是为了处理效率能满足客户的需求，要保留这个冗余信息。

消除了冗余数据和冗余联系的 E-R 图称为基本 E-R 图。

【任务实施】

根据一个小型学生成绩管理系统的用户需求，设计该系统后台数据库的概念结构。

一个小型学生成绩管理系统的需求分析结果如下。

系统要能存储、管理并查询以下信息：每位学生的基本信息（学号、姓名、性别、出生日期、家庭地址、平均成绩、所在班级）、各班级的基本信息（班级号、班级名称、班主任、固定教室）、各门课的基本信息（课程号、课程名、学分、任课教师）、教师的基本信息（工号、姓名、性别、职称）、班级开课情况（一个班可以开多门课，一门课可以在多个班级开）、学生选修课程的成绩（一个学生可以选多门课，一门课可以被多个学生选修）、教师担任班主任的情况（一个班只有一个班主任，一个教师只能担任一个班的班主任）、教师讲授课程的情况（一个教师可以教多门课，一门课可以有多个教师）、各种统计数据（每个学生的总分、均分，每门课的最高分、最低分、平均分、选修人数等）。

（1）数据抽象：确定实体、属性及实体间联系

① 根据需求分析，该系统包含有 4 个实体，即学生、班级、教师、课程。

② 根据确定一个事物是否作为属性处理要遵守的两条原则，各实体属性确定如下（带下画线的属性为各实体的码）。

学生：学号、姓名、性别、出生日期、家庭地址、平均成绩。

班级：班级号、班级名称、固定教室。

教师：工号、姓名、性别、职称。

课程：课程号、课程名、学分。

③ 根据需求分析，各实体间有如下联系。

a. 一个学生可以选修多门课，一门课可以被多个学生选修，学生选修课程会有成绩。

b. 一个班级可以开多门课，一门课可以有多个班级开。

c. 一个班级有多个学生，一个学生只能属于一个班级。

d. 一个教师可以讲授多门课程，一门课程可以有多个教师。

e. 一个教师可以担任多个班级的授课任务，一个班级可以有多个教师。

f. 一个教师可以担任一个班的班主任，一个班级只有一个班主任。

(2) 设计局部 E-R 图

根据数据抽象结果，可以得到教师管理班级、学生选修课程、教师授课这几个局部 E-R 图，分别如图 2.2～图 2.4 所示。

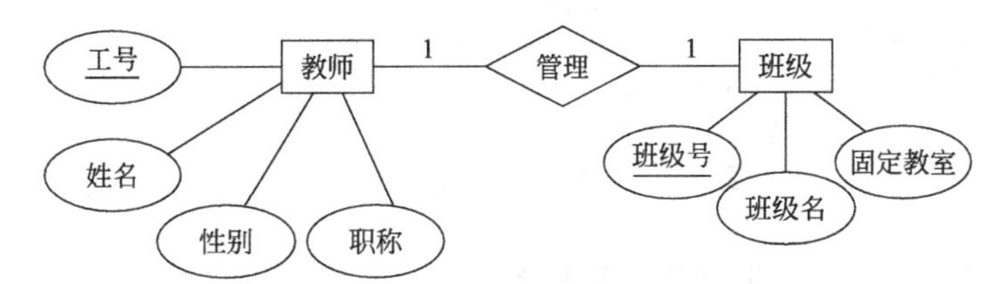

图 2.2 教师管理班级局部 E-R 图

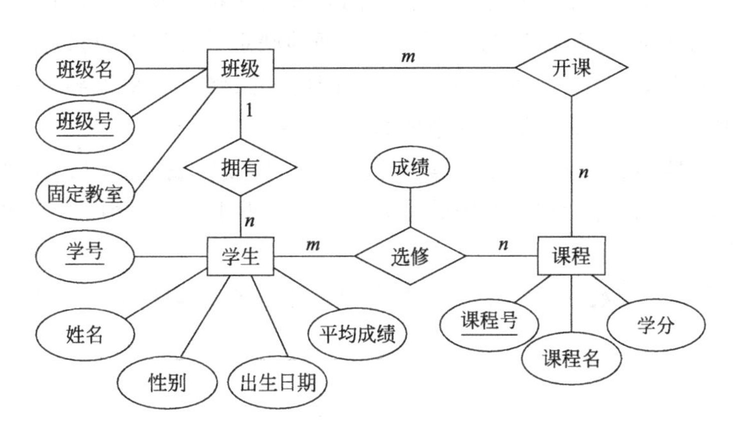

图 2.3 学生选修课程局部 E-R 图

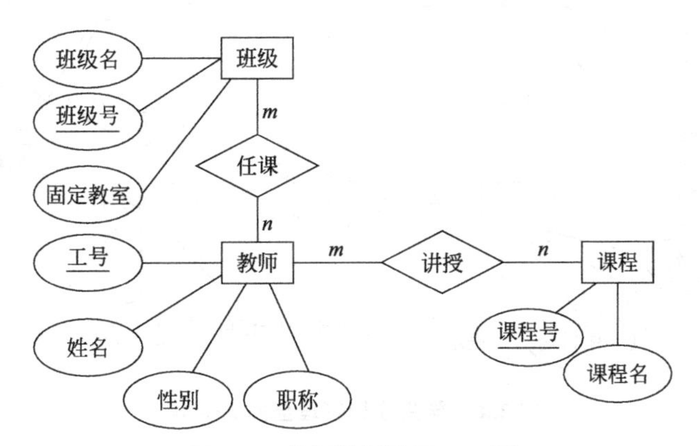

图 2.4 教师授课局部 E-R 图

（3）合并 E-R 图，生成初步 E-R 图

合并教师管理班级、学生选修课程、教师讲授课程这三个局部 E-R 图，合并时如果存在属性冲突、命名冲突及结构冲突，都要把它们消除掉，得到初步的 E-R 图，如图 2.5 所示。

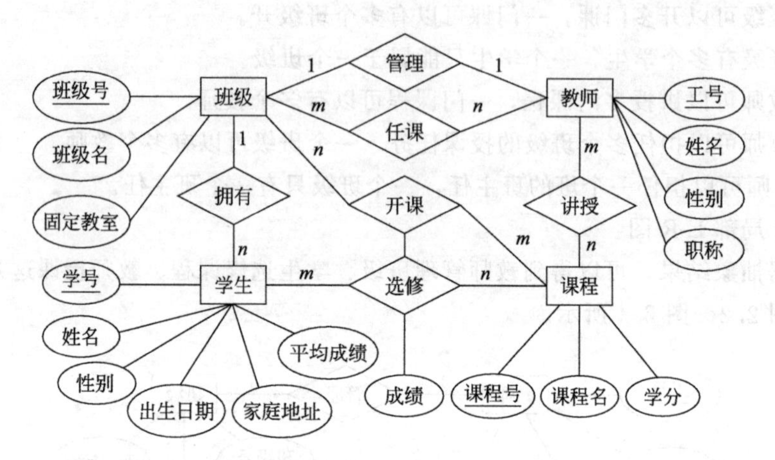

图 2.5　学生成绩管理初步 E-R 图

（4）消除不必要的冗余，生成基本 E-R 图

消除初步 E-R 图（如图 2.5 所示）中存在的冗余数据和冗余联系如下。

① 消除冗余的联系。“班级”与“课程”之间的联系“开课”，可以由“班级”与“学生”之间的“拥有”联系及“学生”与“课程”间的“选修”联系推导出来，所以“班级”与“课程”之间的“开课”联系属于冗余的联系，可以消除。

② 消除冗余的数据。“学生”这个实体的“平均成绩”属性，可以由“学生”与“课程”间“选修”联系的属性“成绩”统计出来，所以“学生”实体中的“平均成绩”属于冗余数据，可以消除。

消除冗余联系和冗余数据后，得到学生成绩管理系统基本 E-R 图，即全局 E-R 图，如图 2.6 所示。

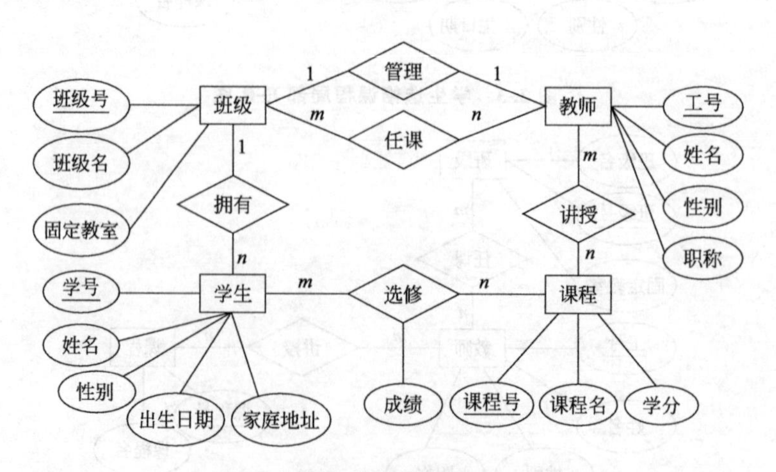

图 2.6　学生成绩管理全局 E-R 图

任务 2.2　逻辑结构设计——E-R 图转换成关系模型

【任务描述】

本任务的具体内容是：把描述学生成绩管理数据库概念结构的 E-R 图，如图 2.6 所示，转换为关系模型（数据库逻辑结构）。

【相关知识】

关系模型是一组关系模式的集合。要将 E-R 图转换成关系模型实际上就是要将实体、实体间的联系分别转换为关系模式，并确定这些关系模式的属性和码。

E-R 图转换成关系模型的一般转换规则如下。

① 一个实体转换为一个关系模式，关系的属性就是实体的属性，关系的码就是实体的码。

② 实体间联系的转换，根据联系的不同类型分为以下三种：

a. 1∶1 联系，一般将该联系与任意一端实体所对应的关系模式合并，即在该关系模式的属性中加入另一个关系模式的码和联系本身的属性。

b. 1∶n 联系，一般将该联系与 n 端实体所对应的关系模式合并，即在 n 端所对应的关系模式中增加 1 端实体的码及联系本身的属性。

c. m∶n 联系，一般将该联系转换为一个关系模式，关系的属性为两端实体的码加联系本身的属性组成，两端实体的码组成关系的码或关系码的一部分。

③ 三个或三个以上实体间的一个多元联系可以转换为一个关系模式，关系的属性为与该多元联系相连的各实体的码及联系本身的属性，各实体的码组成关系的码或关系码的一部分。

④ 具有相同码的关系模式可以合并。

【任务实施】

(1) 把描述学生成绩管理数据库概念结构的 E-R 图（如图 2.6 所示）转换为关系模型（数据库逻辑结构）

说明：下面关系模式中用下划线标出它的码。

分析：E-R 图转换为关系模型，即要把 E-R 图上的实体及实体间的联系分别转换为关系模式。一个实体对应一个关系模式，实体间的联系根据联系的不同类型转换为一个关系模式或与某一端实体对应的关系模式进行合并。

① 实体的转换　学生成绩管理 E-R 图中“学生”“班级”“教师”和“课程”4 个实体对应关系模式如下：

学生（<u>学号</u>，姓名，性别，出生日期，家庭地址）

班级（<u>班级号</u>，班级名，固定教室）

教师（<u>工号</u>，姓名，性别，职称）

课程（<u>课程号</u>，课程名，学分）

② 实体间联系的转换

a.“管理”是1∶1联系，可选择与“班级”的关系模式合并，加上另一个关系模式“教师”的码：工号。“工号”在“班级”关系模式中作外码。

班级（班级号，班级名，固定教室，工号）

b.“任课”“讲授”“选修”都是 $m:n$ 联系，要转换成一个新的关系模式，关系的属性由两端实体的码加联系本身的属性组成，两端的码组成新关系的码。

任课（工号，班级号）

讲授（工号，课程号）

选修（学号，课程号，成绩）

c.“拥有”是1∶n 联系，要与 n 端（学生）对应的关系模式合并，“学生”关系模式加上1端（“班级”）实体的码：班级号。“班级号”在“学生”关系模式中作外码。

学生（学号，姓名，性别，出生日期，家庭地址，班级号）

E-R图转换关系模型完成后，一共得到7个关系模式，具体如下：

学生（学号，姓名，性别，出生日期，家庭地址，班级号）

班级（班级号，班级名，固定教室，工号）

教师（工号，姓名，性别，职称）

课程（课程号，课程名，学分）

任课（工号，班级号）

讲授（工号，课程号）

选修（学号，课程号，成绩）

（2）把学生选修课程E-R图（如图1.2所示）转换成关系模型

① 实体的转换　学生选修课程E-R图中“学生”“课程”这2个实体对应的关系模式如下：

学生（学号，姓名，性别，出生日期，家庭地址）

课程（课程号，课程名，学分，任课教师）

② 实体间联系的转换　学生与课程之间是 $m:n$ 的联系，需要转换成一个新关系模式，关系的属性由两端实体的码加联系本身的属性组成，两端的码组成新关系的码。

选修（学号，课程号，成绩）

E-R图转换关系模型完成后，一共得到3个关系模式，具体如下：

学生（学号，姓名，性别，出生日期，家庭地址）

课程（课程号，课程名，学分，任课教师）

选修（学号，课程号，成绩）

任务2.3　逻辑结构设计——关系模型的优化

【任务描述】

本任务的具体内容是：根据任务2.2实施得到的学生成绩管理数据库的关系模型，在函数依赖范畴内判断每个关系模式最高满足第几范式，如果没有达到3NF，在关系规范化理论指导下，通过分解进行优化。

【相关知识】

对于一个有经验的设计人员来说，如果是设计一个不复杂的小型应用系统的数据库，完全可以在关系规范化理论的指导下，跳过概念结构设计环节，直接设计数据库的逻辑结构。

2.3.1　不好的关系模式

下面通过举例说明一个不好的关系模式存在哪些问题。

例如，有一个描述教学管理的数据库，该数据库涉及的对象包括学生的学号（sno）、姓名（sname）、性别（ssex）、所在系（sdept）、系主任姓名（mname）、课程号（cno）、课程名（cname）和成绩（score）。假设用一个关系 student 来存放所有数据，则该关系的关系模式如下：

```
student(sno,sname,ssex,sdept,mname,cno,cname,score)
```

根据社会经验，很明显地，该关系各属性间存在以下联系：

一个系有若干个学生，一个学生只属于一个系；一个系只有一系主任；一个学生可以选修多门课程，每门课程可以有若干学生选修；每个学生选修每门课程都有一个成绩。

表 2.1 是关系模式 student 的一个实例，经过分析，可以得出这个关系的码是（sno，cno）。

表 2.1　student 表

sno	sname	ssex	sdept	mname	cno	cname	score
S1	马小宇	男	信息工程系	刘天明	C1	C 语言	98
S1	马小宇	男	信息工程系	刘天明	C2	JAVA	80
S1	马小宇	男	信息工程系	刘天明	C3	HTML	95
S1	马小宇	男	信息工程系	刘天明	C4	MySQL	88
S2	张婷	女	人文系	王超	C1	英语	70
S2	张婷	女	人文系	王超	C2	艺术	86
S2	张婷	女	人文系	王超	C3	音乐	90
…	…	…	…	…	…		…

虽然这个关系模式已经包含了需要的信息，但是如果深入分析，该关系模式存在以下问题。

（1）数据冗余严重

比如，每一个系的信息（系名、系主任的姓名）会重复出现，如果有一千名学生，平均选课 10 门，那么就会重复出现上万次；一门课程如果有上百个学生选，课程基本信息就会重复上百次；如果一个学生选了若干门课，那么他（她）的个人基本信息就会重复出现若干次。

（2）修改复杂

由于数据冗余严重，当更新数据时，系统要付出很大的代价维护数据库的完整性，否则会面临数据不一致的危险。比如，某系换了系主任，就必须修改与该系学生有关的所有记录，稍有不慎，漏改了某些记录，就会造成数据不一致。

（3）插入异常

因为关系 student 的码是（sno，cno），根据实体完整性规则，主属性不能为空值。如果一个系刚成立，还没有学生，就没办法把这个系的信息插入数据库中。

（4）删除异常

如果某个系的学生全部毕业了，则在删除该系学生的同时，把这个系的信息也全部删除了，而这个系有可能还存在，数据库中却已找不到相关信息，即出现了删除异常。

从直观上看，存在以上问题是因为 student 这个关系模式包含了太多的信息，有学生基本信息、系部信息和学生选课信息，而属性之间存在各种依赖关系。如果把它分解为几个关系模式，消除属性间的依赖关系，就可以解决以上问题。

研究属性间的数据依赖，从而把不好的关系模式通过分解转变成若干个好的关系模式，这就是关系规范化理论的内容。

2.3.2 函数依赖

数据依赖是一个关系内部属性与属性之间的一种约束关系，这种约束关系是通过属性间值的相等与否体现出来的数据间的相互联系，是现实世界属性间相互联系的抽象，是数据内在的性质，是语义的体现。

数据依赖有多种类型，最基本、最重要的数据依赖是函数依赖。

定义 2.1：设 $R(U)$ 是属性集 U 上的关系模式，X、Y 是 U 的子集。若对于 $R(U)$ 的任意一个可能的关系 r，r 中不可能存在两个元组在 X 上的属性值相等，而在 Y 上的属性值不等，则称 X 函数确定 Y 或 Y 函数依赖于 X，记作 $X \rightarrow Y$。

根据定义，若 $X \rightarrow Y$，则 X 属性值与 Y 属性值可以是多对一或一对一的联系，不可以是一对多的联系。

例如，学号→姓名，即学号值能够决定姓名的值，反过来，姓名→学号只有在没有同名的情况下才会成立，如果允许同名，学号就不依赖于姓名了。

下面介绍一些术语和记号。

① $X \rightarrow Y$，但 $Y \not\subseteq X$，则称 $X \rightarrow Y$ 是非平凡的函数依赖。

② $X \rightarrow Y$，但 $Y \subseteq X$，则称 $X \rightarrow Y$ 是平凡的函数依赖。平凡的函数依赖必然成立，所以若不特别声明，总是讨论非平凡的函数依赖。

③ 若 $X \rightarrow Y$，X 称为这个函数依赖的决定因素。

④ 若 $X \rightarrow Y$，$Y \rightarrow X$，则记作 $X \longleftrightarrow Y$。

⑤ 若 Y 不函数依赖于 X，则记作 $X \nrightarrow Y$。

定义 2.2：在 R(U) 中，如果 $\mathrm{X} \rightarrow \mathrm{Y}$，并且对于 X 的任何一个真子集 X'，都有 $\mathrm{X}' \nrightarrow \mathrm{Y}$，则称 Y 对 X 完全函数依赖，记作 $X \xrightarrow{F} Y$

若 $\mathrm{X} \rightarrow \mathrm{Y}$，但 Y 不完全函数依赖于 X，则称 Y 对 X 部分函数依赖，记作 $X \xrightarrow{P} Y$

例如，$(sno, cno) \xrightarrow{P} sname$，$(sno, cno) \xrightarrow{P} cname$，因为学生姓名由学号就可以决定，课程名由课程号就可以决定。

$(sno, cno) \xrightarrow{F} score$，因为成绩要由学号和课程号一起决定。

定义 2.3：在 $R(U)$ 中，如果 $X \rightarrow Y (Y \not\subseteq X)$，$Y \nrightarrow X$，$Y \rightarrow Z (Z \not\subseteq Y)$，则称 Z 对 X 传递函数依赖，记作 $X \xrightarrow{T} Z$。

这里加上条件 $Y \nrightarrow X$，是因为如果 $Y \rightarrow X$，即 $X \longleftrightarrow Y$，则 Z 直接依赖于 X，而不是传递函数依赖。

例如，关系模式 student（sno，sname，ssex，sdept，mname，cno，cname，score）中有：

sno→sdept，sdept ↛ sno，sdept→mname，所以 sno $\xrightarrow{T}$ mname

2.3.3　范式

范式是符合某一种级别的关系模式的集合。

根据规范化理论，关系模式是要满足一定要求的，满足不同程度要求的称为不同范式。满足最低要求的叫第一范式，简称 1NF；在第一范式中满足进一步要求的为第二范式，简称 2NF，其余以此类推，一直到 5NF。各种范式之间的关系有

5NF⊂4NF⊂BCNF⊂3NF⊂2NF⊂1NF

本书只给出函数依赖范畴内 4 个范式（1NF、2NF、3NF、BCNF）的定义。

定义 2.4：如果关系模式 R 中不包含多值属性，即每个属性的数据项都不可再分，则 $R \in$ 1NF。

根据关系的性质，所有的关系模式必须是 1NF，不满足 1NF 的关系是非规范化的关系（即表中有子表）。

定义 2.5：如果 $R \in$ 1NF，且 R 中不存在非主属性对候选码的部分函数依赖，则 $R \in$ 2NF。

定义 2.6：如果 $R \in$ 1NF，且 R 中不存在非主属性对候选码的传递函数依赖，则 $R \in$ 3NF。

定义 2.7：如果 $R \in$ 1NF，若 $X \rightarrow Y$ 且 $Y \not\subseteq X$ 时 X 必含有候选码，则 $R \in$ BCNF。

从定义上看，3NF、BCNF 都是从 1NF 开始判断的，但是可以证明：只要是 3NF，肯定是 2NF；只要是 BCNF，肯定是 3NF；若 $R \in$ BCNF，则不存在主属性对候选码的部分依赖及传递依赖（这些证明过程不属于本书内容，初学者记住结论即可）。

根据函数依赖及范式的定义，可以证明：一个关系模式 R，如果它的码是单个属性，至少满足 2NF；如果它没有非主属性，至少满足 3NF；如果它的码是全码，必定满足 BCNF；如果每个属性都是候选码，必定满足 BCNF。

一个关系模式如果满足 BCNF，那么在函数依赖范畴内已实现了彻底的分离，已消除了插入、删除异常。

一个低一级范式的关系模式通过模式分解可以转换为若干个高一级范式的关系模式的集合，这个过程称为规范化。

2.3.4　关系模式分解

关系模式必须满足 1NF，这样的关系模式就是合法的、允许的，但是，通过前面的例子可以看出有些关系模式存在插入、删除异常，修改复杂以及数据冗余严重等问题。这些问题需要通过规范化解决，即把一个低一级范式的关系模式通过模式分解转换为若干个高一级范式的关系模式的集合。一般来说，数据库只需满足第三范式（3NF）就可以了。

关系模式分解的基本步骤如下：

1NF

↓消除非主属性对候选码的部分函数依赖

2NF

↓消除非主属性对候选码的传递函数依赖

3NF

↓消除主属性对候选码的部分及传递依赖

BCNF

关系模式分解的原则是分解要保持等价，既要保持数据等价，也要保持语义等价。数据等价指的是无损连接性，即分解为多个关系模式后可以通过连接操作还原数据；语义等价指的是保持函数依赖，即分解为多个关系模式后，它们函数依赖集的并集与原来关系模式的函数依赖集相同。

例如，关系模式 student（sno，sname，ssex，sdept，mname，cno，cname，score），分解过程如下。

① 消除非主属性 sname、ssex、ssdept、mname、cname 对码（sno，cno）的部分依赖；

SD（sno，sname，ssex，sdept，mname）

SC（sno，cno，score）

C（cno，cname）

很容易判断出：SD∈2NF，SC∈BCNF，C∈BCNF

② 消除关系模式 SD 中非主属性 mname 对码（sno）的传递依赖，SD 分解为：

S（sno，sname，ssex，sdept）

D（sdept，mname）

分解后，S∈BCNF，D∈BCNF

关系模式分解的基本思想就是逐步消除属性间数据依赖中不合适的部分，使各个关系模式达到某种程度的“分离”，即“一事一地”的关系模式设计原则，让一个关系模式描述一个实体或实体间的联系。比如，有以下三个关系模式：

学生（学号，姓名，性别，出生日期，家庭地址）

课程（课程号，课程名，学分，任课教师）

选修（学号，课程号，成绩）

上面关系模式“学生”“课程”分别描述“学生”“课程”这两个实体，关系模式“选修”描述学生与课程这两个实体间多对多的联系。

关系模式分解有一个经过证明的重要事实：关系模式 *R* 总可以无损连接且保持函数依赖地分解为若干个 3NF 模式集。

【任务实施】

根据任务 2.2 实施得到的学生成绩管理数据库的关系模型，在函数依赖范畴内判断每个关系模式最高满足第几范式，如果没有达到 3NF，在关系规范化理论指导下，通过分解进行优化。

学生成绩管理数据库的关系模型由以下 7 个关系模式组成：

学生（学号，姓名，性别，出生日期，家庭地址，班级号）

班级（班级号，班级名，固定教室，工号）

教师（工号，姓名，性别，职称）

课程（课程号，课程名，学分）

任课（工号，班级号）

讲授（工号，课程号）

选修（学号，课程号，成绩）

分析：判断一个关系模式满足第几范式，需要先分析它的属性间的函数依赖。

（1）各个关系模式的函数依赖

“学生”关系模式：学号→（姓名，性别，出生日期，家庭地址，班级号）

“班级”关系模式：班级号←→班级名，班级号←→固定教室，班级号←→工号，
班级名←→固定教室，班级名←→工号，固定教室←→工号

“教师”关系模式：工号→（姓名，性别，职称）

“课程”关系模式：课程号→（课程名，学分）

“选修”关系模式：（学号，课程号）→成绩

（2）“任课”和“讲授”这两个关系模式都是全码，一定是 BCNF；“学生”“教师”“课程”“选修”这 4 个关系模式的决定因素只有码，所以也是 BCNF；班级这个关系模式，如果考虑每个班固定教室不同，则每个属性值都不会重复，都是候选码，因此，班级这个关系模式也属于 BCNF。在函数依赖范畴内，这 7 个关系模式都已达到了最高范式，无需再分解。

【同步实训 2】“员工管理”数据库的设计

1. 实训目的

① 能根据某小型应用系统需求设计 E-R 图（数据库的概念结构）。

② 能把 E-R 图转换成关系模型（数据库的逻辑结构）。

③ 能在函数依赖范畴内判断关系模式满足第几范式，并能通过分解达到 3NF。

2. 实训内容

设计一个简单的员工管理系统的数据库，该系统需要管理员工和部门信息，要求记录的员工信息有工号、姓名、工作职位、领导的工号、入职日期、工资、奖金，需要记录的部门信息有部门编号、部门名称、部门地址。一个员工只能在一个部门工作，一个部门可以有多个员工。

① 用 E-R 图表示出该业务的概念模型。

② 把第 1 题得到的 E-R 图转换成关系模型。

③ 判断第 2 题得到的各个关系模式是否满足 3NF。

习题 2

一、单选题

1. 概念设计的结果是（　　）。

A. 一个与 DBMS 相关的概念模型　　B. 一个与 DBMS 无关的概念模型

C. 数据库系统的公用视图　　D. 数据库系统的数据字典

2. E-R 图用于描述数据库的（　　）。

A. 概念模型　　B. 数据模型　　C. 存储模式　　D. 外模式

3. 将E-R图中实体间满足一对多的联系转换为关系模式时（　　）。

A. 可以将联系合并到“一”端实体转换后得到的关系模式

B. 可以将联系合并到“多”端实体转换后得到的关系模式

C. 必须建立独立的关系模式

D. 只能合并到“一”端实体转换得到的关系模式

4. 在设计概念结构合并E-R图时，如果教师在一个局部E-R图中被当作实体，而在另一局部E-R图中被当作属性，那么这种冲突称为（　　）。

A. 属性冲突　　B. 命名冲突　　C. 结构冲突　　D. 联系冲突

5. 在设计概念结构合并E-R图时，如果“系部”在一个局部E-R图中被命名为“系部”，而在另一局部E-R图中被命名为“部门”，那么这种冲突称为（　　）。

A. 属性冲突　　B. 命名冲突　　C. 结构冲突　　D. 联系冲突

6. 一个 $m:n$ 联系转换为一个关系模式，关系的主键一般为（　　）。

A. m 端实体的主键　　B. 两端实体主键的组合

C. n 端实体的主键　　D. 任意一个实体的主键

7. 关系规范化中的删除操作异常是指（　　），插入操作异常是指（　　）。

A. 不该删除的数据被删除　　B. 不该插入的数据被插入

C. 应该删除的数据未被删除　　D. 应该插入的数据未被插入

8. 设计性能较优的关系模式称为规范化，规范化主要的理论依据是（　　）。

A. 关系规范化理论　　B. 关系运算理论　　C. 关系代数理论　　D. 数理逻辑

9. 规范化理论是关系数据库进行逻辑设计的理论依据。根据这个理论，关系数据库中的关系必须满足：其每一属性都是（　　）。

A. 互不相关的　　B. 不可分解的　　C. 长度可变的　　D. 互相关联的

10. 关系规范化的目的是（　　）。

A. 完全消除数据冗余　　B. 简化关系模式

C. 控制冗余，避免插入和删除异常　　D. 提高数据查询效率

11. 关系模型中的关系模式至少是（　　）。

A. 1NF　　B. 2NF　　C. 3NF　　D. BCNF

12. 在关系模式 R 中，若其函数依赖集中所有决定因素都是候选键，则 R 最高范式是（　　）。

A. 2NF　　B. 3NF　　C. BCNF　　D. 1NF

13. 在一个关系 R 中，若每个数据项都是不可再分割的，那么 R 一定属于（　　）。

A. 2NF　　B. 3NF　　C. BCNF　　D. 1NF

14. 当 B 属性函数依赖于 A 属性时，属性 A 与 B 的联系是（　　）。

A. 1对多　　B. 多对1或1对1　　C. 多对多　　D. 以上都不是

15. 在关系模式中，如果属性 A 和 B 存在1对1的联系，则说（　　）。

A. $A \rightarrow B$　　B. $B \rightarrow A$　　C. $A \leftrightarrow B$　　D. 以上都不是

16. 候选键中的属性称为（　　）。

A. 非主属性　　B. 主属性　　C. 复合属性　　D. 关键属性

17. 各种范式之间的关系为（　　）。

A. $BCNF \subset 3NF \subset 2NF \subset 1NF$　　B. $3NF \subset 1NF \subset 2NF \subset BCNF$

C. 1NF ⊂2NF ⊂3NF ⊂BCNF　　D. 2NF ⊂1NF ⊂3NF ⊂BCNF

18. 关系模式中，满足 2NF 的模式（　　）。

A. 可能是 1NF　　B. 必定是 1NF　　C. 必定是 3NF　　D. 必定是 BCNF

19. 关系模式 R 中的属性全部是主属性，则 R 的最高范式至少是（　　）。

A. 2NF　　B. 3NF　　C. BCNF　　D. 4NF

20. 消除了部分函数依赖的 1NF 的关系模式，必定是（　　）。

A. 1NF　　B. 2NF　　C. 3NF　　D. 4NF

21. 候选码中的属性可以有（　　）。

A. 0 个　　B. 1 个　　C. 1 个或多个　　D. 多个

22. 关系模式的分解（　　）。

A. 唯一　　B. 不唯一

23. 根据关系数据库规范化理论，关系数据库中的关系要满足第一范式。下面“部门”关系中，因哪个属性而使它不满足第一范式（　　）。

部门（部门号，部门名，部门成员，部门总经理）

A. 部门总经理　　B. 部门成员　　C. 部门名　　D. 部门号

24. 设有关系 W（工号，姓名，工种，定额），将其规范化到第三范式正确的答案是（　　）。

A. W1（工号，姓名），W2（工种，定额）

B. W1（工号，工种，定额）　W2（工号，姓名）

C. W1（工号，姓名，工种）　W2（工号，定额）

D. W1（工号，姓名，工种）　W2（工种，定额）

25. 关系模式：学生（学号，姓名，系别，宿舍区），函数依赖集 $F=$｛学号→姓名，学号→系别，系别→宿舍区｝，则学生关系满足（　　）。

A. 2NF　　B. 3NF　　C. BCNF　　D. 1NF

二、综合题

1. 设计一个数据库，包括商店、会员和职工三个实体集，“商店”的属性有商店编号、店名、店址、店经理；“会员”的属性有会员编号、会员名、地址；“职工”的属性有职工编号、职工姓名、性别、工资。每家商店有若干职工，但每个职工只能服务于一家商店；每家商店有若干会员，每个会员可以属于多家商店。在联系中应反映出职工参加某商店工作的开始时间，会员的加入时间。根据上述语义试画出反映商店、职工、会员实体及它们之间联系的 E-R 图，并转换成关系模型，判断各个关系模式是否满足 3NF。

2. 假设某公司在多个地区设有销售部经销本公司的各种产品，每个销售部聘用多名职工，且每名职工只属于一个销售部。销售部有部门编码、部门名称、地区和电话等属性，产品有产品编码、品名和单价等属性，职工有职工号、姓名和性别等属性，每个销售部销售产品有数量属性。根据上述语义画出 E-R 图，并转换成关系模型，最后判断各个关系模式是否满足 3NF。

模块3　MySQL的安装与配置、使用

【模块描述】

本模块将完成MySQL数据库管理系统环境的部署，包括MySQL8.0.19软件的下载、安装与配置。然后，使用MySQL，包括启动与停止MySQL服务、登录MySQL服务器等操作。

【学习目标】

1. 了解MySQL版本信息。
2. 能以安装包或压缩包方式完成MySQL的安装与配置。
3. 能熟练使用MySQL（启动与停止MySQL服务，登录MySQL服务器等操作）。
4. 了解常用的MySQL图形化管理工具。

任务3.1　MySQL的安装与配置

【任务描述】

了解MySQL版本信息，从Oracle官网下载社区版的MySQL8.0.19压缩包和安装包两个安装文件，分别以安装包、压缩包两种方式完成MySQL8.0.19的安装与配置。

【相关知识】

安装MySQL前，先要准备好安装文件，Oracle官网提供安装文件的下载，下载安装文件前需要先确定几个问题：付费方式，使用什么操作系统，软件版本号，安装方式，下面逐一说明。

（1）付费方式

针对不同的用户群体，MySQL分为以下两个版本。

① MySQL Community Server（社区版）：该版本完全免费，但是官方不提供技术支持。

② MySQL Enterprise Server（企业版）：该版本能够以很高的性价比为企业提供数据仓库应用，支持ACID事物处理，提供完整的提交、回滚、崩溃恢复和行级锁定功能，但是该

版本需要付费使用，官方提供电话技术支持。

（2）操作系统

MySQL 支持的操作系统有 Windows、UNIX、Linux、macOS 等，因为 UNIX 和 Linux 操作系统的版本很多，不同的 UNIX 和 Linux 版本有不同的 MySQL 版本。因此，在下载 MySQL 安装文件前，必须先确定使用什么操作系统，再根据操作系统下载相应的安装文件。

（3）软件版本号

MySQL 版本号由 3 个数字和 1 个后缀组成，如 MySQL5.7.23，含义如下。

① 第 1 个数字“5”是主版本号，用于描述文件的格式，所有版本 5 的发行版都有相同的文件夹格式。

② 第 2 个数字“7”是发行级别，主版本号和发行级别组合在一起便构成了发行序列号。

③ 第 3 个数字“23”是在此发行系列的版本号，随每次新发行的版本递增。通常选择已经发行的最新版本。

后缀显示发行的稳定性级别，可能的后缀及其说明如下。

④ Alpha：表明发行包含大量未被彻底测试的新代码。大多数 alpha 版本中也有新的命令和扩展，alpha 版本也可能有主要代码更改等开发。

⑤ Beta：意味着该版本功能是完整的，并且所有的新代码被测试了，没有增加重要的新特征，应该没有已知的缺陷。当 alpha 版本至少一个月没有出现报道的致命漏洞，并且没有计划增加导致已经实施的功能不稳定的新功能时，版本则从 alpha 版变为 beta 版。

⑥ Rc：是一个发行了一段时间的 beta 版本，看起来应该运行正常，只增加了很小的修复。

⑦ 没有后缀：是正式发行版，又叫 GA 版或 Release 版，意味着该版本已经在很多地方运行一段时间了，而且没有非平台特定的缺陷报告，只增加了关键漏洞修复。

（4）安装方式

MySQL 提供安装包和压缩包两种安装方式，安装包是以.msi 作为后缀名的二进制分发文件，压缩包是以.zip 为后缀的压缩文件。安装包的安装只要双击安装文件，然后按照提示一步步安装就可以了，属于“傻瓜”式安装；压缩包的安装需要用户清楚安装步骤，理解安装过程如何配置。

【任务实施】

本任务给出在 Windows 平台下 MySQL8.0.19 两种安装方式的安装配置过程。

1. 压缩包方式

① 下载 MySQL 安装文件　打开浏览器，在地址栏中输入 http://dev.mysql.com/downloads/mysql/（MySQL 的官方下载地址），打开 MySQL Community Server（社区版）的下载页面，如图 3.1 所示。单击 MySQL8.0.19 压缩包右边的“Download”按钮进行下载（如果要下载安装包，单击转安装包页面部分进入安装包下载页面）。

② 文件解压　把下载的压缩文件解压到想安装的目录下，此处选择 D 盘根目录（D:\），如图 3.2 所示。

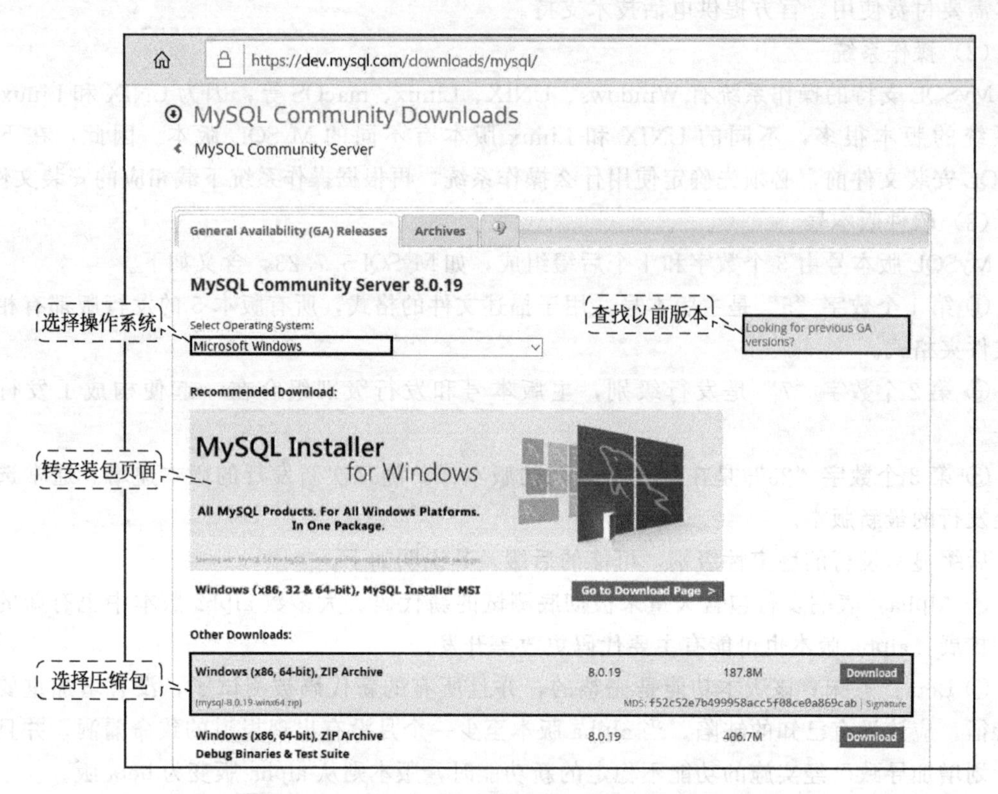

图 3.1 MySQL Community Server 压缩包下载页面

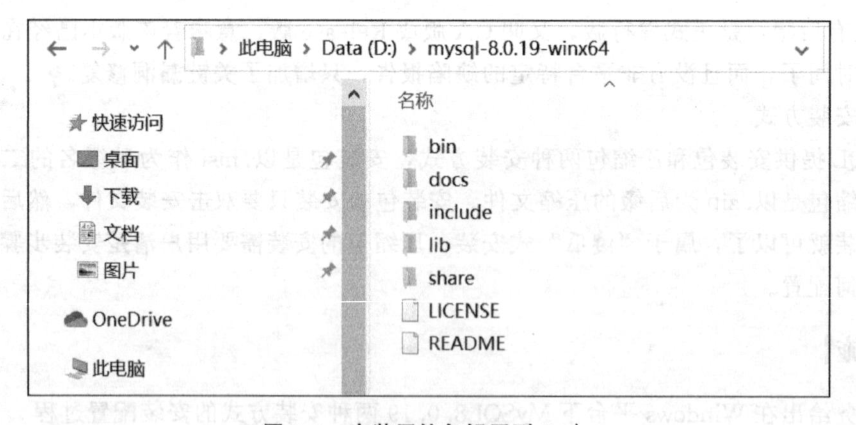

图 3.2 安装压缩包解压到 D:

③ 配置 my. ini　在安装目录（D:\mysql-8. 0. 19-winx64）下新建一个文本文件 my. ini（修改后缀 txt 为. ini），内容如图 3. 3 所示，my. ini 是 MySQL 的配置文件。

④ 配置环境变量　右击“我的电脑”选择“属性”，选择“高级系统设置”，选择“环境变量”，打开“环境变量”窗口，新建一个系统变量，如图 3. 4 所示。

编辑系统变量 path，单击“新建”在最后添加一行，内容是 MySQL 存放可执行文件的路径（%MySQL _ HOME%\bin），如图 3. 5 所示。

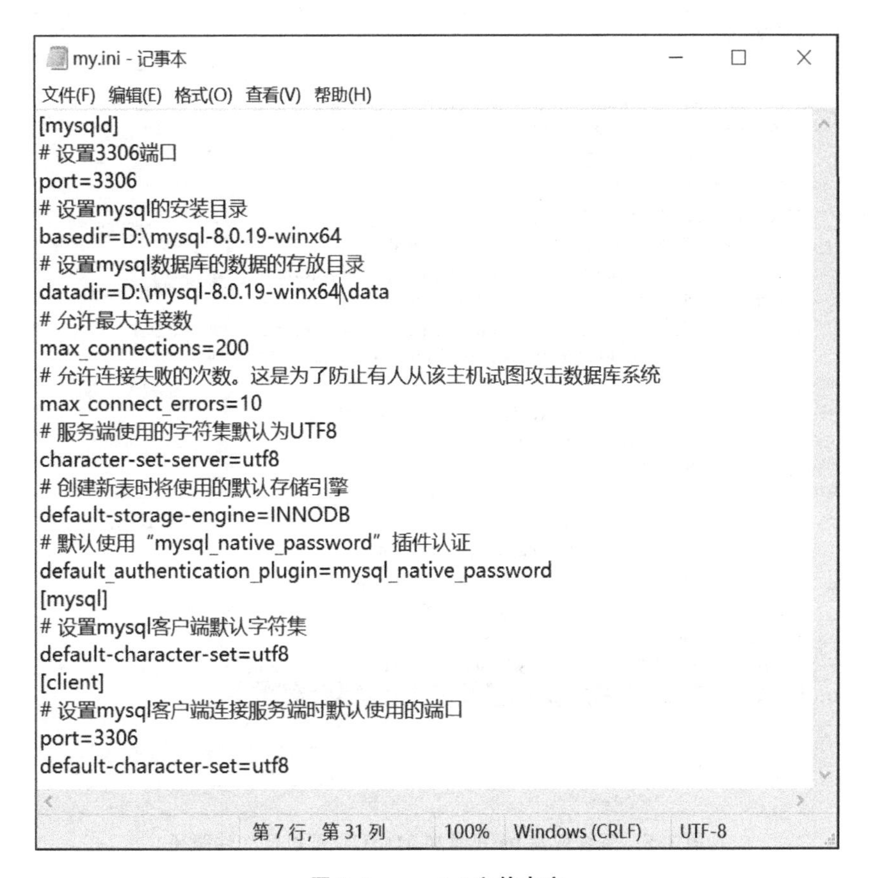


```
[mysqld]
# 设置3306端口
port=3306
# 设置mysql的安装目录
basedir=D:\mysql-8.0.19-winx64
# 设置mysql数据库的数据的存放目录
datadir=D:\mysql-8.0.19-winx64\data
# 允许最大连接数
max_connections=200
# 允许连接失败的次数。这是为了防止有人从该主机试图攻击数据库系统
max_connect_errors=10
# 服务端使用的字符集默认为UTF8
character-set-server=utf8
# 创建新表时将使用的默认存储引擎
default-storage-engine=INNODB
# 默认使用"mysql_native_password"插件认证
default_authentication_plugin=mysql_native_password
[mysql]
# 设置mysql客户端默认字符集
default-character-set=utf8
[client]
# 设置mysql客户端连接服务端时默认使用的端口
port=3306
default-character-set=utf8
```

图 3.3　my.ini 文件内容

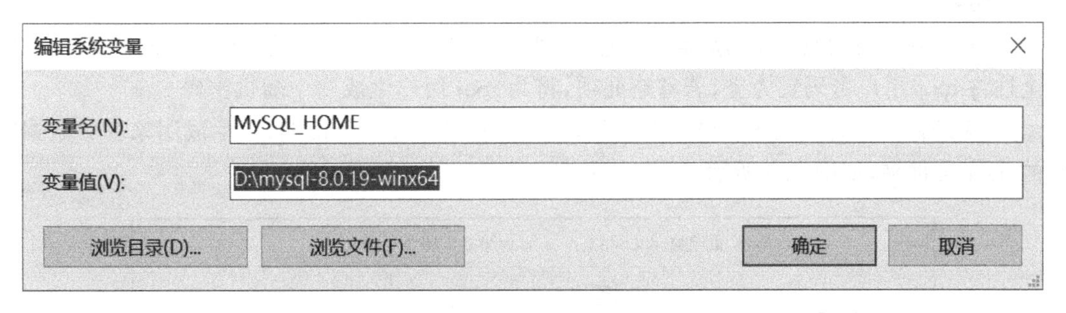

图 3.4　新建系统变量 MySQL _ HOME

⑤ 安装 MySQL 服务　以管理员身份运行 cmd，执行以下命令：

mysqld-install　[服务名]

说明：

[]表示服务名是可选项，默认为 MySQL，建议用 MySQL80，与用安装包安装默认的服务名相同。

⑥ 初始化　在 cmd 窗口执行以下命令完成初始化工作：

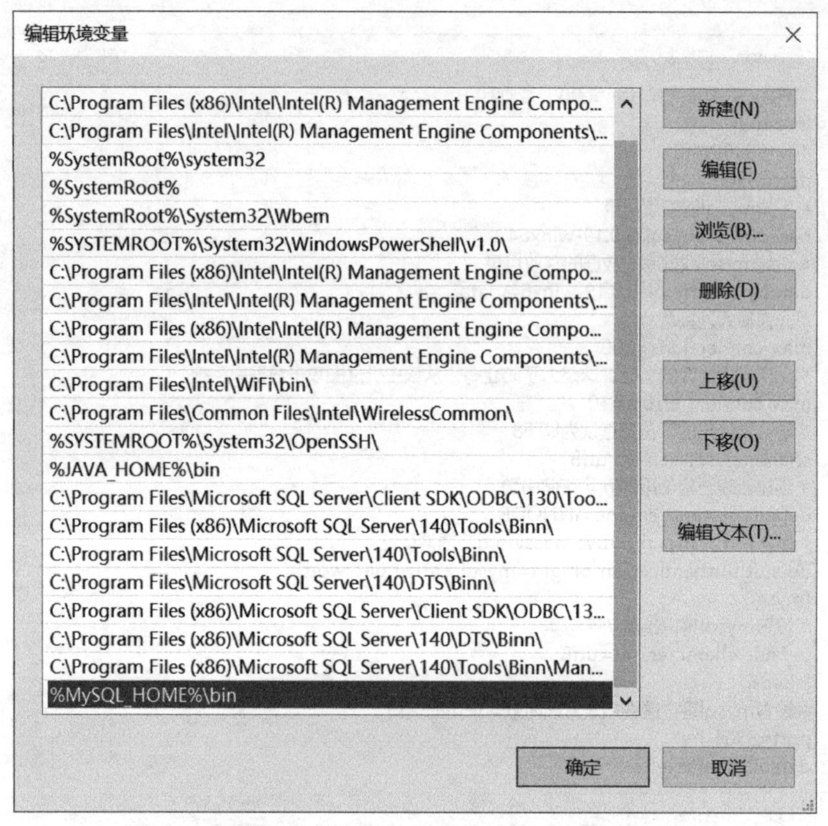

图 3.5　系统变量 path 添加 MySQL 可执行文件路径

mysqld -initialize-insecure

说明：

• initialize 前面有两个-，后面没有空格，“--initialize”表示初始化。“-insecure”表示忽略安全性将 root 用户密码置为空，若省略此项，将为 root 用户生成一个随机密码。

• 这条命令执行后在 MySQL 安装目录(D:\mysql-8.0.19-winx64)下生成用来存放数据文件的 data 文件夹，如图 3.6 所示。

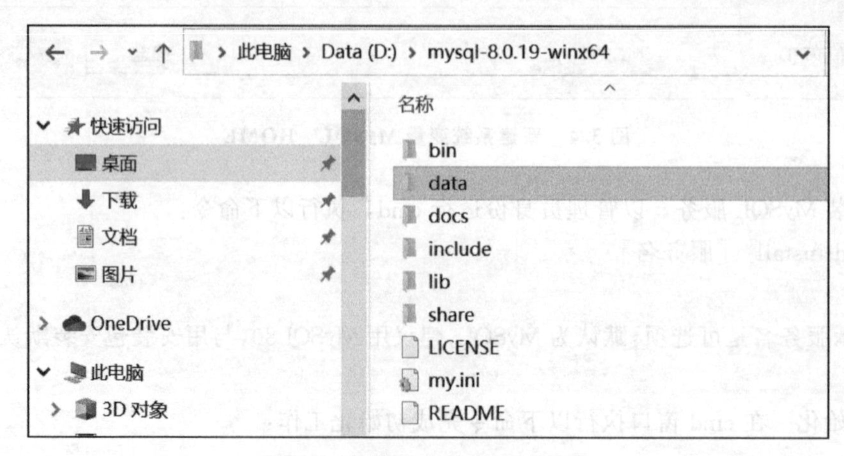

图 3.6　初始化生成 data 文件夹

⑦ 启动 MySQL 服务　在 cmd 窗口执行以下命令启动 MySQL 服务，如图 3.7 所示，MySQL80 是前面第⑤步安装的服务名。

```
netstart MySQL80
```

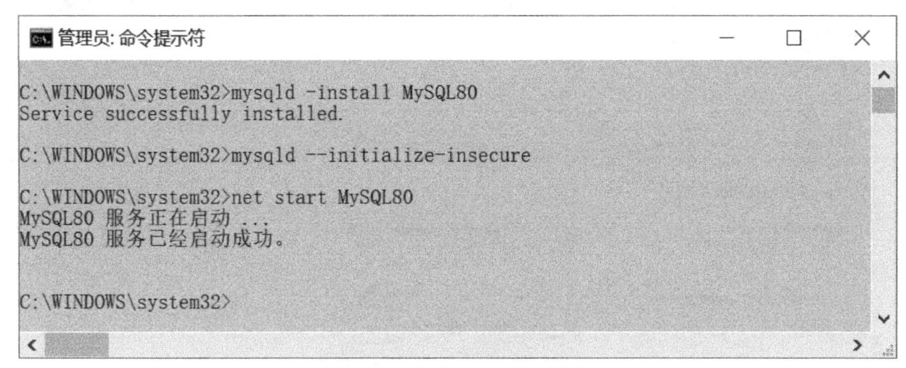

图 3.7　启动 MySQL 服务

⑧ 修改 root 用户密码　在 cmd 窗口输入以下命令：

```
mysql -u root -p mysql -u root -p
```

屏幕提示“Enter password:”直接回车，以 root 用户身份登录 MySQL 服务器。然后，在“mysql> ”提示符后面输入修改密码的语句：set password='123456'，表示把 root 用户的密码改为“123456”，如图 3.8 所示。

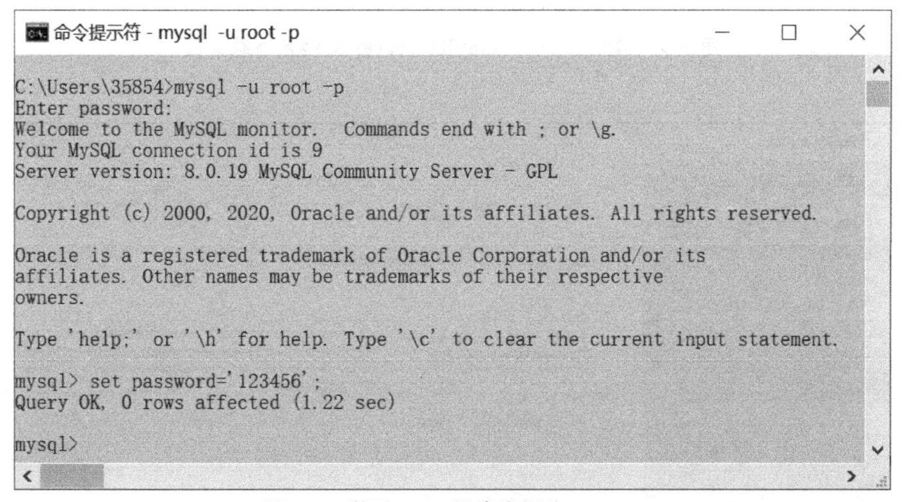

图 3.8　修改 root 用户密码为 123456

2. 安装包方式

① 下载 MySQL 安装文件。打开浏览器，在地址栏中输入 http://dev.mysql.com/downloads/mysql/（MySQL 的官方下载地址），打开 MySQL Community Server（社区版）的下载页面，如图 3.1 所示。单击转安装包页面部分进入安装包下载页面，如图 3.9 所示。

② 双击安装包文件“mysql-installer-community-8.0.19.0.msi”开始安装过程，显示选择安装类型对话框。有默认安装、仅安装服务器、仅安装客户端、完全安装和自定义安装 5 种安装类型可供选择，如图 3.10 所示。

③ 选择“Server only”（仅安装服务器），单击“Next”按钮，显示确认安装对话框，如图 3.11 所示。

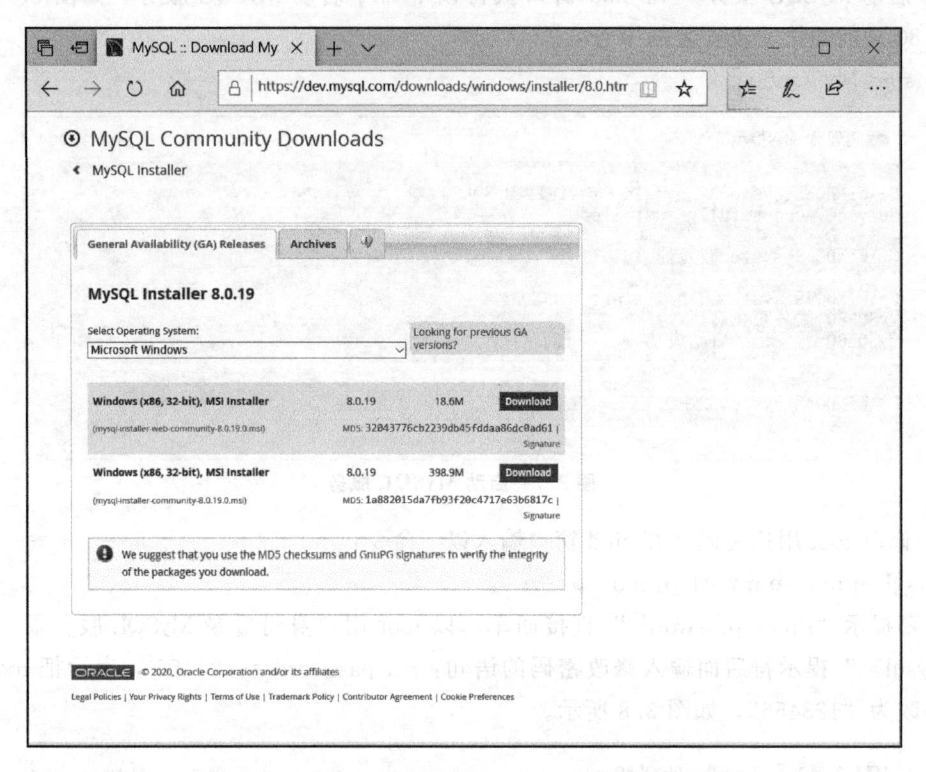

图 3.9 MySQL Community Server 安装包下载页面

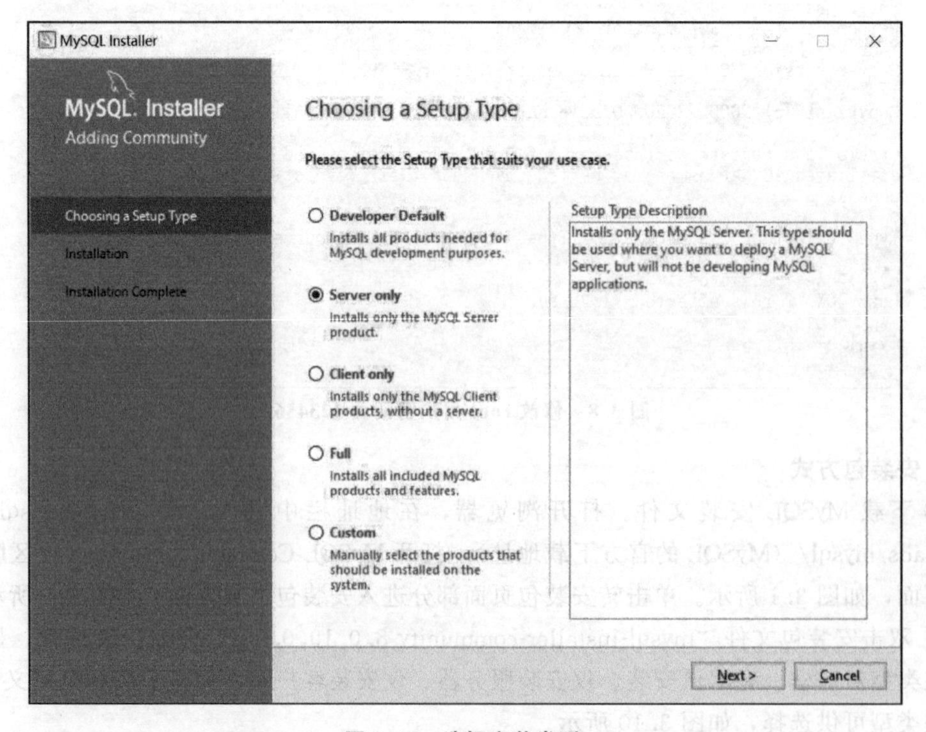

图 3.10 选择安装类型

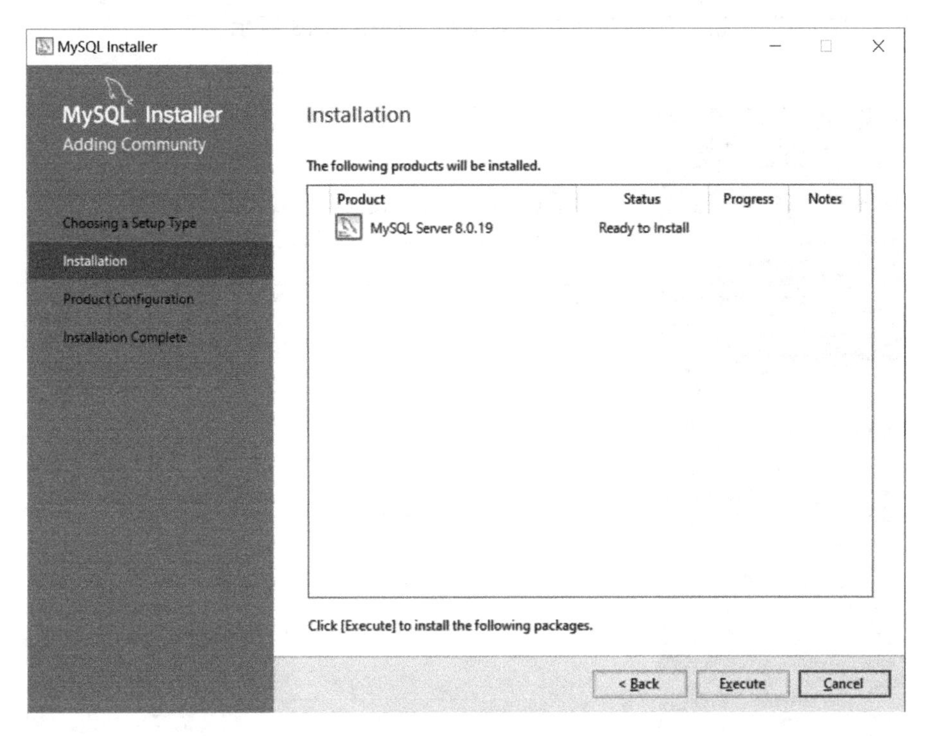

图 3.11　确认安装

④ 单击“Excute”按钮开始安装，安装完成后，状态栏会显示“Complete”，如图 3.12 所示。

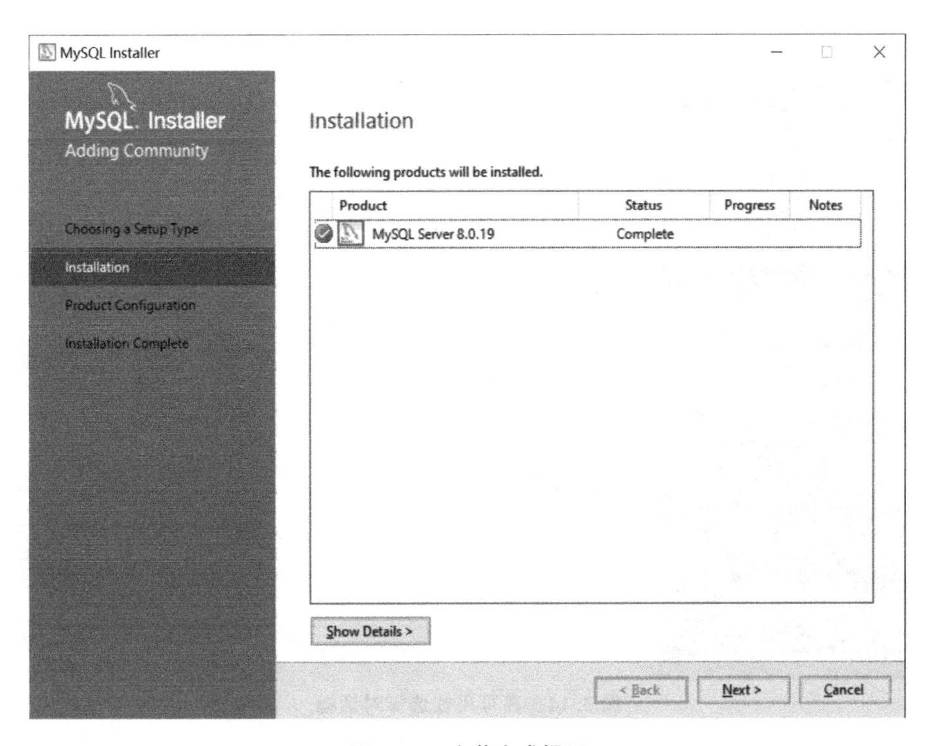

图 3.12　安装完成提示

⑤ 单击“Next”按钮，显示产品配置对话框，如图 3.13 所示。

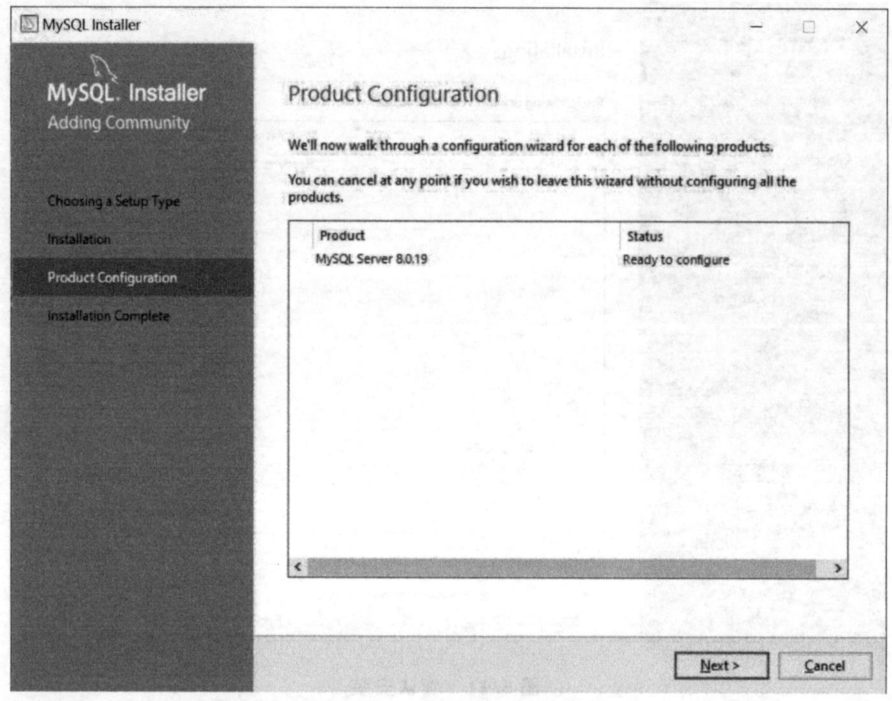

图 3.13　产品配置对话框

⑥ 单击“Next”按钮，显示高可用性选择对话框，如图 3.14 所示。

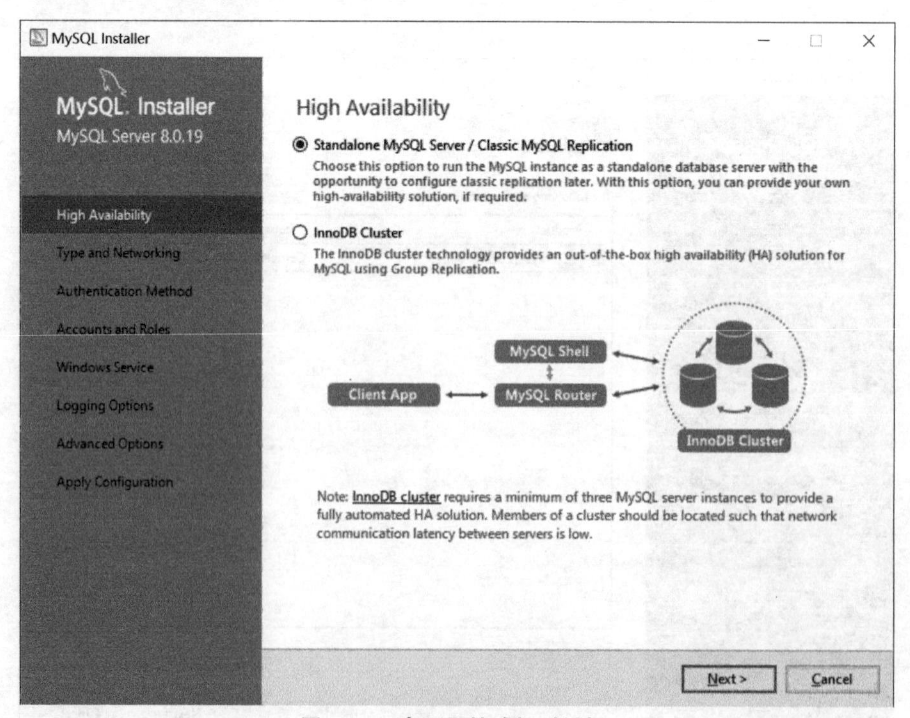

图 3.14　高可用性选择对话框

高可用性有以下两个选项。

a. Standalone MySQL Server/Classic MySQL Replication：独立 MySQL 服务器/经典

MySQL 复制。

b. InnoDB Cluster：InnoDB 集群。

⑦ 选择“Standalone MySQL Server/Classic MySQL Replication”选项，单击“Next”按钮，显示配置服务器类型和网络的对话框。如图 3.15 所示。

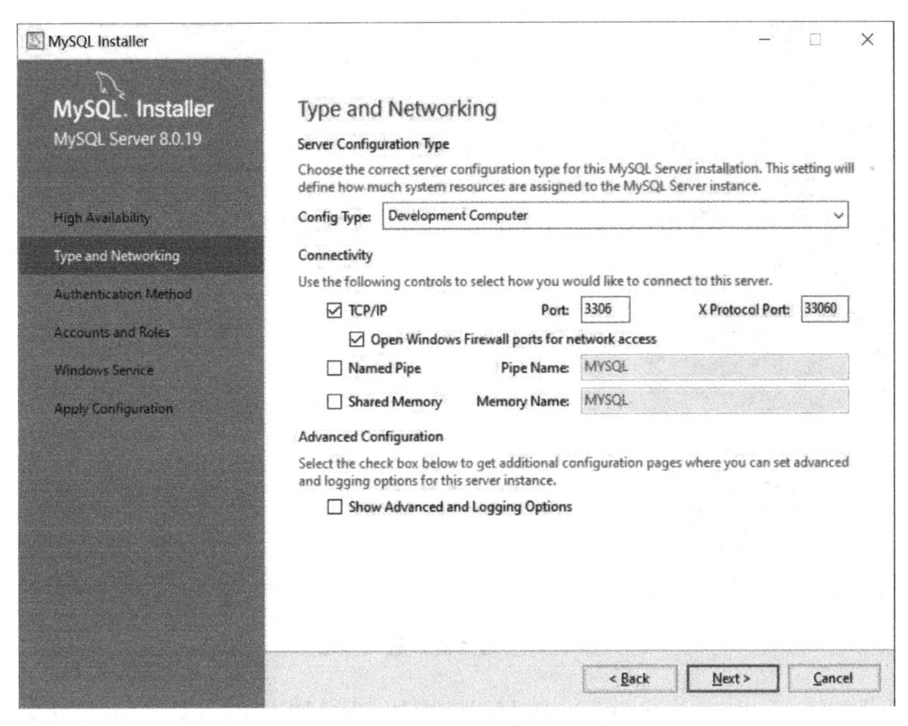

图 3.15 配置服务器类型和网络

Configuration Type（配置类型）有以下三个选项。

a. Development Computer（开发者用机）：需要运行许多其他应用，MySQL 仅使用最少内存。

b. Serer Computer（服务器用机）：多个服务器需要在本机运行。为 Web 服务器、应用服务器选择这个选项，MySQL 使用中等数量的内存。

c. Dedicated Computer（专用服务器用机）：本机专用于运行 MySQL 数据库服务器，无其他服务器（如 Web 服务器）运行，MySQL 将使用所有可用内存。

⑧ 选择默认的“Development Computer”选项，其他保持不变，单击“Next”按钮，显示身份验证方法对话框，如图 3.16 所示。

身份验证方法有以下两个选项。

a. Use Strong Password Encryption for Authentication（RECOMMEND）：使用强密码加密进行身份验证（推荐）。

b. Use Legacy Authentication Method（Retain MySQL 5. x Compatibility）：使用传统的身份验证方法（保持 MySQL5. x 兼容性）。

说明：MySQL8. 0 版本采用了新的加密规则 caching _ sha2 _ password，即推荐使用的强密码加密身份验证，而 MySQL5. x 版本采用的加密规则是 mysql _ native _ password，新的加密规则可以显著提高安全性。但是，如果应用程序目前还无法升级来使用 MySQL8. 0 的连接器和驱动，则只能选择使用传统的身份验证方式，安装之后也可以根据需要更改为传统的身份验证方式。

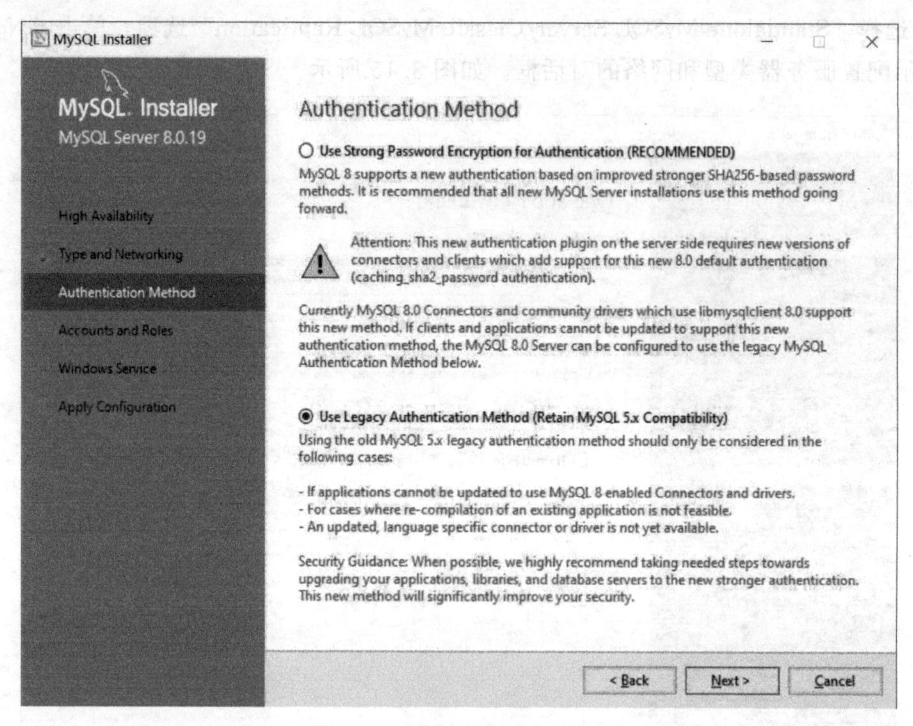

图 3.16　选择身份验证方法

⑨ 选择“Use Legacy Authentication Method（Retain MySQL 5. x Compatibility）”选项，单击“Next”按钮，显示账户和角色对话框。如图 3.17 所示。

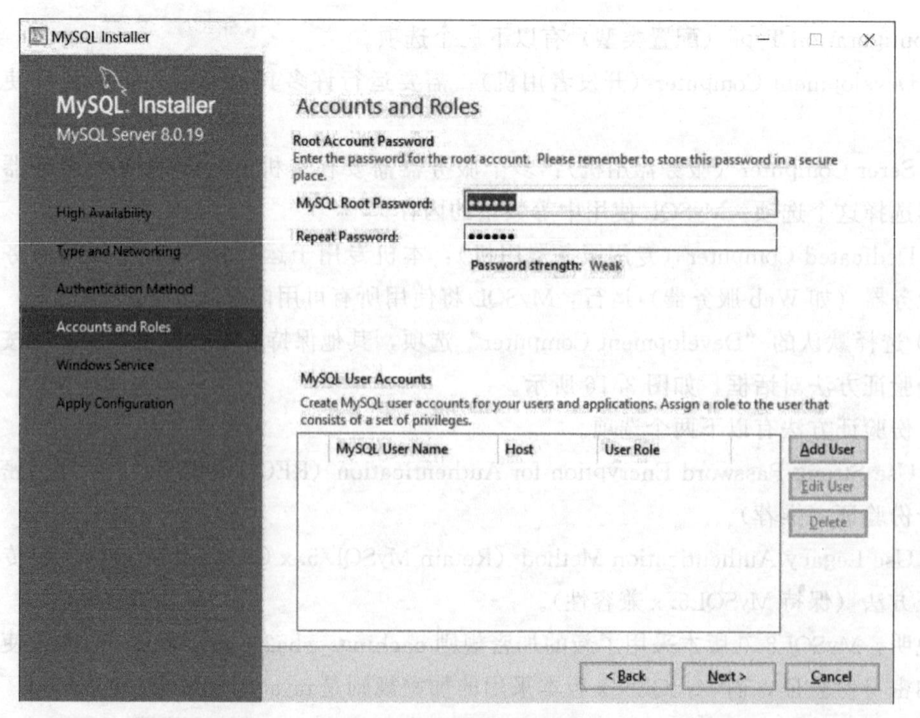

图 3.17　设置账户和角色

⑩ 设置系统管理员 root 的密码（初学者怕忘记密码，可以设置为“123456”，以后可以更改），单击“Next”按钮，显示 Windows 服务对话框，如图 3.18 所示。

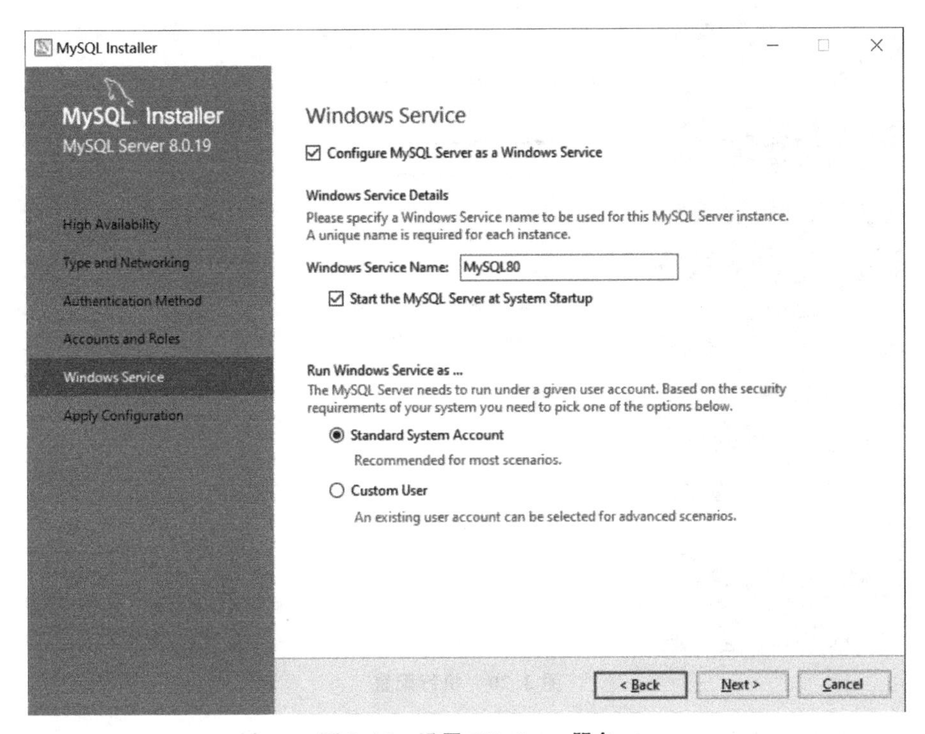

图 3.18 设置 Windows 服务

⑪ 保持默认值，单击“Next”按钮，显示应用配置对话框，如图 3.19 所示。

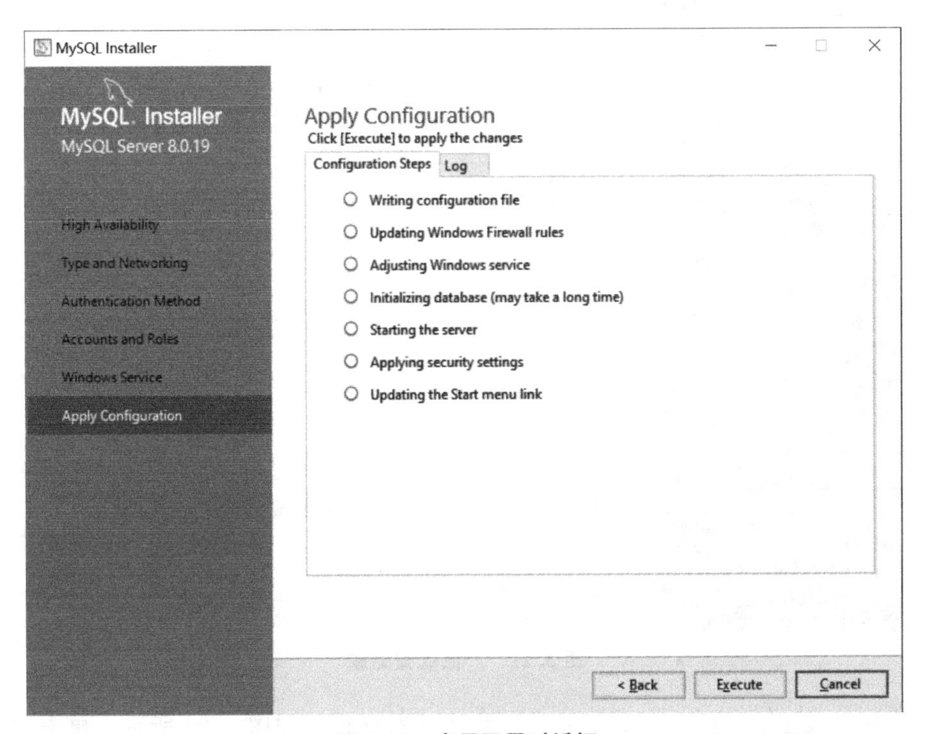

图 3.19 应用配置对话框

⑫ 单击“Excute”按钮执行配置，执行结束如图 3.20 所示。

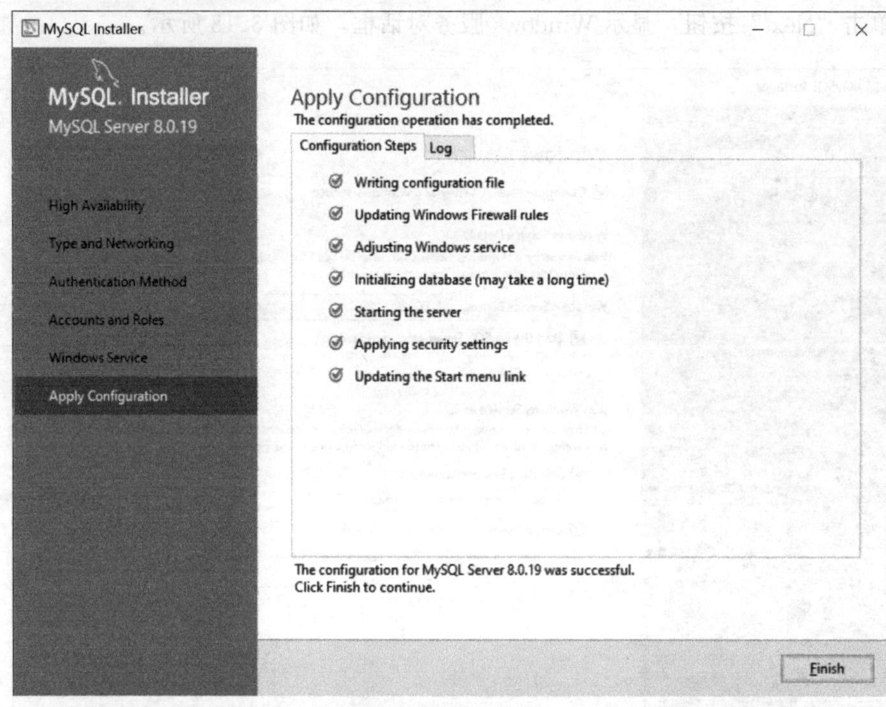

图 3.20　执行配置

⑬ 单击“Finish”按钮，显示产品配置对话框，如图 3.21 所示。

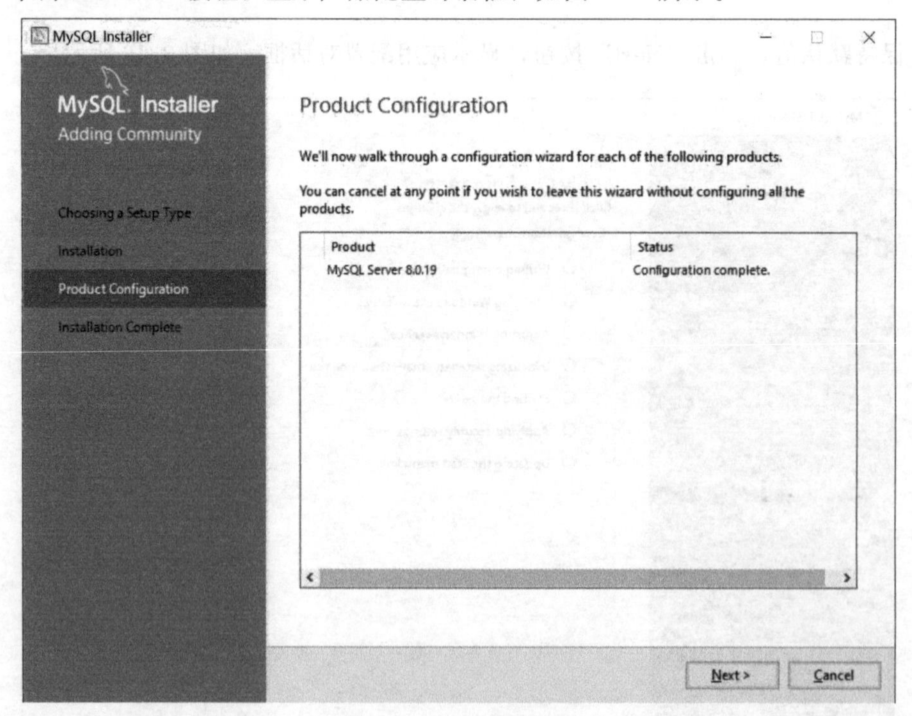

图 3.21　产品配置完成

⑭ 单击“Next”按钮，显示 MySQL 安装成功对话框，如图 3.22 所示，单击“Finish”按钮结束安装过程。

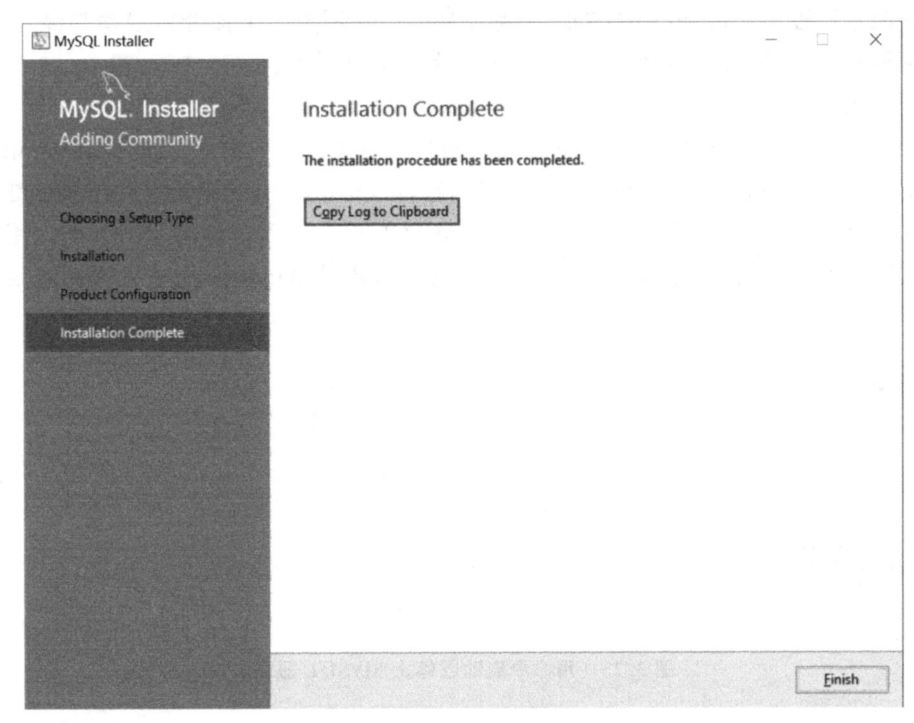

图 3.22　MySQL 安装成功

⑮ 由于前面安装过程没有自动配置环境变量，安装完成后还需要通过手动方式配置环境变量，把 MySQL 的 bin 文件夹添加到系统变量 path 中。配置方法同压缩包方式安装第④步，只需把图 3.4 中 MySQL_HOME 的值改为“C:\Program Files\MySQL\MySQL Server 8.0”即可，此处不再赘述。

另外，要注意的是，用安装包完成安装后，data 文件夹不是和 bin 等其他文件夹同在一个文件夹中，bin、lib 等文件夹在“C:\Program Files\MySQL\MySQL Server 8.0”中，而 data 文件夹的路径是“C:\ProgramData\MySQL\MySQL Server 8.0\data”（卸载时要手动删除），安装过程生成的配置文件 my.ini 和 data 文件夹在一起。

任务 3.2　使用 MySQL

【任务描述】

本任务要使用 MySQL，包括启动与停止 MySQL 服务，了解常用的客户端程序，熟悉最常用的客户端程序 mysql 的相关命令，通过客户端程序 mysql 登录 MySQL 服务器，并能重新配置 MySQL。

【相关知识】

3.2.1　启动与停止 MySQL 服务

MySQL 安装完成后，需要启动 MySQL 服务，否则客户端无法连接到 MySQL 服务器。

在前面的配置过程中，已经将MySQL安装为Windows服务。下面介绍启动与停止MySQL服务的两种操作方式，以及如何设置MySQL服务的启动类型。

（1）使用命令行

以管理员身份运行cmd，打开一个命令行窗口，在该窗口中输入“net start mysql80”后按回车键，启动MySQL服务；在命令行窗口中输入“net stop mysql80”后按回车键，停止MySQL80服务，如图3.23所示。要注意的是MySQL服务名不一定是MySQL80，用户可以在安装过程给服务改名或用默认名，具体是什么可以通过Windows服务管理器确定，后面操作同理。

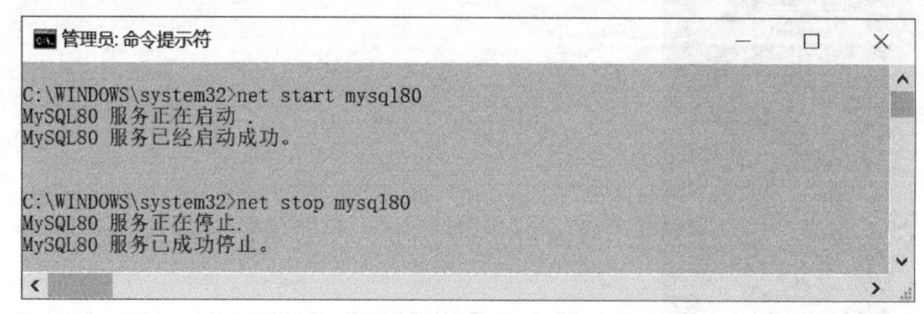

图3.23　用命令启动或停止MySQL服务

（2）使用Windows服务管理器

在“控制面板”的“管理工具”窗口，双击“服务”，打开Windows服务管理器窗口，选择“MySQL80”服务，然后右击，在快捷菜单选择“启动”或“停止”进行启动或停止MySQL80服务的操作，如图3.24所示。当MySQL80服务处于启动状态时，“启动”项是灰色不可用的，同理，当MySQL80服务处于停止状态时，“停止”项是灰色不可用的。

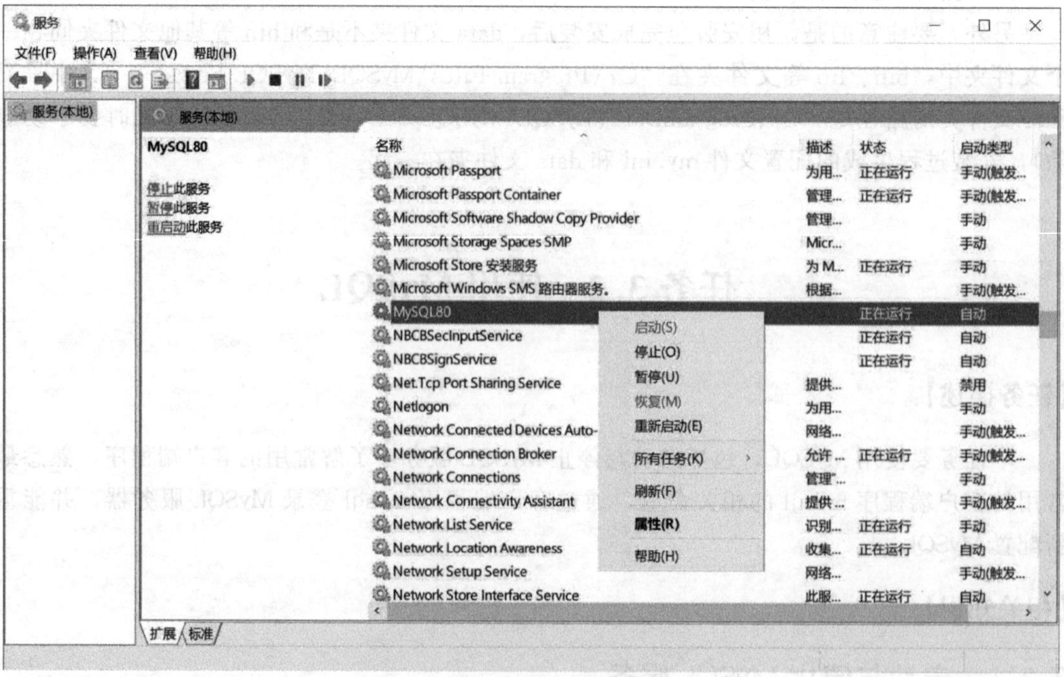

图3.24　Windows服务管理器

如果在快捷菜单中选择“属性”，则会弹出该服务的属性对话框，可以设置 MySQL 服务的启动类型，如图 3.25 所示。

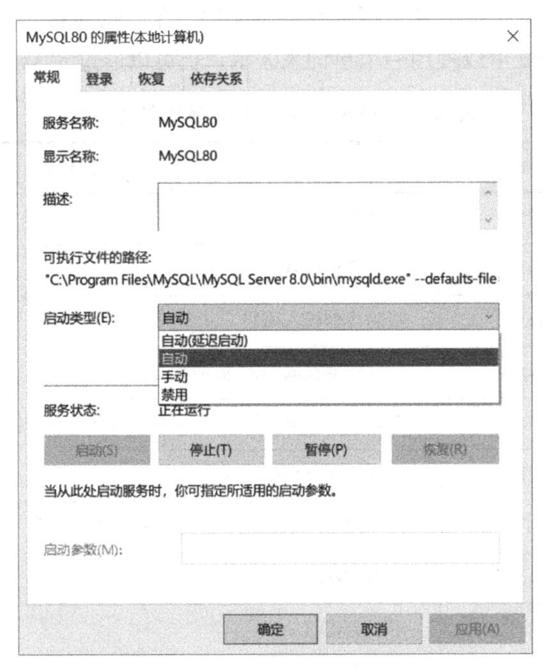

图 3.25　MySQL 服务属性对话框

MySQL 服务的启动类型有三种，即自动、手动与禁用，它们含义如下。

① 自动：开机时随系统一起启动，适合经常要用的服务。

② 手动：服务不会随系统一起启动，需要时手动启动。

③ 禁用：表示这种服务将不再启动，即使是在需要它时，除非修改为上面两种类型。

读者可以根据自己使用 MySQL 的情况，选择 MySQL 服务的启动类型。

3.2.2　MySQL 客户端实用程序

MySQL 安装目录下有一个 bin 文件夹，里面存放了很多可执行文件，它们是 MySQL 服务器端实用工具程序和 MySQL 客户端实用工具程序，表 3.1 中列出了一部分常用的 MySQL 客户端实用程序及其功能。

表 3.1　常用的 MySQL 客户端实用程序及其程序

程序名	功　能
mysql	MySQL 交互式命令行工具，也是使用最频繁的连接服务器的客户端工具
mysqladmin	MySQL 管理工具
mysqlcheck	表维护工具，检查、修复、分析以及优化表
mysqlshow	数据库对象查看工具，显示数据库、表、列、索引相关信息
perror	解释错误代码工具，显示系统或者 MySQL 错误代码含义
mysqldump	数据导出工具，将 MySQL 数据库转储到一个文件
mysqlimport	数据导入工具
mysqlaccess	用于检查访问主机的主机名、用户名和数据库组合权限的脚本

MYSQL 交互式命令行工具，是使用最频繁的 MySQL 客户端实用程序。它可以使用交互式输入 SQL 语句，也可以执行脚本文件的方式批处理模式执行 SQL 语句。MYSQL 也是使用最频繁的连接数据库的客户端工具，因此又叫 MySQL 客户端连接工具。MYSQL 提供的命令如表 3.2 所示，这些命令既可以使用一个单词来表示，也可以通过“\字母”的简写方式来表示。

表 3.2 MYSQL 客户端程序提供的命令

命令	简写	具体含义
?	(\?)	显示帮助信息
help	(\h)	显示帮助信息
clear	(\c)	清除当前输入语句
status	(\s)	从服务器获取 MySQL 的状态信息
connect	(\r)	重新连接到服务器，可选参数是数据库和主机
delimiter	(\d)	设置语句分隔符
ego	(\G)	向 MYSQL 服务器发送命令，垂直显示结果
exit	(\q)	退出 MySQL
quit	(\q)	退出 MySQL
go	(\g)	向 MYSQL 服务器发送命令
print	(\p)	打印当前命令
prompt	(\R)	改变 MYSQL 提示信息
rehash	(\#)	重建完成哈希
source	(\.)	执行一个 SQL 脚本文件，以一个文件名作为参数
tee	(\T)	设置输出文件，将所有内容附加到给定的输出文件
use	(\u)	使用另一个数据库，数据库名称作为参数
system	(\!)	执行系统 shell 命令
charset	(\C)	切换到另一个字符集
warnings	(\W)	每一个语句之后显示警告
nowarning	(\w)	每一个语句之后不显示警告

MYSQL 连接服务器的语法格式如下：

MYSQL-h hostname-u username-p

说明：

• -h 后面的参数 hostname 是服务器的主机地址，如果客户端和服务器在同一台机器上，输入 localhost 或者 Ip 地址 127.0.0.1 都可以，也可以省略该参数。

• -u 后面参数 username 是登录服务器的用户名。

• -p 后面可以跟上密码，但是-p 和密码之间不能有空格，不跟密码则按回车后以密文形式输入密码。

【任务实施】

1. 登录 MySQL 服务器并查看系统状态信息

① 启动 MySQL 服务　如果 MySQL 服务的启动类型为“自动”，那么这一步可以省略。否则，可以通过命令行或 Windows 服务管理器启动 MySQL 服务。如果通过命令行启动要以管理员身份运行 cmd，打开一个命令行窗口，再输入启动命令，启动 MySQL 服务，如图 3.23 所示。

② 登录服务器　登录 MySQL 服务器可以通过客户端工具 mysql 完成，在命令窗口输入本地登录命令“Mysql-u root-p”，根据提示输入 root 用户的密码，验证成功后即可登录到 MySQL 数据库服务器，如图 3.26 所示。

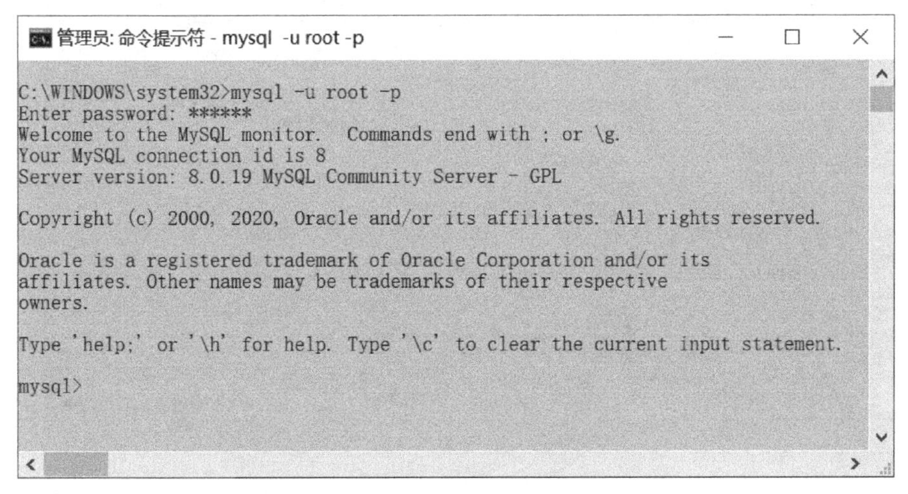

图 3.26　命令方式登录 MySQL 服务器

如果 MySQL 是用安装包安装的，还可以菜单方式登录服务器。在开始菜单中找到 MySQL，选择“MySQL 8.0 Command Line Client-Unicode”或“MySQL 8.0 Command Line Client ”，都可以运行 mysql 这个客户端工具，根据提示输入密码，验证成功后登录到 MySQL 服务器，如图 3.27 所示。这种登录方式只限于以 root 用户身份登录。

```
MySQL 8.0 Command Line Client
Enter password: ******
Welcome to the MySQL monitor.  Commands end with ; or \g.
Your MySQL connection id is 12
Server version: 8.0.19 MySQL Community Server - GPL

Copyright (c) 2000, 2020, Oracle and/or its affiliates. All rights reserved.

Oracle is a registered trademark of Oracle Corporation and/or its
affiliates. Other names may be trademarks of their respective
owners.

Type 'help;' or '\h' for help. Type '\c' to clear the current input statement.

mysql>
```

图 3.27　菜单方式登录 MySQL 服务器

说明：

• Unicode是统一的字符编码标准,MySQL的Windows客户端自从5.6.2版本后提供了Unicode界面支持。而原来的MySQL Client默认是在DOS下运行的,不能够满足Windows标准编码的需求。在Unicode下运行速度比原来在DOS环境下运行要快得多,字体等也更符合编程要求。

③ 查看MySQL状态信息　在“mysql〉”提示符后输入“status”命令或该命令的简写“\s”，即可从服务器获取MySQL的状态信息，如图3.28所示。

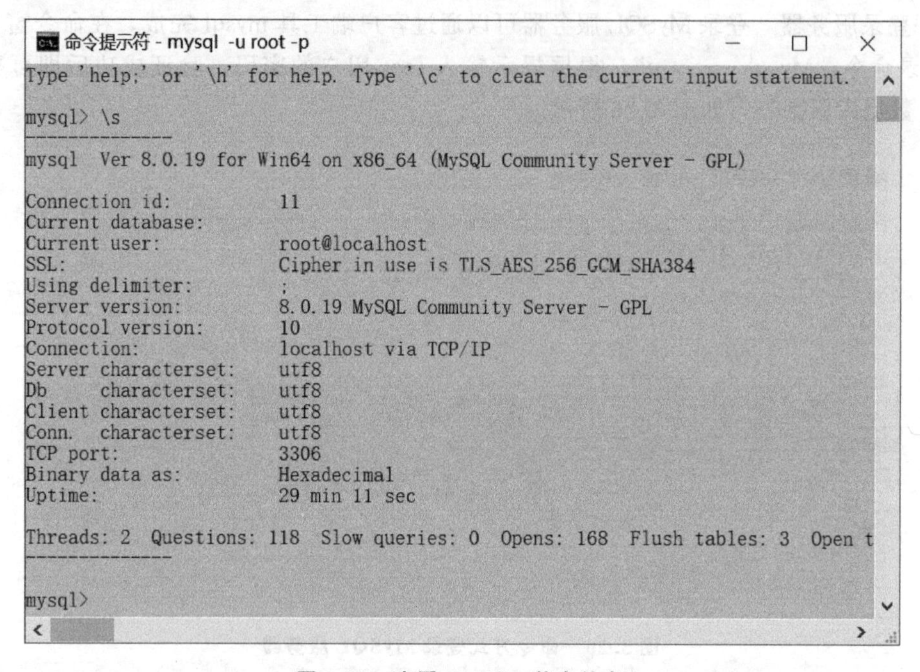

图3.28　查看MySQL状态信息

④ 退出mysql客户端程序　退出mysql客户端程序可以用“exit”命令或“quit”命令，两个命令的简写方式都是“\q”。

2. 重新配置MySQL：修改MySQL客户端的字符集编码为gb2312

在前面任务3.1安装过程中，已经通过配置向导或编辑配置文件my.ini进行了相应的配置，但在实际应用时某些配置可能不符合需求，就需要对其进行修改。修改MySQL配置有两种方式，具体如下。

① 通过命令重新配置　运行mysql客户端程序后，在“mysql>”提示符后输入修改配置的命令，修改MySQL客户端的字符集编码为gb2312的命令为：

```
set character_set_client=gb2312;
```

执行完以上命令后，再用“\s”命令查看MySQL状态信息，显示客户端的字符集编码已经修改为gb2312，如图3.29所示。

② 通过my.ini文件重新配置　如果想让修改的配置长期有效，就需要在my.ini配置文件中进行修改，如图3.30所示。在图3.30中可以看到，客户端的编码是通过“default-character-set”参数配置的，如果想要重新配置，只要修改该参数的值即可，修改以后保存，然后重启MySQL服务即可。

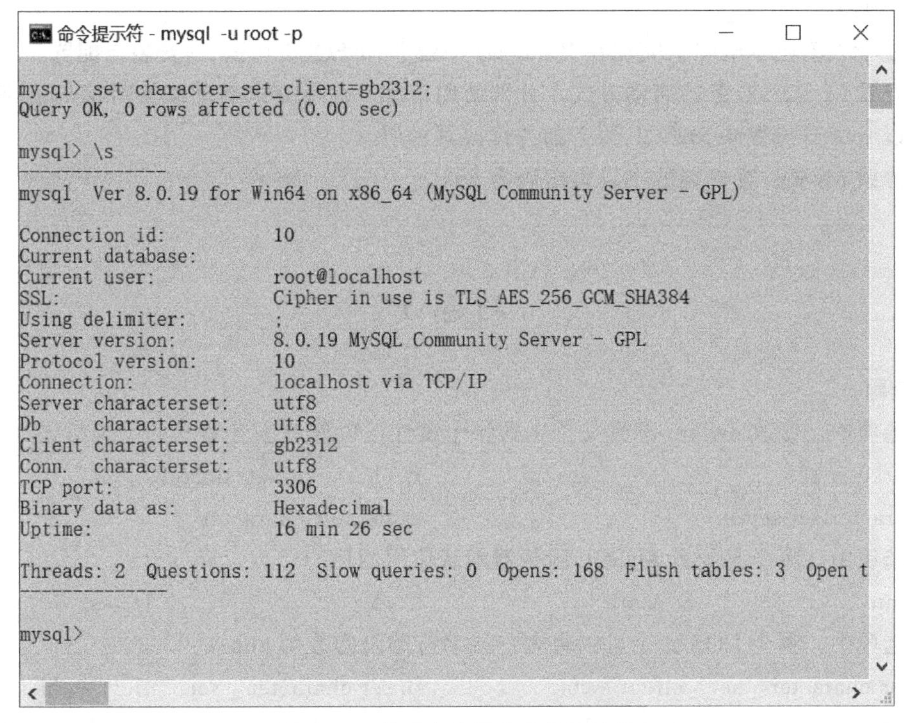

图 3.29　修改客户端的字符集编码

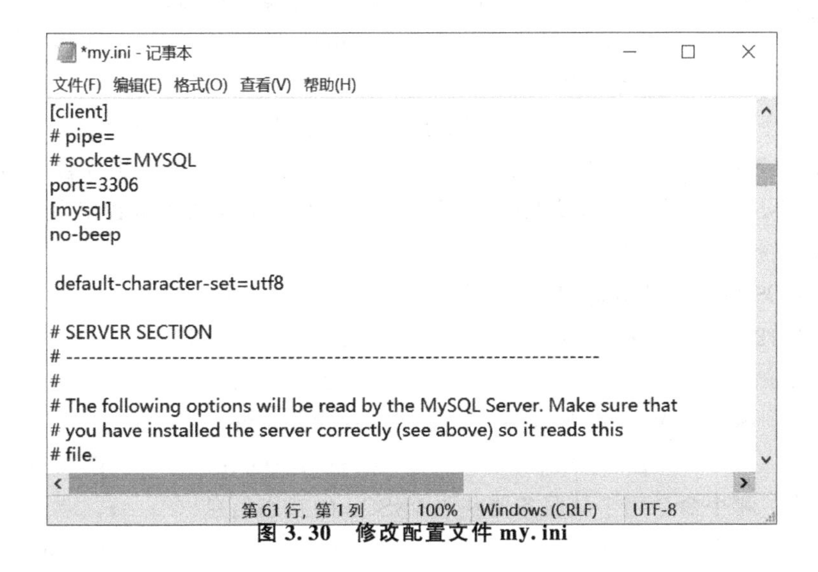

图 3.30　修改配置文件 my.ini

【同步实训 3】MySQL8.0 的安装与配置

1. 实训目的

① 能在 Windows 平台下完成 MySQL8.0 的安装与配置操作。

② 能启动或停止 MySQL 服务。

③ 能以 root 身份登录 MySQL 服务器并修改其密码。

2. 实训内容

① 在个人笔记本电脑上完成在 Windows 平台下 MySQL8.0.19 的安装与配置。

② 查看 MySQL 服务的启动方式，分别使用手动、命令方式启动或关闭 MySQL 服务。

③ 以 root 身份登录 MySQL 服务器并修改其密码。

④ 修改 MySQL 客户端的字符集编码为 gbk。

习题 3

一、单选题

1. 下列选项中，修改 my.ini 配置文件中的哪个属性可以修改服务器端的字符编码（　　）。

A. character-set　　B. character-set- default

C. character-set-server　　D. default-character

2. 下列选项中，哪个是配置 MySQL 服务器默认使用的用户（　　）。

A. admin　　B. scott　　C. root　　D. test

3. 下面选项中，哪个 DOS 命令可以将客户端字符编码修改为 gbk（　　）。

A. alter character _ set _ client=gbk　　B. set character _ set _ client=gbk

C. set character _ set _ results=gbk　　D. alter character _ set _ results=gbk

4. 下面选项中，哪个是 MySQL 用于放置日志文件以及数据库的目录（　　）。

A. bin 目录　　B. data 目录　　C. include 目录　　D. lib 目录

5. 下列关于启动 MySQL 服务的描述，错误的是（　　）。

A. Windows 下通过 DOS 命令启动 MySQL 服务的命令是"net start mysql80"

B. MySQL 服务不仅可以通过 DOS 命令启动，还可以通过 Windows 服务管理器启动

C. 在使用 MySQL 前需要先启动 MySQL 服务，否则客户端无法连接数据库

D. MySQL 服务只能通过 Windows 服务管理器启动

6. 下列通过 DOS 命令登录本地 MySQL 服务器的命令中，错误的是（　　）。

A. mysql -h 127.0.0.1-uroot -p　　B. mysql -h localhost-uroot -p

C. mysql -h-uroot -p　　D. mysql -u root -p

7. 下面选项中，哪个是 MySQL 加载后一定会使用的配置文件（　　）。

A. my.ini　　B. my-huge.ini　　C. my-large.ini　　D. my-small.ini

8. 下面选项中，哪个命令用于从服务器获取 MySQL 的状态信息（　　）。

A. \?　　B. \h　　C. \s　　D. \u

9. 下面选项中，哪个是 MySQL 用于放置可执行文件的目录（　　）。

A. bin 目录　　B. data 目录　　C. include 目录　　D. lib 目录

10. 下面关于停止 MySQL 的 DOS 命令中（服务名 mysql），正确的是（　　）。

A. stop net mysql　　B. service stop mysql

C. net stop mysql　　D. service mysql stop

二、判断题

1. 在 MySQL 命令中，clear 命令用于清除屏幕。（　　）

2. 卸载 MySQL 时，默认会自动删除相关的所有安装信息。（　　）

3. 在 MySQL 命令中用于退出 MySQL 的命令有 quit，exit 和 \q。 （ ）
4. 在 MySQL 安装目录中，bin 目录用于放置一些可执行文件。 （ ）
5. MySQL 服务不仅可以通过 Windows 服务管理器启动，还可以通过 DOS 命令来启动。 （ ）
6. 在 MySQL 命令中，用于切换到 mydb 数据库的命令是“USE mydb”或“\u mydb”。 （ ）
7. 在 my.ini 配置文件中修改字符集编码后，对于其他命令行窗口登录 MySQL 后依然是无效的。 （ ）
8. 安装 MySQL 时，首先要安装服务器端，然后再进行服务器的相关配置工作。 （ ）
9. 在 Windows 服务管理器启动 MySQL 时，启动类型有自动、手动和已禁用三种类型。 （ ）
10. 修改 MySQL 的配置有两种方式，一种是通过命令重新配置，一种是通过在 my.ini 配置文件中进行配置。 （ ）
11. 通过命令修改的 MySQL 配置长期有效。 （ ）
12. 通过 MySQL Command Line Client 登录 MySQL 服务器时，只要输入正确的 root 用户密码，就可以成功登录。 （ ）
13. MySQL 安装文件有两个版本，一种是以.msi 作为后缀名的二进制分发版，一种是以.rar 作为后缀的压缩文件。 （ ）
14. MySQL 启动后，会读取 my.ini 文件以获取 MySQL 的配置信息。 （ ）
15. 查看 MySQL 的帮助信息，可以在命令行窗口中输入“help”或者“\h”命令。 （ ）

模块 4 数据库的创建与维护

【模块描述】

本模块将采用 SQL 语句和 Navicat 图形化工具两种方式，创建和管理“学生成绩管理”数据库（stuDB）。

【学习目标】

1. 识记创建、管理数据库相关语句的语法。
2. 能用 SQL 语句创建、管理数据库。
3. 能用 Navicat 图形化工具创建、管理数据库。

任务 4.1 创建数据库

【任务描述】

使用 SQL 语句创建“学生成绩管理”数据库（stuDB），并查看数据库，包括查看当前用户可见的所有数据库列表，查看 stuDB 数据库的创建信息。

【相关知识】

MySQL 的数据库分为系统数据库和用户数据库两类。MySQL 安装完成后，将会在 data 文件夹中自动创建 information _ schema、mysql、performance _ schema、sys 这 4 个系统数据库，它们在系统运行中有特殊的作用，用户不要随意修改和删除，否则 MySQL 不能正常运行。用户数据库由用户创建与维护，用于存放用户特定业务需求下的数据。

数据库的默认存放位置是 MySQL 的 data 文件夹。

4.1.1 创建数据库

数据库创建就是在系统磁盘上划分一块区域用于存储和管理数据，创建数据库用 CREATE DATABASE 语句。

语法格式如下：

CREATE DATABASE [IF NOT EXISTS] 数据库名
[CHARACTER SET 字符集名称] [COLLATE 校验规则名称]；

说明：

- 语句中的"[]"表示是可选项。最简化的创建语句:CREATE DATABASE 数据库名;。
- 数据库名称要符合操作系统文件夹的命名规则,不可以是 MySQL 的保留字。
- IF NOT EXISTS 子句的作用是创建前先判断是否有同名数据库存在,如果已存在就不创建,系统提示一个警告信息,否则,创建一个已存在的数据库会报错。
- 字符集(CHARACTER SET)是多个字符的集合,字符集种类较多,每个字符集包含的字符个数不同。MySQL 可使用的能处理中文的字符集有 UTF8、GB18030、GBK、GB2312 等。UTF8 是大字符集,它包含了大部分文字的编码,为了避免所有乱码问题,可以采用 UTF8 字符集。
- 校验规则(COLLATE)是在字符集内用于比较字符的一套规则,即字符集的排序规则。
- 可以用 SHOW CHARACTER SET 语句查看 MySQL 支持的所有字符集和它们的默认校验规则。如图 4.1 所示。
- 设置数据库字符集的规则:如果指定了字符集和校验规则,则使用指定的字符集和校验规则;如果指定了字符集但未指定校验规则,则使用指定字符集默认的校验规则;如果指定了校验规则但未指定字符集,则使用该校验规则关联的字符集;如果未指定字符集和校验规则,则使用服务器字符集和校验规则作为数据库的字符集和校验规则。

4.1.2 查看数据库

可以使用 SHOW 命令查看当前用户可见的所有数据库列表，还可以查看某个数据库的创建信息。

(1) 查看所有数据库列表

语法格式如下：

SHOW DATABASES;

(2) 查看某个数据库的创建信息

语法格式如下：

SHOW CREATE DATABASE 数据库名;

【任务实施】

1. 查看所有数据库列表

```
SHOW DATABASES;
```

执行上面语句，结果如图 4.2 所示，在未创建数据库前，显示的是系统自带的几个系统数据库。

SQL 语句书写规范如下。

① SQL 语句对大小写不敏感，为了提高 SQL 语句的可读性，关键字、函数名用大写，数据库名、表名、字段名等用户自定义的标识符用小写。

命令提示符 - mysql -u root -p

mysql> SHOW CHARACTER SET;

Charset	Description	Default collation	Maxlen
armscii8	ARMSCII-8 Armenian	armscii8_general_ci	1
ascii	US ASCII	ascii_general_ci	1
big5	Big5 Traditional Chinese	big5_chinese_ci	2
binary	Binary pseudo charset	binary	1
cp1250	Windows Central European	cp1250_general_ci	1
cp1251	Windows Cyrillic	cp1251_general_ci	1
cp1256	Windows Arabic	cp1256_general_ci	1
cp1257	Windows Baltic	cp1257_general_ci	1
cp850	DOS West European	cp850_general_ci	1
cp852	DOS Central European	cp852_general_ci	1
cp866	DOS Russian	cp866_general_ci	1
cp932	SJIS for Windows Japanese	cp932_japanese_ci	2
dec8	DEC West European	dec8_swedish_ci	1
eucjpms	UJIS for Windows Japanese	eucjpms_japanese_ci	3
euckr	EUC-KR Korean	euckr_korean_ci	2
gb18030	China National Standard GB18030	gb18030_chinese_ci	4
gb2312	GB2312 Simplified Chinese	gb2312_chinese_ci	2
gbk	GBK Simplified Chinese	gbk_chinese_ci	2
geostd8	GEOSTD8 Georgian	geostd8_general_ci	1
greek	ISO 8859-7 Greek	greek_general_ci	1
hebrew	ISO 8859-8 Hebrew	hebrew_general_ci	1
hp8	HP West European	hp8_english_ci	1
keybcs2	DOS Kamenicky Czech-Slovak	keybcs2_general_ci	1
koi8r	KOI8-R Relcom Russian	koi8r_general_ci	1
koi8u	KOI8-U Ukrainian	koi8u_general_ci	1
latin1	cp1252 West European	latin1_swedish_ci	1
latin2	ISO 8859-2 Central European	latin2_general_ci	1
latin5	ISO 8859-9 Turkish	latin5_turkish_ci	1
latin7	ISO 8859-13 Baltic	latin7_general_ci	1
macce	Mac Central European	macce_general_ci	1
macroman	Mac West European	macroman_general_ci	1
sjis	Shift-JIS Japanese	sjis_japanese_ci	2
swe7	7bit Swedish	swe7_swedish_ci	1
tis620	TIS620 Thai	tis620_thai_ci	1
ucs2	UCS-2 Unicode	ucs2_general_ci	2
ujis	EUC-JP Japanese	ujis_japanese_ci	3
utf16	UTF-16 Unicode	utf16_general_ci	4
utf16le	UTF-16LE Unicode	utf16le_general_ci	4
utf32	UTF-32 Unicode	utf32_general_ci	4
utf8	UTF-8 Unicode	utf8_general_ci	3
utf8mb4	UTF-8 Unicode	utf8mb4_0900_ai_ci	4

41 rows in set (0.00 sec)

图 4.1 MySQL 字符集和它们默认的校验规则

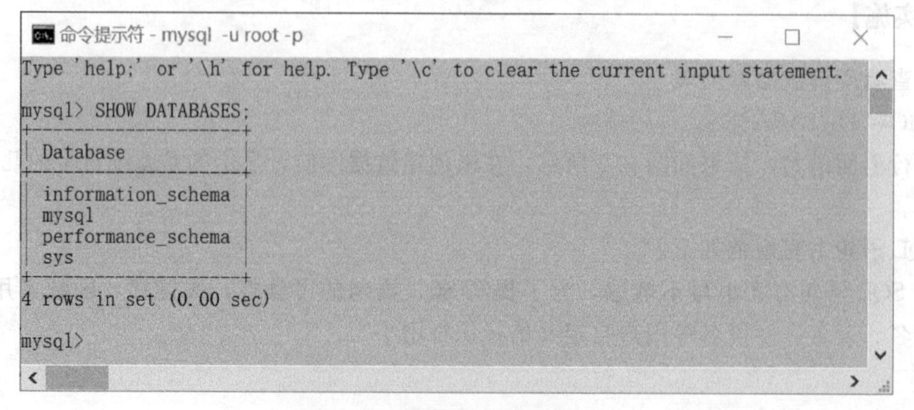

```
命令提示符 - mysql -u root -p
Type 'help;' or '\h' for help. Type '\c' to clear the current input statement.

mysql> SHOW DATABASES;
+--------------------+
| Database           |
+--------------------+
| information_schema |
| mysql              |
| performance_schema |
| sys                |
+--------------------+
4 rows in set (0.00 sec)

mysql>
```

图 4.2 查看所有的数据库列表

② SQL 语句的结束符为分号“;”。

③ 一条 SQL 语句可写成一行或多行，如果语句太长，建议一个子句占一行。

④ SQL 语句中所有的标点符号都应该是英文状态输入的。

(2) 创建 mydb1 数据库

```
CREATE DATABASE mydb1;
```

执行上面语句，系统给出创建成功的提示信息，查看数据库列表，mydb1 已在其中，如图 4.3 所示。

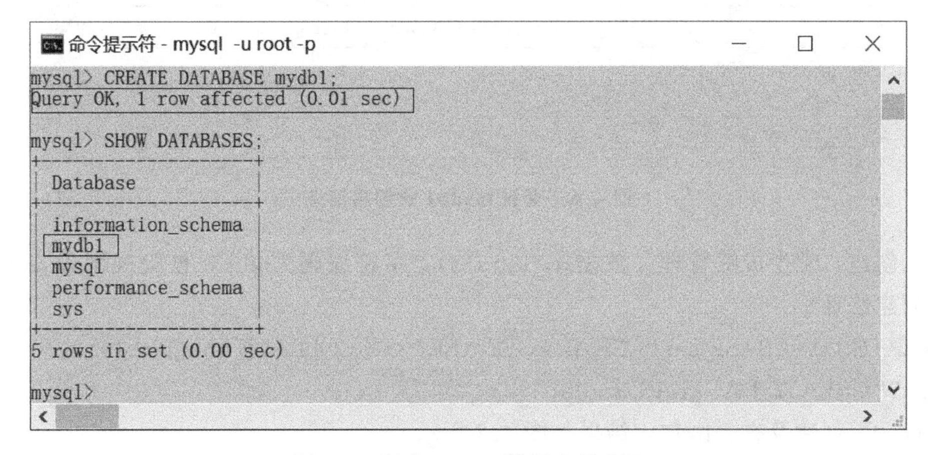

图 4.3 创建 mydb1 数据库并查看

再次执行语句：

```
CREATE DATABASE mydb1;
```

系统提示信息如图 4.4 所示，表示创建失败，mydb1 已经存在。

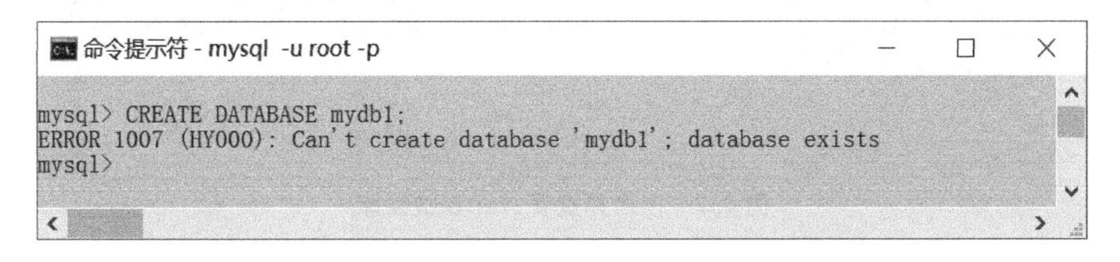

图 4.4 创建重名的 mydb1（不带 IF NOT EXISTS 子句）

如果把上面创建语句加上 IF NOT EXISTS 子句，创建前系统会先判断是否有重名的数据库存在：

```
CREATE DATABASE IF NOT EXISTS mydb1;
```

执行上面语句，系统不再报错，只提示有一个警告信息，如图 4.5 所示。

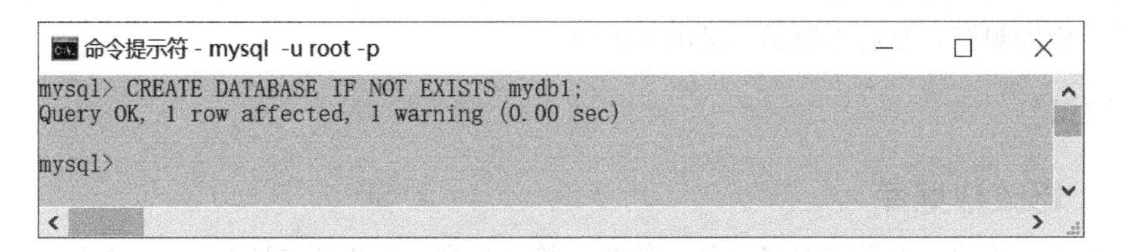

图 4.5 创建重名的 mydb1（带 IF NOT EXISTS 子句）

（3）查看数据库 mydb1 的创建信息

```
SHOW CREATE DATABASE mydb1;
```

执行上面语句，结果如图 4.6 所示，显示了数据库 mydb1 的创建信息，包括数据库 mydb1 的编码方式为 utf8。

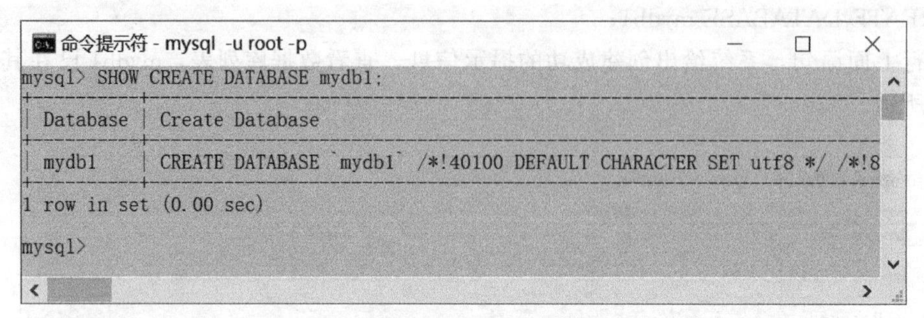

图 4.6 查看 mydb1 的创建信息

（4）创建“学生成绩管理”数据库（stuDB），字符编码为 gbk，校验规则为 gbk _ bin，并查看创建信息

```
CREATE DATABASE studb CHARACTER SET gbk COLLATE gbk_bin;
SHOW CREATE DATABASEstudb;
```

执行上面创建及查看语句，结果如图 4.7 所示。

```
命令提示符 - mysql -u root -p

mysql> CREATE DATABASE studb CHARACTER SET gbk COLLATE gbk_bin;
Query OK, 1 row affected (0.01 sec)

mysql> SHOW CREATE DATABASE studb;
+----------+------------------------------------------------------------------------
| Database | Create Database
+----------+------------------------------------------------------------------------
| studb    | CREATE DATABASE `studb` /*!40100 DEFAULT CHARACTER SET gbk COLLATE gbk_bin
+----------+------------------------------------------------------------------------
1 row in set (0.00 sec)

mysql>
```

图 4.7 创建并查看 stuDB 数据库

任务 4.2 维护数据库

【任务描述】

使用 SQL 语句修改、删除“学生成绩管理”数据库（stuDB），先修改 stuDB 数据库的字符集及检验规则，然后再删除 stuDB 数据库。

【相关知识】

4.2.1 修改数据库

数据库创建后，如果需要修改其字符集和校验规则，可以用 ALTER DATABASE 命令实现。

语法格式如下：

ALTER DATABASE 数据库名；

CHARACTER SET 字符集名称 | COLLATE 校验规则名称

[CHARACTER SET 字符集名称 |COLLATE 校验规则名称]；

说明：

• "|"表示此处为选择项,在所列出的各项中仅需选择一项。

• 可以同时修改数据库的字符集和校验规则,也可以只修改其中之一,设置数据库字符集的规则参见创建数据库部分的说明。

4.2.2　删除数据库

不再需要的数据库可以用 DROP DATABASE 命令删除，以便释放系统资源。

语法格式如下：

DROP DATABASE [IF EXISTS] 数据库名；

说明：

• IF EXISTS 子句用来在删除前先判断数据库是否存在,如果不存在就不做删除操作。否则,删除不存在的数据库时系统会报错。

【任务实施】

1. 修改 studb 数据库的字符编码为 utf8，使用该字符集默认的校验规则

```
ALTER DATABASE studb CHARACTER SET utf8;
```

执行上面修改语句，查看修改结果符合预期，如图 4.8 所示。

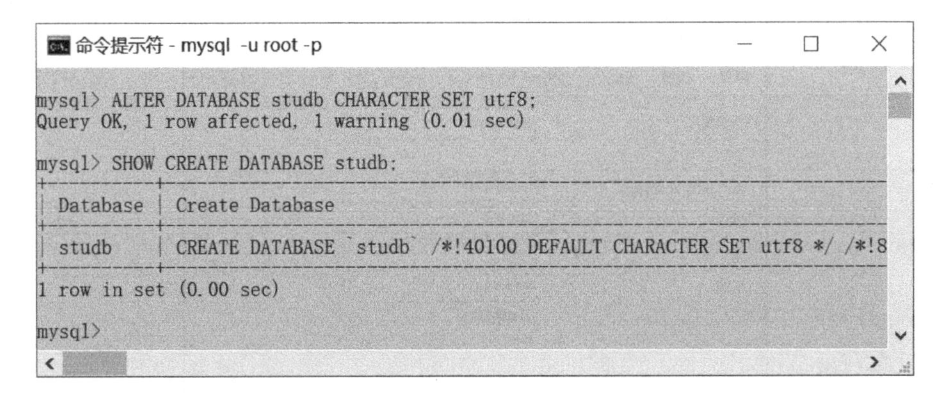

图 4.8　修改并查看数据库 studb 的创建信息

2. 删除数据库 studb

```
DROP DATABASE studb;
```

执行上面语句，系统提示删除成功，再执行一次，报错（因为 studb 已经不存在）。为了避免删除不存在的数据库报错，可以加上 IF EXISTS 子句，代码如下：

```
DROP DATABASE IF EXISTS studb;
```

执行上面语句，系统只提示一个警告信息，以上删除操作过程如图 4.9 所示。

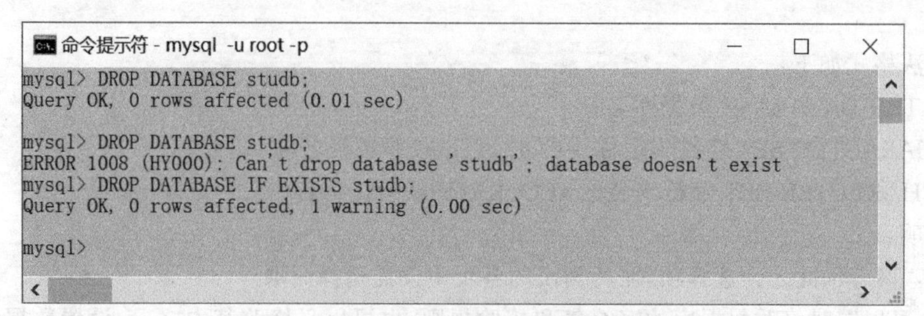

图 4.9 DROP DATABASE 命令操作提示

任务 4.3 使用 Navicat 创建与管理数据库

【任务描述】

使用 Navicat 图形化管理工具完成创建、管理“学生成绩管理”数据库（stuDB）的操作。

【任务实施】

1. 使用 Navicat

启动 Navicat，单击左上角“连接”按钮（或者单击“文件”菜单，选择“新建连接…”），打开新建连接界面，如图 4.10 所示。

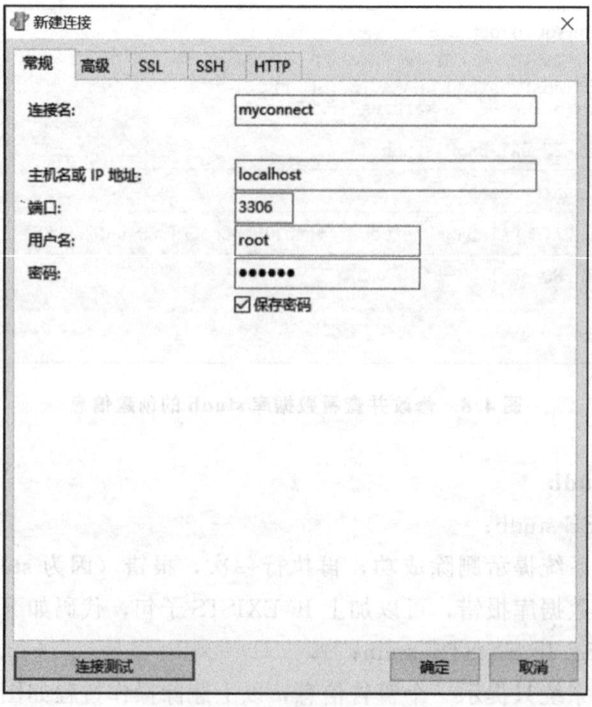

图 4.10 新建连接对话框

填入相应的连接信息，连接名称可以自定义，填完后可以单击“连接测试”来测试一下当前连接是否成功。“保存密码”可选框的作用是如果本次连接成功，则下次连接时无需再输入密码，直接进入管理主界面，如图 4.11 所示。

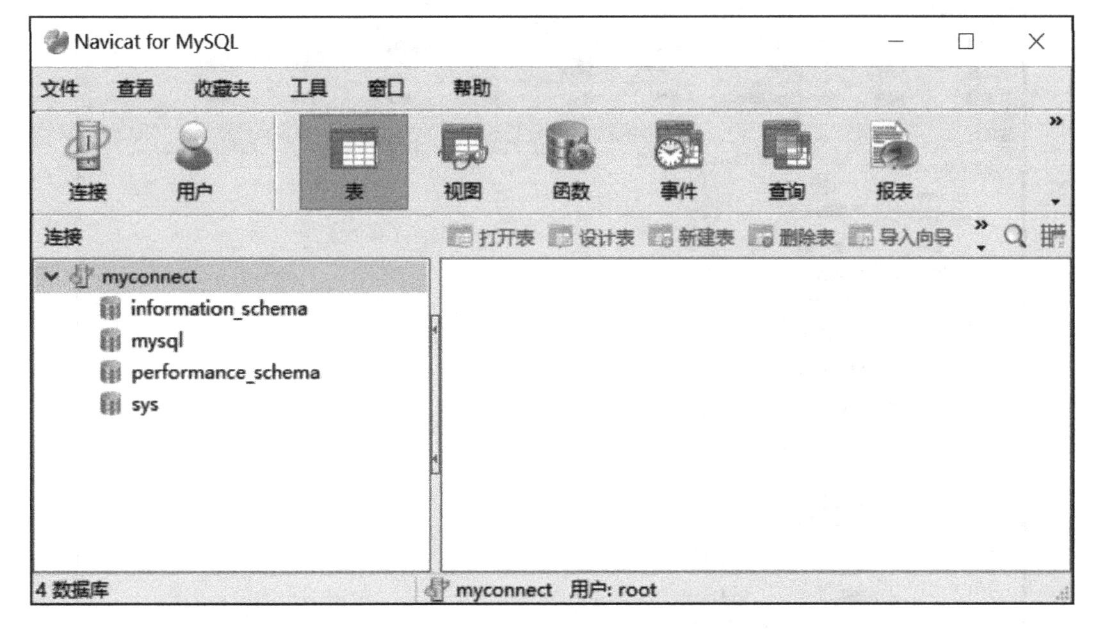

图 4.11 Navicat for MySQL 主界面

新建连接成功后，左侧的树型目录会出现此连接。以后启动 Navicat 后，只要双击它就建立了连接并显示数据库列表。注意：在 Navicat for MySQL 中，每个数据库的信息是单独获取的，没有获取的数据库的图标会显示为灰色，而一旦执行了某些操作，获取了数据库的信息后，相应的图标就会显示为彩色。

2. 创建 studb 数据库：字符编码为 utf8，校验规则为 utf8 _ bin

在左侧列表中右击，在弹出来的快捷菜单中选择“新建数据库”，如图 4.12 所示。弹出新建数据库页面，输入数据库名为“studb”，字符集选择“utf8”，排序规则选择“utf8 _ bin”，如图 4.13 所示。

最后，单击“确定”按钮，完成数据库 studb 的创建操作。返回 Navicat for MySQL 主界面，数据库列表上多出了一个“studb”数据库，如图 4.14 所示。

3. 查看或修改 studb 数据库

鼠标指向数据库列表中的“studb”数据库并右击，在弹出来的快捷菜单中选择“数据库属性”，如图 4.15 所示，弹出数据库属性窗口，显示 studb 数据库的字符集和排序规则，如图 4.16 所示，如果需要，可以对 studb 数据库的字符集及排序规则进行修改。

4. 删除 studb 数据库

鼠标指向数据库列表中的“studb”数据库并右击，弹出如图 4.15 所示的快捷菜单，选择“删除数据库”菜单项，弹出“确认删除”对话框，如图 4.17 所示，只要单击“删除”按钮就完成了删除 studb 数据库的操作。

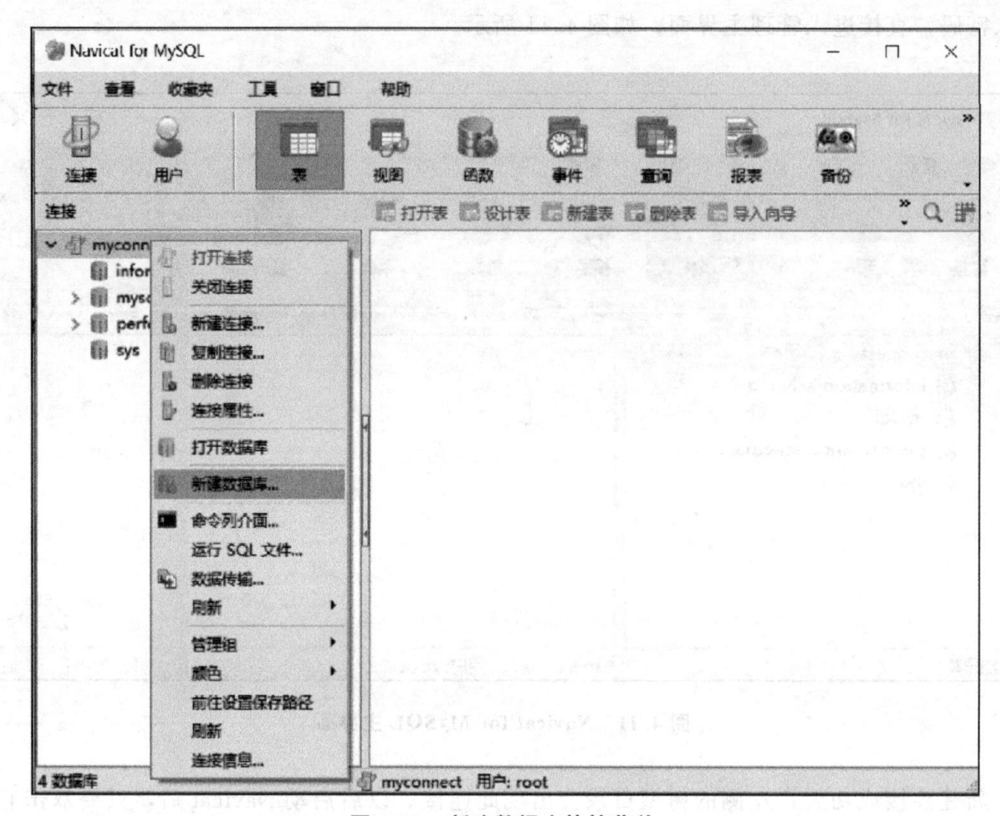

图 4.12　新建数据库快捷菜单

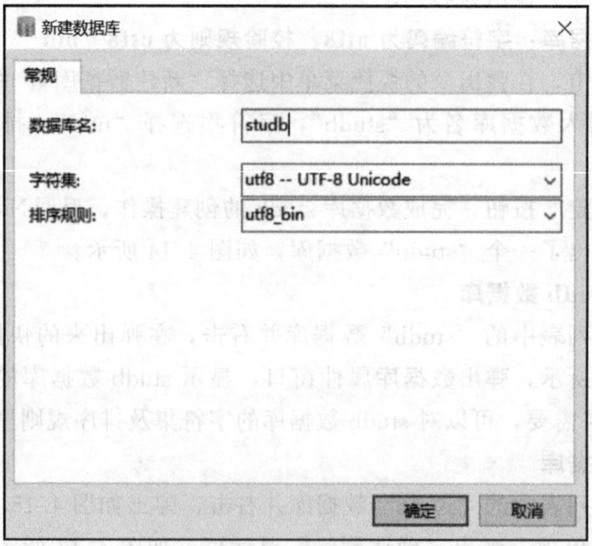

新建数据库
常规
数据库名: studb
字符集: utf8 -- UTF-8 Unicode
排序规则: utf8_bin
确定　取消

图 4.13　新建数据库对话框

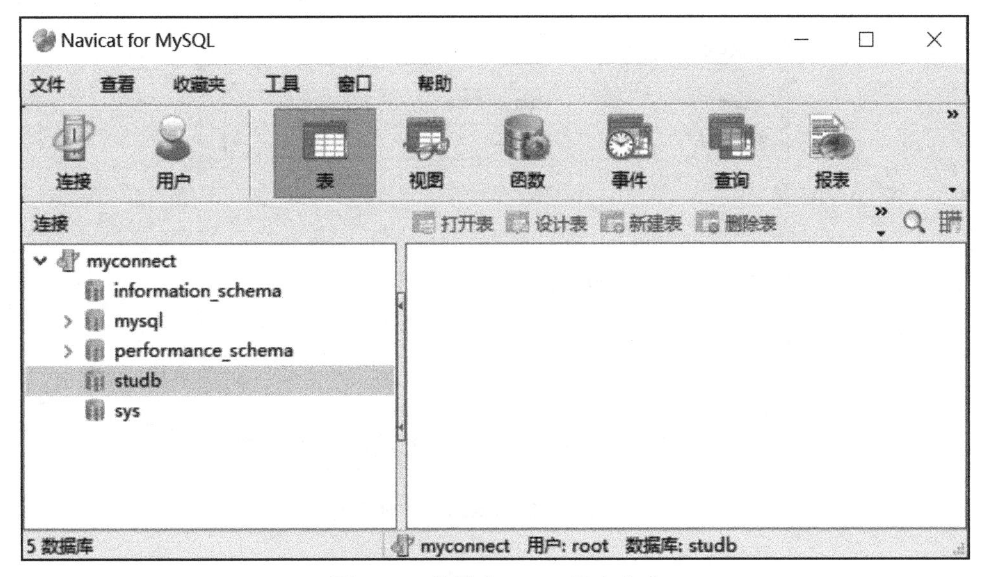

图 4.14　数据库 studb 创建成功

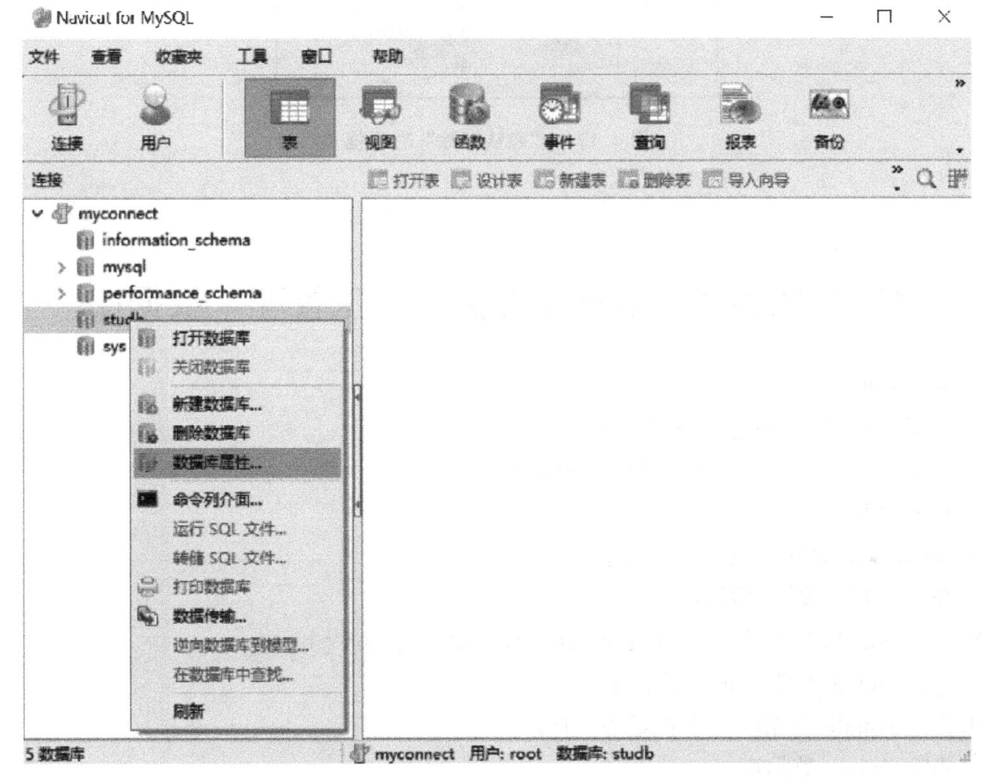

图 4.15　查看数据库 studb 快捷菜单

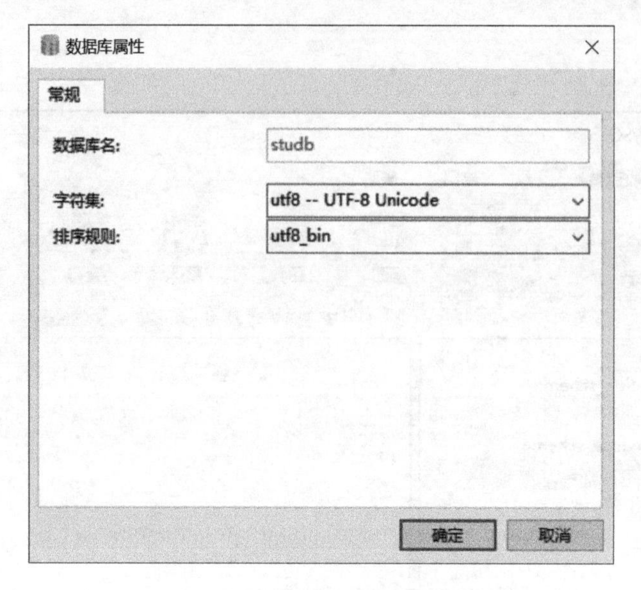

图 4.16 “数据库属性”对话框

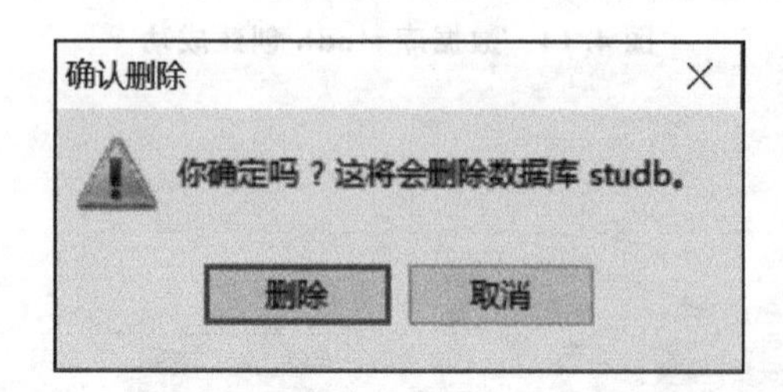

图 4.17 “确认删除”对话框

【同步实训 4】创建与维护“员工管理”数据库

1. 实训目的

① 能用 SQL 语句创建、管理数据库。

② 能用 Navicat 图形化工具创建、管理数据库。

2. 实训内容

① 使用 SQL 语句完成以下操作。

a. 查看所有的数据库列表。

b. 创建 empdb 数据库，字符集为 gbk，校验规则为 gbk _ bin。

c. 查看 empdb 数据库的创建信息。

d. 修改 empdb 数据库的字符集为 utf8。

e. 删除 empdb 数据库。

② 使用 Navicat 图形化工具完成（1）的所有操作。

习题 4

1. 下列关于删除数据库的描述，正确的是（　　）。

A. 数据库一旦创建就不能被删除

B. 在使用 DROP DATABASE 语句删除数据库时，为了避免数据库不存在报错，可加 IF EXISTS 子句

C.“DROP TABLE”语句是删除数据库的关键字

D. 成功删除数据库后，数据库中的所有数据都将被清除，但是原来分配的空间仍然会保留

2. 下面选项中，哪个是用于查看 MySQL 中已经存在的数据库列表（　　）。

A. SHOW DATABASES mydb；　　B. CREATE DATABASE mydb；

C. AlTER DATABASE mydb；　　D. SHOW DATABASES；

3. 下面选项中，哪个可以正确创建一个名称为 mydb 的数据库（　　）。

A. CREATE BASE mydb；　　B. CREATE DATABASE mydb；

C. AlTER DATABASE mydb；　　D. CREATE TABLE mydb；

4. 下面选项中，用于查看 mydb 数据库具体创建信息的是（　　）。

A. SHOW DATABASES mydb；　　B. CREATE DATABASE mydb；

C. SHOW CREATE DATABASE mydb；　　D. SHOW DATABASES；

5. 下列删除 mydb 数据库的 SQL 语句中，正确的是（　　）。

A. DROP mydb；　　B. DELETE mydb；

C. DROP DATABASE mydb；　　D. DELETE DATABASE mydb；

6. 下面选项中，可以将数据库 mydb 的字符编码修改为 gbk 的是（　　）。

A. ALTER DATABASE mydb CHARACTER SET＝gbk；

B. ALTER DATABASE mydb CHARACTER SET gbk；

C. UPDATE DATABASE mydb CHARACTER SET gbk COLLATE gbk _ bin；

D. ALTER DATABASE mydb COLLATE gbk；

7. 下列关于创建数据库的描述，正确的是（　　）。

A. 创建数据库就是在数据库系统中划分一块存储数据的空间

B. CREATE TABLE 关键字用于创建数据库

C. 创建数据库时“数据库名称”不是唯一的，可重复出现

D. 使用 CREATE DATABASE 关键字一次可以创建多个数据库

模块 5　数据表的创建与维护

【模块描述】

本模块将采用 SQL 语句和 Navicat 工具两种方式，创建和管理“学生成绩管理”数据库（stuDB）的数据表，并对数据表实施数据完整性。

【学习目标】

1. 识记数据表的基础知识。
2. 识记创建、管理数据表相关语句的语法。
3. 识记实施数据完整性的几种方法。
4. 能用 SQL 语句创建、管理数据表并实施数据完整性。
5. 能用 Navicat 工具创建、管理数据表并实施数据完整性。

任务 5.1　理解数据表的基础知识

【任务描述】

识记 MySQL 数据表的相关基础知识，包括表名命名规范、常用数据类型等，在此基础上，根据“学生成绩管理”数据库（studb）三个数据表要存放的数据（内容详见模块一中的表 1.3～表 1.5），分析每个数据表的结构（字段名、数据类型、长度、精度、小数位数及完整性约束条件）。

【相关知识】

创建数据表，就是要定义数据表的结构，包括表名，表中各个字段的名称、数据类型、长度、精度、小数位数以及完整性约束条件等。

5.1.1　表的命名

同一个 MySQL 数据库的数据表不能同名，表的命名规范如下。

① 不能使用 MySQL 保留字为表名。

② 表名最大长度为 64 个字符。

③ 表名首字母应该为字母，可以使用下画线、数字、字母、@、# 和 $ 符号组成，其中字母可以是 26 个英文字母或其他语言的字母字符，但不能使用空格和其他特殊字符。

④ 取有意义的名字，尽量见其名知其义。

注意：虽然表名可以用中文，但是强烈建议用户不要用中文！用中文命名后面写代码不方便，还会带来多语言的兼容问题。

5.1.2 数据类型

MySQL 的数据类型十分丰富，要根据实际需要选择合适的数据类型，合适的数据类型可以有效地节省数据库的存储空间，同时也可以提升数据的计算性能，节省数据的检索时间。下面给出 MySQL 常用的数据类型。

(1) 整数类型

整数类型用来保存整数。根据取值范围的不同，整数类型可分为 5 种，分别是 TINYINT、SMALLINT、MEDIUMINT、INT 和 BIGINT。不同整数类型所对应的字节大小和取值范围如表 5.1 所示。

表 5.1 MySQL 整数类型

数据类型	字节数	范围(无符号)	范围(有符号)
TINYINT	1	0～255	-2^{7}～$(2^{7}-1)$
SMALLINT	2	0～65535	-2^{15}～$(2^{15}-1)$
MEDIUMINT	3	0～16777215	-2^{23}～$(2^{23}-1)$
INT	4	0～4294967295	-2^{31}～$(2^{31}-1)$
BIGINT	8	0～18446744073709551615	-2^{63}～$(2^{63}-1)$

表 5.1 显示，不同类型的整数存储时所占用的字节不同，占用字节最少的是 TINYINT 类型，最多的是 BIGINT 类型，占用字节多的能存储的数值范围也大，可以根据占用的字节数计算出每一种数据类型的取值范围。

(2) 浮点数类型和定点数类型

在 MySQL 中，存储的小数需要使用浮点数或定点数来表示。浮点数类型有两种，分别是单精度浮点数类型（FLOAT）和双精度浮点数类型（DOUBLE）。定点数类型 DECIMAL (m,d) 通过后面的参数分别设置其精度和小数位数，m 表示数字总位数（不包括小数点和符号位），d 表示小数位数。这几个类型所对应的字节大小和取值范围如表 5.2 所示。

实际应用中，尽量采用定点数类型，而不采用浮点数类型。因为使用定点数类型不仅能够保证计算更为精确，还可以节省存储空间。

表 5.2 MySQL 浮点数和定点数类型

数据类型	字节数	范围(无符号)	范围(有符号)
FLOAT	4	0 和$(1.17494351\times10^{-38}$～$3.402823466\times10^{38})$	$-3.402823466\times10^{38}$～$1.175494351\times10^{-38}$
DOUBLE	8	0 和$(2.2250738585072014\times10^{-308}$～$1.7976931348623157\times10^{308})$	$-1.7976931348623157\times10^{308}$～$2.2250738585072014\times10^{-308}$

续表

数据类型	字节数	范围（无符号）	范围（有符号）
DECIMAL(m,d)	$m+2$	依赖于 m 和 d 的值	依赖于 m 和 d 的值

（3）日期与时间类型

为了方便在数据库中存储日期和时间，MySQL 提供了表示日期和时间的数据类型，分别是 YEAR、DATE、TIME、DATETIME 和 TIMESTAMP。表 5.3 给出了日期和时间数据类型所对应的字节数、取值范围和日期格式，日期格式 YYYY 表示年，MM 表示月，DD 表示日，HH 表示小时，MM 表示分钟，SS 表示秒。

表 5.3　MySQL 日期和时间类型

数据类型	字节数	取值范围	格式
YEAR	1	1901～2155	YYYY
DATE	4	1000-01-01～9999-12-3	YYYY-MM-DD
TIME	3	－838:59:59～838:59:59	HH:MM:SS
DATETIME	8	1000-01-01 00:00:00～ 9999-12-31 23:59:59	YYYY-MM-DD HH:MM:SS
TIMESTAMP	4	1970-01-01 00:00:00～ 2038-01-19 03:14:07	YYYY-MM-DD HH:MM:SS

（4）字符串类型

字符串类型用于存储字符串数据，MySQL 支持两类字符串数据：文本字符串和二进制字符串。字符串类型分为 CHAR、VARCHAR、TEXT 等多种类型，不同数据类型具有不同的特点及用途，具体如表 5.4 所示。

表 5.4　MySQL 字符串类型

数据类型	用途
CHAR(n)	固定长度的字符串
VARCHAR(n)	可变长度的字符串
BLOB	二进制形式的长文本数据，如声音、视频、图像等
TEXT	长文本数据，如文章、评论、简历等
ENUM	枚举类型，多选一
SET	字符串对象，可以是 0 或多个值

① CHAR 和 VARCHAR 类型　CHAR(n) 是固定长度的字符串，在定义时指定字符串长度 n，n 的取值范围是 0～255，如果实际插入值的长度不够 n，用空格补齐到指定长度 n。

VARCHAR(n) 是可变长度的字符串，n 表示插入字符串最大的长度，n 的取值范围与编码有关。如果实际插入的字符串长度不够，以实际插入值的长度存储。

CHAR(n) 处理速度比 VARCHAR(n) 快，而 VARCHAR(n) 比 CHAR(n) 节省空间。在实际应用中，如果某个字段每行值的长度相差不大，可以选择用 CHAR 类型（如身份证号码）。否则可以考虑用 VARCHAR 类型（如家庭地址）。

要注意的是，从 MySQL5.0 版本开始，VARCHAR(n) 和 CHAR(n) 中的 n 表示 n 个字符，一个汉字和一个英文字母一样当作一个字符计算，仅是占用字节长度有所区别。一个汉字占用多少字节与编码有关，比如 UTF8 编码一个汉字需要 3 个字节，而采用 GBK 编码，一个汉字则需要 2 个字节。

② BLOB 和 TEXT 类型　BLOB 类型存储的是二进制字符串数据，如声音、视频、图像等。TEXT 类型存储的是文本字符串数据，如个人简历、文章内容、评论等。

③ ENUM 和 SET 类型　ENUM 和 SET 类型都是一个字符串对象。

ENUM 类型是枚举类型，其值为表创建时在字段定义时枚举的一列值，语法格式：ENUM（'值 1'，'值 2'，…，'值 n'）。ENUM 类型的字段在取值时，只能在指定的枚举列表中取，而且一次只能取一个值。如：性别字段只能取'男''女'这两个值之一，就可以把性别字段数据类型定义为 ENUM（'男'，'女'）。

SET 类型可以有 0 或多个值，最多可以有 64 个，也是在表创建时指定的。语法格式：SET（'值 1'，'值 2'，…，'值 n'）。与 ENUM 类型不同的是，ENUM 类型的字段只能从定义的多个值中选择一个插入，而 SET 类型的字段可以从定义的值中选择多个值的组合。

【任务实施】

根据 MySQL 数据表的基础知识，以及"学生成绩管理"数据库（stuDB）三个数据表存放的数据（内容详见模块一中的表 1.3～表 1.5），分析每个数据表的结构（字段名、数据类型、长度、精度、小数位数及完整性约束条件，字段约束条件分析参见任务 1.2 的实施部分）。

（1）学生基本信息表

学生基本信息表用来存储每个学生的基本信息，包括学生的学号、姓名、性别、出生日期和家庭地址。表名和字段名不仅要符合命名规范，最好还要见其名知其义，表名可以命名为 stuinfo，stu 表示 student，info 表示 information，表中每个字段名及数据类型根据需要可以定义成如表 5.5 所示，考虑到复姓等因素，姓名取 5 个字符长度，性别只能取"男"或"女"，所以最好采用枚举类型，家庭地址如果不清楚，统一填"地址不详"。

表 5.5　stuinfo 表结构

字段名称	数据类型	说明	约束
stuno	CHAR(4)	学号	主键
stuname	CHAR(5)	姓名	必填
stusex	ENUM('男','女')	性别	
stubirthday	DATE	出生日期	
stuaddress	VARCHAR(60)	家庭住址	默认"地址不详"

（2）课程基本信息表

课程基本信息表可以命名为 stucourse，用来存储每门课程的基本信息，包括课程号、课程名、学分和任课教师的姓名。表中每个字段名及数据类型根据需要可以定义成如表 5.6 所示，学分整数位一般只有一个数字，小数位最多一位，所以用 DECIMAL(2,1) 数据类型。

表 5.6 stucourse 表结构

字段名称	数据类型	说明	约束
cno	CHAR(4)	课程号	主键
cname	VARCHAR(20)	课程名称	不能重名
credit	DECIMAL(2,1)	学分	不能为空值
cteacher	CHAR(5)	任课教师	

（3）学生选课成绩表

学生选课成绩表可以命名为 stumarks，它用来存储每个学生选修每门课程的成绩，包括学生的学号、课程号和成绩三个字段。表中每个字段名及数据类型根据需要可以定义成如表 5.7 所示。由于百分制成绩最高分 100 分，整数部分需要 3 位，小数位一般只需保留 1 位，所以用 DECIMAL（4,1）数据类型。根据模块一任务 1.2 得到的分析结果，本表中 stuno 是外键，参考的是 stuinfo 表中的 stuno 字段，所以，为了方便，也为了后面实施数据完整性的需要，要尽量把它们的字段名及数据类型定义成完全一致，同理，本表中 cno 字段也要与 stucourse 表中的 cno 字段定义一致。

表 5.7 stumarks 表结构

字段名称	数据类型	说明	约束
stuno	CHAR(4)	学号	外键　主键(stuno,cno)
cno	CHAR(4)	课程号	外键
stuscore	DECIMAL(4,1)	成绩	介于 0～100 之间

任务 5.2　创建数据表

【任务描述】

本任务创建数据表只定义表名以及各字段的字段名、数据类型、长度、精度及小数位数，建表时实施数据完整性（即定义字段取值的约束条件）在后面任务 5.4 中完成。

【相关知识】

5.2.1　创建数据表

数据表由表结构和表数据两部分内容构成，创建数据表指的是定义表结构。

创建数据表用 CREATE TABLE 命令，该命令最简单的语法格式如下：

```
CREATE TABLE [IF NOT EXISTS]表名
(字段名 1 数据类型 1
[,字段名 2 数据类型 2 ]
[,…]
);
```

说明：

- 创建表前一定要用 USE 命令切换到表所属的数据库，格式：USE 数据库名。

• IF NOT EXISTS 子句的作用是为了避免创建同名的数据表报错，创建之前先判断数据库中是否存在同名的表，不存在才创建。

• ( )里面定义各字段名称、数据类型等内容，每个字段定义之间要用逗号隔开，最后一个字段后面没有逗号。

5.2.2 查看数据表

前面学习了查看所有数据库以及某个数据库创建信息的语句，类似地，系统也提供了查看当前数据库下所有数据表以及某个数据表的创建信息的语句。另外，还可以用 DESC 命令查看某个数据表的结构。这几种查看语句的语法格式如下所示。

(1) 查看当前库下所有数据表

```
SHOW TABLES;
```

(2) 查看某个数据表的创建信息

```
SHOW CREATE TABLE 表名;
```

(3) 查看某个数据表的结构

```
DESC[RIBE]表名;
```

说明：

• [RIBE]表示 RIBE 可以省略。

【任务实施】

1. 切换到 studb 数据库

```
USE studb
```

注意：对 studb 数据库的数据表进行操作前，要先切换到 studb 数据库。

2. 查看所有数据表

```
SHOW TABLES;
```

执行上面语句，提示“Empty set”表示当前数据库中没有表，如图 5.1 所示。

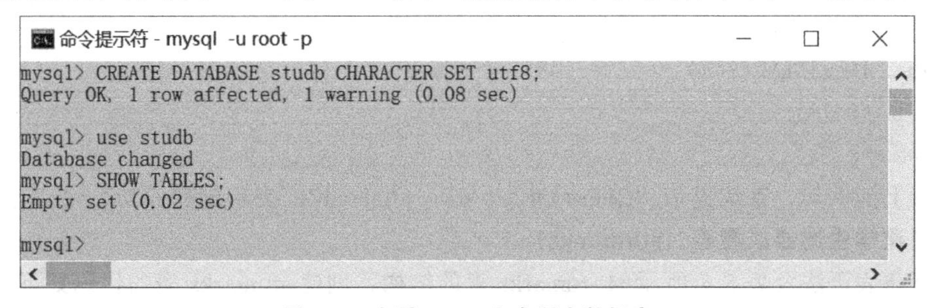

图 5.1 查看 studb 库中所有数据表

3. 创建学生基本信息表（stuinfo）

根据建表语法及表 5.5 所示的 stuinfo 表结构，创建 stuinfo 表的代码如下：

```
CREATE TABLE stuinfo
(
  stuno CHAR(4),
  stuname CHAR(5),
  stusex ENUM('男','女'),
```

```
  stubirthday DATE，
  stuaddress VARCHAR(60)
)；
```

操作技巧：创建语句代码有点长，要注意代码格式，最好一行定义一个字段。作为初学者，发生拼写错误是大概率事件，而mysql客户端程序不支持全屏编辑，可以在记事本中把代码编辑好再复制、粘贴到mysql客户端程序中运行。

执行上面语句，结果如图5.2所示。系统提示“Query OK，0 rows affected”，表示创建成功。

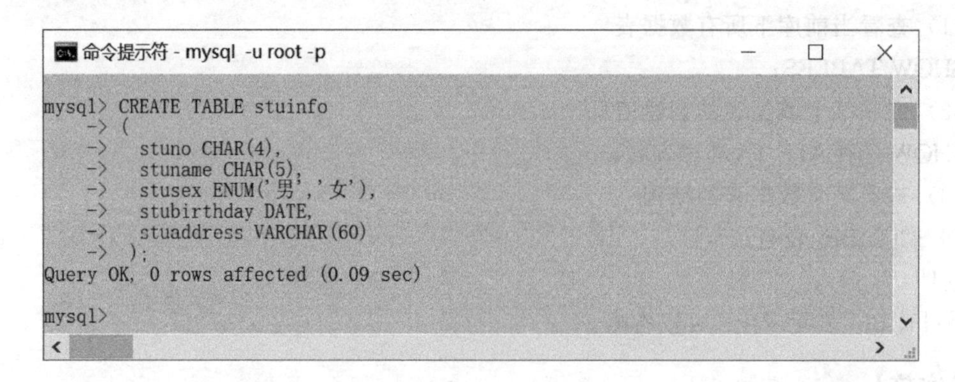

图5.2 创建stuinfo表

4. 创建课程基本信息表（stucourse）

根据建表语法及表5.6所示的stucourse表的结构，创建stucousre表的代码如下：

```
CREATE TABLE stucourse
(
cno     CHAR(4),
cname   VARCHAR(20),
credit  DECIMAL(2,1),
cteacher CHAR(5)
)；
```

执行上面语句，系统提示“Query OK，0 rows affected”，表示创建成功。

5. 创建学生选课成绩表（stumarks）

根据建表语法及表5.7所示的stumarks表的结构，创建stumarks表的代码如下：

```
CREATE TABLE stumarks
(
  stuno  CHAR(4),
cno     CHAR(4),
stuscore DECIMAL(4,1)
)；
```

执行上面语句，系统提示“Query OK，0 rows affected”，创建成功。

6. 查看studb数据库中所有数据表

```
SHOW TABLES；
```

执行上面语句，结果显示 stuinfo、stucourse、stumarks 三个表已在库中，如图 5.3 所示。

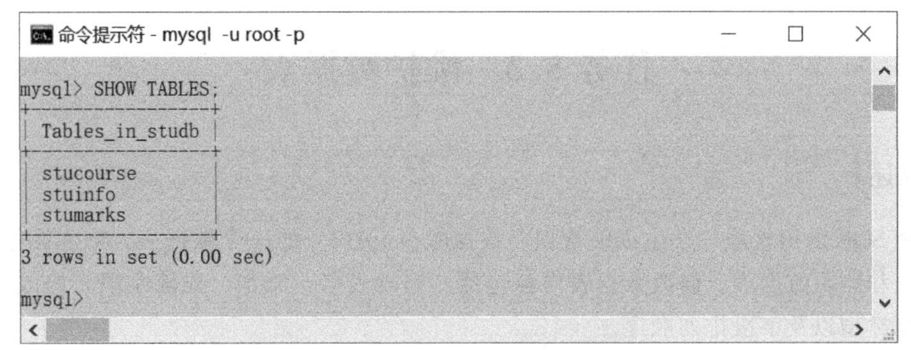

```
mysql> SHOW TABLES;
+------------------+
| Tables_in_studb  |
+------------------+
| stucourse        |
| stuinfo          |
| stumarks         |
+------------------+
3 rows in set (0.00 sec)

mysql>
```

图 5.3　显示 studb 库中创建的所有表

7. 查看 stuinfo 表的创建信息

```
SHOW CREATE TABLE stuinfo;
```

执行上面语句，结果如图 5.4 所示。“ENGINE＝InnoDB”表示这个表的存储引擎是 InnoDB，存储引擎指表的类型以及表在计算机上的存储方式。

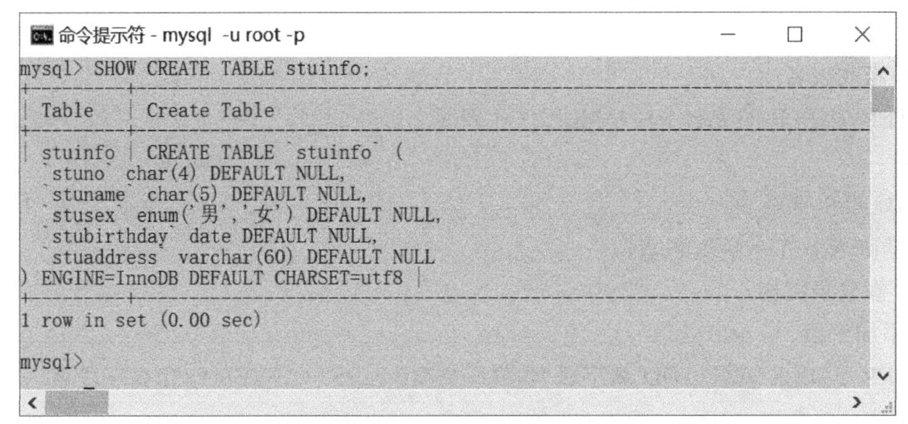

```
mysql> SHOW CREATE TABLE stuinfo;
+---------+--------------------------------------------------------------
| Table   | Create Table
+---------+--------------------------------------------------------------
| stuinfo | CREATE TABLE `stuinfo` (
  `stuno` char(4) DEFAULT NULL,
  `stuname` char(5) DEFAULT NULL,
  `stusex` enum('男','女') DEFAULT NULL,
  `stubirthday` date DEFAULT NULL,
  `stuaddress` varchar(60) DEFAULT NULL
) ENGINE=InnoDB DEFAULT CHARSET=utf8 |
+---------+--------------------------------------------------------------
1 row in set (0.00 sec)

mysql>
```

图 5.4　显示 stuinfo 表的创建信息

8. 查看 stuinfo 表的结构

```
DESC stuinfo;
```

执行上面语句，以表格形式显示 stuinfo 表的结构，如图 5.5 所示。

```
mysql> DESC stuinfo;
+-------------+------------------+------+-----+---------+-------+
| Field       | Type             | Null | Key | Default | Extra |
+-------------+------------------+------+-----+---------+-------+
| stuno       | char(4)          | YES  |     | NULL    |       |
| stuname     | char(5)          | YES  |     | NULL    |       |
| stusex      | enum('男','女')  | YES  |     | NULL    |       |
| stubirthday | date             | YES  |     | NULL    |       |
| stuaddress  | varchar(60)      | YES  |     | NULL    |       |
+-------------+------------------+------+-----+---------+-------+
5 rows in set (0.01 sec)

mysql>
```

图 5.5　显示 stuinfo 表的结构

任务 5.3　维护数据表

【任务描述】

使用 SQL 语句管理“学生成绩管理”数据库（stuDB）的三个数据表。管理操作包括修改数据表和删除数据表。修改数据表内容包括：修改表名，添加、删除字段，修改字段名、字段数据类型以及字段排列顺序。

【相关知识】

5.3.1　修改数据表

数据表创建后，可以用 ALTER TABLE 语句进行修改。修改操作包括：修改表名，添加、删除字段，修改字段名、字段数据类型及字段排列顺序等。下面逐一介绍各种修改的语法格式。

（1）修改表名

ALTER TABLE 旧表名 RENAME [TO] 新表名；

说明：

- TO 可以省略。
- 修改表名并不修改表结构。

（2）修改表结构

① 添加字段

ALTER TABLE 表名 ADD 新字段名 数据类型 [FIRST|AFTER 已存在字段名]；

说明：

- FIRST 用于将新添加的字段设置为表的第一个字段。
- AFTER 用于将新添加的字段添加到指定的“已存在字段名”的后面。

② 删除字段

ALTER TABLE 表名 DROP 字段名；

③ 修改字段名

ALTER TABLE 表名 CHANGE 旧字段名 新字段名 新数据类型；

说明：

- 在修改字段名的同时可以修改字段的数据类型，但是如果只是修改字段名，也必须写上原来的数据类型，不能省略。

④ 修改字段数据类型

ALTER TABLE 表名 MODIFY 字段名 新数据类型；

说明：

- 如果表中已有数据，修改字段的数据类型或长度，有可能会损坏数据，也可能会因为已有数据与新的数据类型不匹配导致修改不成功。

⑤ 改变字段的排列位置

ALTER TABLE 表名 MODIFY 字段名 1 数据类型 FIRST|AFTER 字段名 2；

说明：

- 数据类型指的是字段 1 的数据类型，不能省略。
- FIRST 用于将字段 1 设置为表的第一个字段。
- AFTER 用于将字段 1 移动到指定的字段 2 的后面。

5.3.2 删除数据表

数据表如果不再需要，可以用 DROP TABLE 命令把它删除。要注意的是，删除数据表不仅是删除表的定义（表结构），如果表中有数据也一起删除。

语法格式如下：

DROP TABLE [IF EXISTS]表 1[,表 2,…]；

说明：

- 一次可以删除一个或多个没有被关联的数据表，它们之间用逗号隔开。
- IF EXISTS 子句用于删除前判断要删除的表是否存在，如果不存在，会给出一个警告信息，否则，如果没有该子句，系统会报错。

【任务实施】

（1）切换到 studb 数据库

```
USE studb
```

（2）把 stumarks 表改名为 stu _ marks

```
ALTER TABLE stumarks RENAME stu_marks;
```

执行上面语句，然后用 SHOW TABLES 命令查看修改结果，如图 5.6 所示。

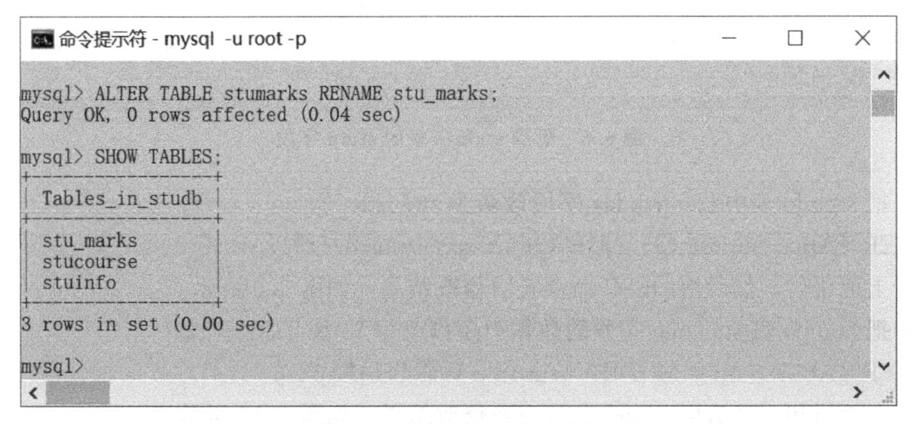

图 5.6 修改 stumarks 表名

（3）给 stuinfo 表增加一列：身份证号［stuid CHAR（18）］

```
ALTER TABLE stuinfo ADD stuid CHAR(18);
```

执行上面语句，然后用 DESC 命令查看修改结果，如图 5.7 所示。

（4）删除 stuinfo 表的 stuid 列

```
ALTER TABLE stuinfo DROP stuid;
```

执行上面语句，然后用 DESC 命令查看修改结果，如图 5.8 所示。

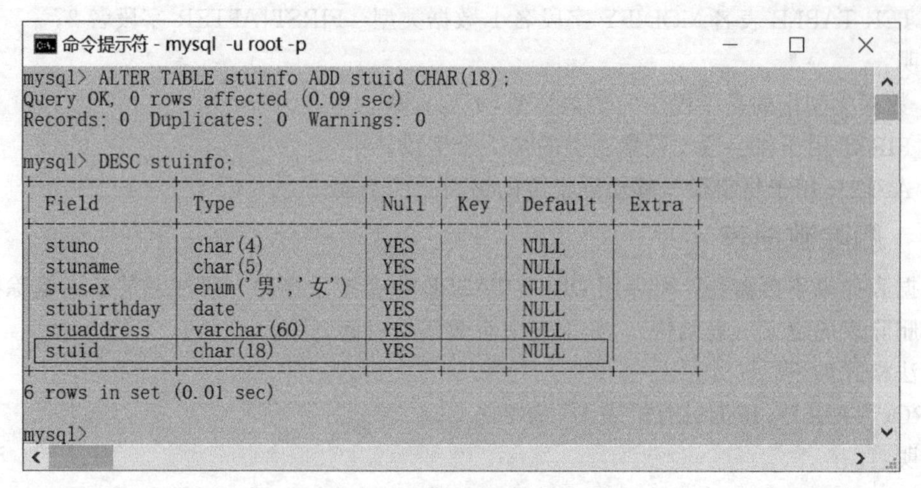

图 5.7 stuinfo 表增加 stuid 字段

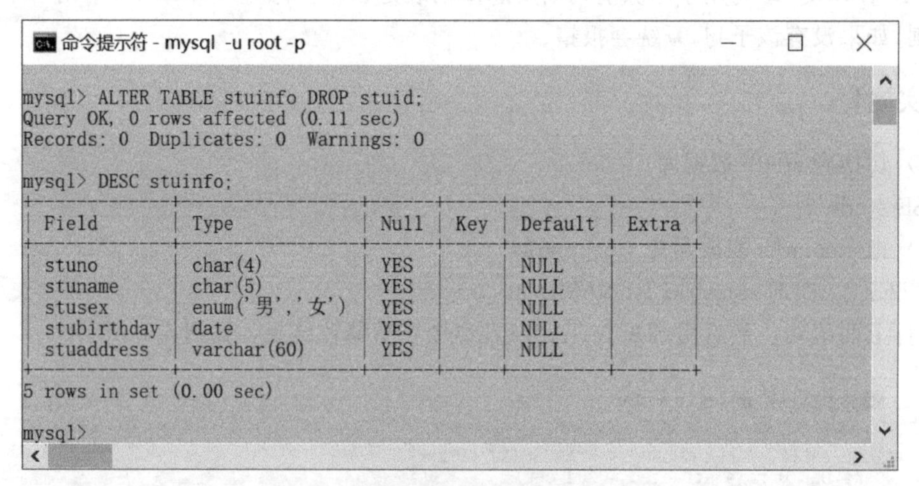

图 5.8 删除 stuinfo 表的 stuid 字段

（5）把 stuinfo 表中 stubirthday 字段改名为 stubirth

```
ALTER TABLE stuinfo CHANGE stubirthday stubirth DATE;
```

执行上面语句，然后用 DESC 命令查看修改结果，如图 5.9 所示。

（6）把 stuinfo 表 stuname 字段的数据类型修改为 VARCHAR（12）

```
ALTER TABLE stuinfo MODIFY stuname VARCHAR(12);
```

执行上面语句，然后用 DESC 命令查看修改结果，如图 5.10 所示。

（7）把 stuinfo 表中的 stusex 列移到 stuno 列之后

```
ALTER TABLE stuinfo MODIFY stusex ENUM('男','女')AFTER stuno;
```

执行上面语句，然后用 DESC 命令查看修改结果，如图 5.11 所示。

（8）删除 stu_marks 表

```
DROP TABLE stu_marks;
```

执行上面语句，然后用 SHOW TABLES 命令查看修改结果，如图 5.12 所示。

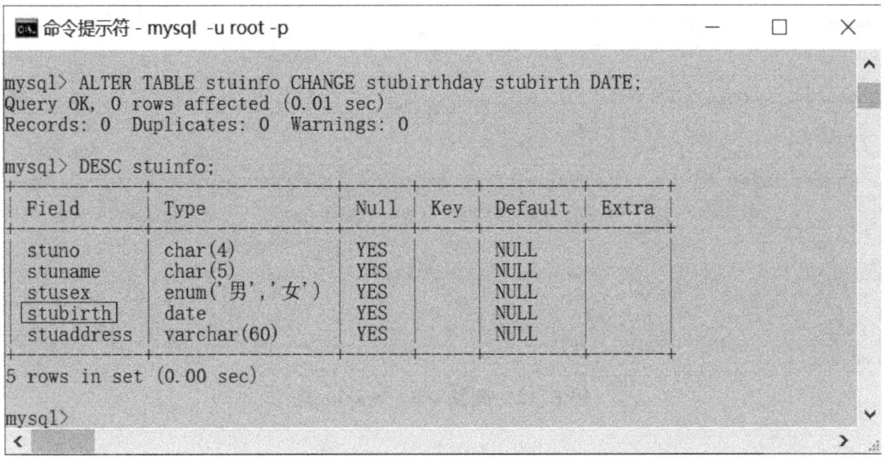

```
命令提示符 - mysql  -u root -p

mysql> ALTER TABLE stuinfo CHANGE stubirthday stubirth DATE;
Query OK, 0 rows affected (0.01 sec)
Records: 0  Duplicates: 0  Warnings: 0

mysql> DESC stuinfo;
+------------+----------------+------+-----+---------+-------+
| Field      | Type           | Null | Key | Default | Extra |
+------------+----------------+------+-----+---------+-------+
| stuno      | char(4)        | YES  |     | NULL    |       |
| stuname    | char(5)        | YES  |     | NULL    |       |
| stusex     | enum('男','女') | YES  |     | NULL    |       |
| stubirth   | date           | YES  |     | NULL    |       |
| stuaddress | varchar(60)    | YES  |     | NULL    |       |
+------------+----------------+------+-----+---------+-------+
5 rows in set (0.00 sec)

mysql>
```

图 5.9　修改 stuinfo 表的字段名（stubirthday→stubirth）

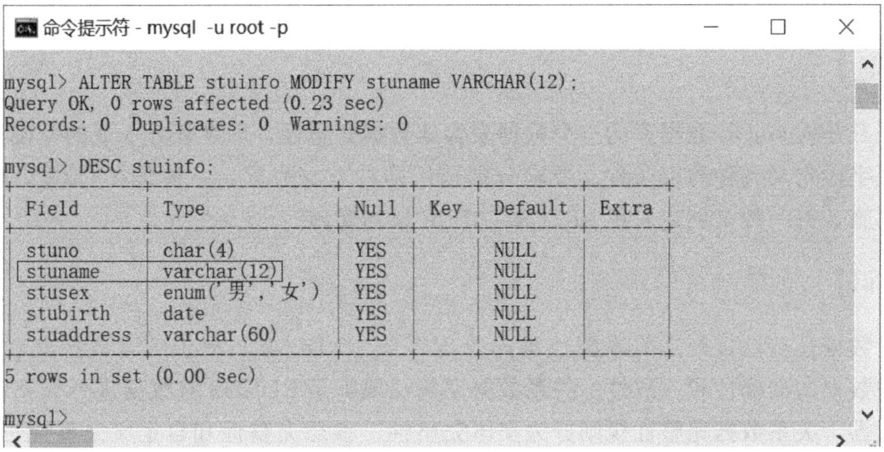

```
命令提示符 - mysql  -u root -p

mysql> ALTER TABLE stuinfo MODIFY stuname VARCHAR(12);
Query OK, 0 rows affected (0.23 sec)
Records: 0  Duplicates: 0  Warnings: 0

mysql> DESC stuinfo;
+------------+----------------+------+-----+---------+-------+
| Field      | Type           | Null | Key | Default | Extra |
+------------+----------------+------+-----+---------+-------+
| stuno      | char(4)        | YES  |     | NULL    |       |
| stuname    | varchar(12)    | YES  |     | NULL    |       |
| stusex     | enum('男','女') | YES  |     | NULL    |       |
| stubirth   | date           | YES  |     | NULL    |       |
| stuaddress | varchar(60)    | YES  |     | NULL    |       |
+------------+----------------+------+-----+---------+-------+
5 rows in set (0.00 sec)

mysql>
```

图 5.10　修改 stuname 字段的数据类型［CHAR (8) →VARCHAR (12)］

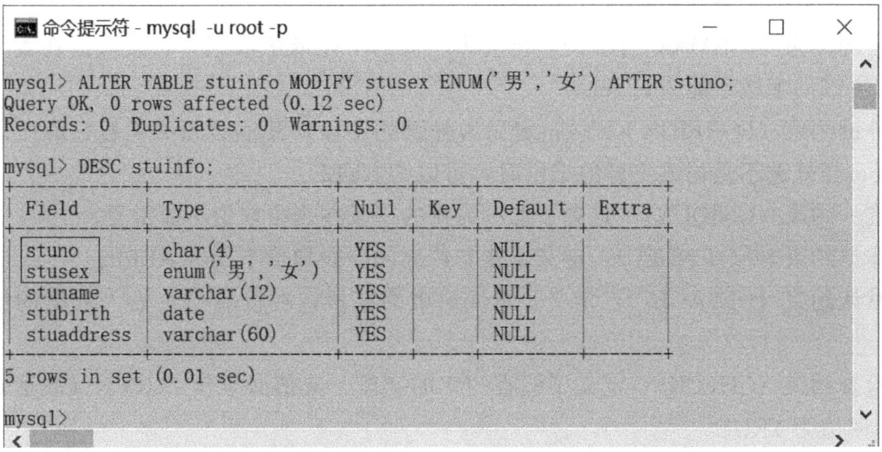

```
命令提示符 - mysql  -u root -p

mysql> ALTER TABLE stuinfo MODIFY stusex ENUM('男','女') AFTER stuno;
Query OK, 0 rows affected (0.12 sec)
Records: 0  Duplicates: 0  Warnings: 0

mysql> DESC stuinfo;
+------------+----------------+------+-----+---------+-------+
| Field      | Type           | Null | Key | Default | Extra |
+------------+----------------+------+-----+---------+-------+
| stuno      | char(4)        | YES  |     | NULL    |       |
| stusex     | enum('男','女') | YES  |     | NULL    |       |
| stuname    | varchar(12)    | YES  |     | NULL    |       |
| stubirth   | date           | YES  |     | NULL    |       |
| stuaddress | varchar(60)    | YES  |     | NULL    |       |
+------------+----------------+------+-----+---------+-------+
5 rows in set (0.01 sec)

mysql>
```

图 5.11　将 stuinfo 表的 stusex 字段移到 stuno 字段后面

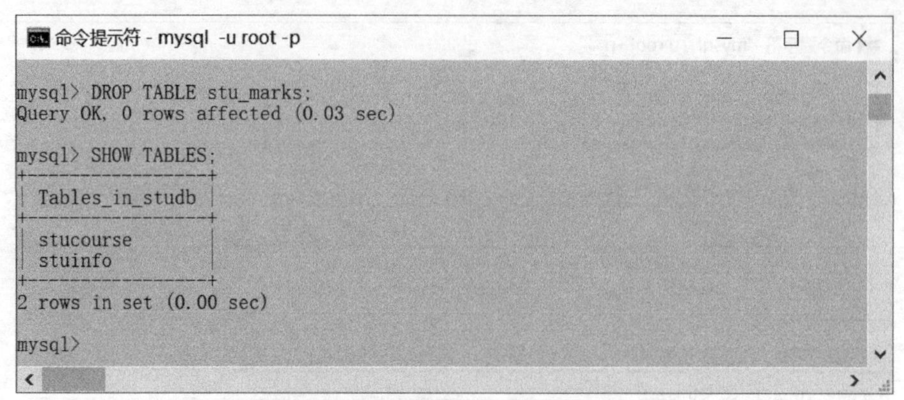

图 5.12 删除 stu _ marks 表

任务 5.4 实施数据完整性

【任务描述】

本任务是对 stuDB 数据库的三个数据表实施数据完整性，即在任务 5.2 的基础上根据需要给相关字段定义各种约束条件。要求分别采用两种方法完成：一种是在 CREATE TABLE 语句中实施，另一种是创建后用 ALTER TABLE 语句实施。

【相关知识】

关系数据完整性控制是关系型数据库管理系统（RDBMS）提供的重要控制功能之一，用来确保数据的准确性和一致性。关系数据完整性规则是 RDBMS 对数据进行完整性检查与控制的依据，关系数据完整性规则分为实体完整性、参照完整性和自定义完整性三条内容，规定了数据表中字段取值要满足的约束条件（详见模块一任务 1.2）。

5.4.1 MySQL 提供的约束

为了实施数据完整性，MySQL 提供以下六种约束。

① 主键约束（PRIMARY KEY）：定义为主键的字段或字段组合，其取值在表中不能重复，构成主键的字段不能为 NULL。

② 外键约束（FOREIGN KEY）：定义为外键的字段，其值必须参考被它参照的表的主键的取值，当外键不是构成主键的字段时，可以为 NULL。

③ 唯一约束（UNIQUE）：定义了唯一约束的字段在表中取值不能重复。

④ 非空约束（NOT NULL）：定义了非空约束的字段取值不能为 NULL。

⑤ 默认约束（DEFAULT）：定义了默认约束的字段，在没有给它输入数据的情况下取默认值。

⑥ 检查约束（CHECK）：定义了检查约束的字段，其值必须使 CHECK（表达式）中表达式的返回值为 TRUE。

说明：

- MySQL8.0.16 版本开始才支持其他数据库管理系统普遍支持的 CHECK 约束，在之前的版本中，虽然已经实现了 CHECK 约束的标准语法 CHECK(表达式)，但是实际上是被忽略不起作用的。

5.4.2　实施数据完整性

用 SQL 语句给 MySQL 数据表实施数据完整性有两种方法，一种是用 CREATE TABLE 语句在创建表的同时实施数据完整性，另一种是用 ALTER TABLE 命令给已有的表实施数据完整性。

(1) 在创建表的同时实施数据完整性

语法格式如下：

```
CREATE TABLE [IF NOT EXISTS] 表名
    (字段名 1 数据类型 1 [列级完整性约束 1]
    [，字段名 2 数据类型 2 [列级完整性约束 2] ] [，…]
    [，表级完整性约束 1] [，…]
    );
```

说明：

- 列级约束和表级约束的区别在于定义的位置不同。
- 非空和默认约束只能设成列级的。语法格式：NOT NULL | DEFAULT 默认值，
- 若主键是多个字段的组合，只能定义成表级的，语法格式：PRIMARY KEY (主键)。
- 外键约束要定义成表级的。语法格式如下：

FOREIGN KEY (外键) REFERENCES 父表名 (被参照的字段名)

- 当没有合适的列作表的主键时，可增加一列整数列，并设其值自动增加，自增列用关键字 AUTO_INCREMENT 标识，自增列的数据类型必须是整形。

注意：如果表间有参照关系，要先创建父表，再建子表，删除则反之，先删子表，再删父表。

(2) 创建表后实施数据完整性

任务 5.2 用 ALTER TABLE 语句进行添加、删除字段等操作，这里要用 ALTER TABLE 语句给已有的表实施数据完整性，分为添加约束和删除约束两大操作。

① 添加主键、外键、唯一和检查约束　语法格式如下：

```
ALTER TABLE 表名 ADD [CONSTRAINT 约束名]
PRIMARY KEY(字段名)| FOREIGN KEY(字段名)REFERENCES 父表名(字段名)
| UNIQUE(字段名)| CHECK(表达式);
```

说明：

- 选项"CONSTRAINT 约束名"可以给增加的约束起名，如果省略该选项，系统会按照一定规则自动给约束起名。约束名可以通过 SHOW CREATE TABLE 语句查看。

② 删除主键、外键、唯一和检查约束　用 ALTER TABLE…DROP 语句可以删除主键、外键唯一和检查约束，语法格式如下。

a. 主键约束：ALTER TABLE 表名 DROP PRIMARY KEY。

b. 外键约束：ALTER TABLE 表名 DROP FOREIGN KEY 约束名。

c. 唯一约束：ALTER TABLE 表名 DROP [INDEX | KEY]约束名。

d. 检查约束：ALTER TABLE 表名 DROP CHECK 约束名。

③ 非空和默认约束的添加和删除　用 ALTER TABLE…MODIFY 语句可以添加或删除非

空及默认约束，语法格式如下：

```
ALTER TABLE 表名 MODIFY 字段名 数据类型 [NOT NULL | DEFAULT 默认值]；
```

说明：

- 如果有“NOT NULL”或“DEFAULT 默认值”表示添加约束，没有表示删除已有约束。

注意：给已有表添加约束时，如果表中已有数据，那么表中数据必须要满足欲添加的约束条件，否则添加约束会报错。

【任务实施】

（1）为 studb 数据库创建三个数据表的同时实施数据完整性

① 准备工作

a. USE 命令切换到 studb 数据库：USE studb。

b. 如果要创建的数据表已存在，先用 DROP TABLE 命令删除。

② 创建三个数据表：stuinfo、stucourse 和 stumarks

分析：表间有参照关系，一定要先建父表，再建子表。由于 stuinfo、stucourse 被 stumarks 表所参照，所以要先创建它们。stuinfo 和 stucourse 不存在表间关系，创建它们不分先后。

a. 创建 stuinfo 表

```
CREATE TABLE stuinfo(
stuno CHAR(4)PRIMARY KEY,
stuname CHAR(5)NOT NULL,
stusex ENUM('男','女'),
stubirthday DATE,
stuaddress VARCHAR(60)DEFAULT '地址不详')；
```

执行上面语句，并查看 stuinfo 表结构，stuno 字段的主键约束、stuname 字段的非空约束、stuaddress 字段的默认约束都已在建表同时定义成功，如图 5.13 所示。

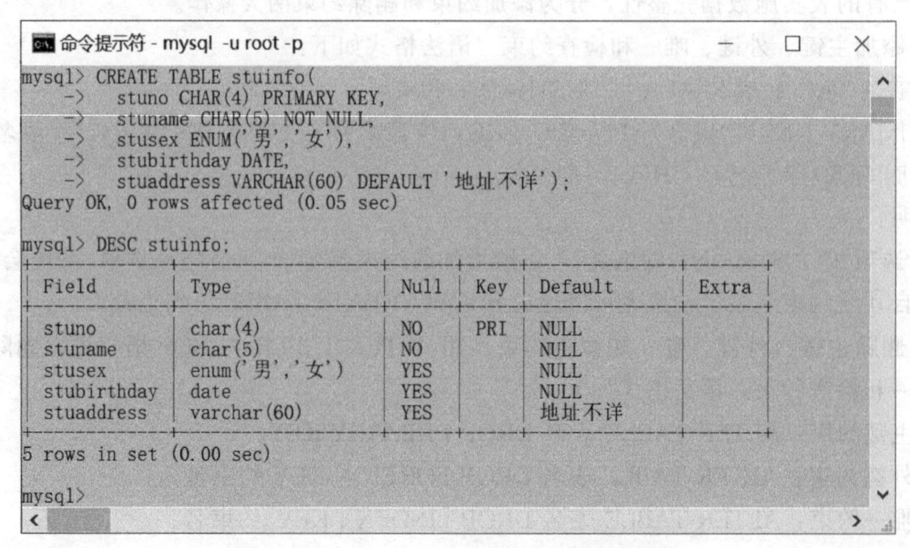

```
命令提示符 - mysql -u root -p
mysql> CREATE TABLE stuinfo(
    ->   stuno CHAR(4) PRIMARY KEY,
    ->   stuname CHAR(5) NOT NULL,
    ->   stusex ENUM('男','女'),
    ->   stubirthday DATE,
    ->   stuaddress VARCHAR(60) DEFAULT '地址不详');
Query OK, 0 rows affected (0.05 sec)

mysql> DESC stuinfo;
+-------------+-----------------+------+-----+----------+-------+
| Field       | Type            | Null | Key | Default  | Extra |
+-------------+-----------------+------+-----+----------+-------+
| stuno       | char(4)         | NO   | PRI | NULL     |       |
| stuname     | char(5)         | NO   |     | NULL     |       |
| stusex      | enum('男','女') | YES  |     | NULL     |       |
| stubirthday | date            | YES  |     | NULL     |       |
| stuaddress  | varchar(60)     | YES  |     | 地址不详 |       |
+-------------+-----------------+------+-----+----------+-------+
5 rows in set (0.00 sec)

mysql>
```

图 5.13 创建 stuinfo 表同时实施数据完整性

b. 创建 stucourse 表

```
CREATE TABLE stucourse(
cno        CHAR(4)PRIMARY KEY,
cname   VARCHAR(20)UNIQUE,
credit    DECIMAL(2,1)NOT NULL,
cteacher CHAR(5));
```

执行上面语句，并查看 stucourse 表结构，显示 cno 字段的主键约束、cname 字段的唯一约束、credit 字段的非空约束都已在建表同时定义成功，如图 5.14 所示。

上面创建代码中，列级的主键及唯一约束也可以定义为表级约束，代码如下：

```
CREATE TABLE stucourse(
cno      CHAR(4),
cname    VARCHAR(20),
credit   DECIMAL(2,1)NOT NULL,
cteacher CHAR(5),
PRIMARY KEY(cno),
UNIQUE(cname));
```

删除已建的 stucourse 表，执行上面语句重建，并查看 stucourse 表结构，得到的结果如图 5.14 所示，和前面约束定义为列级的代码执行结果是一样的。

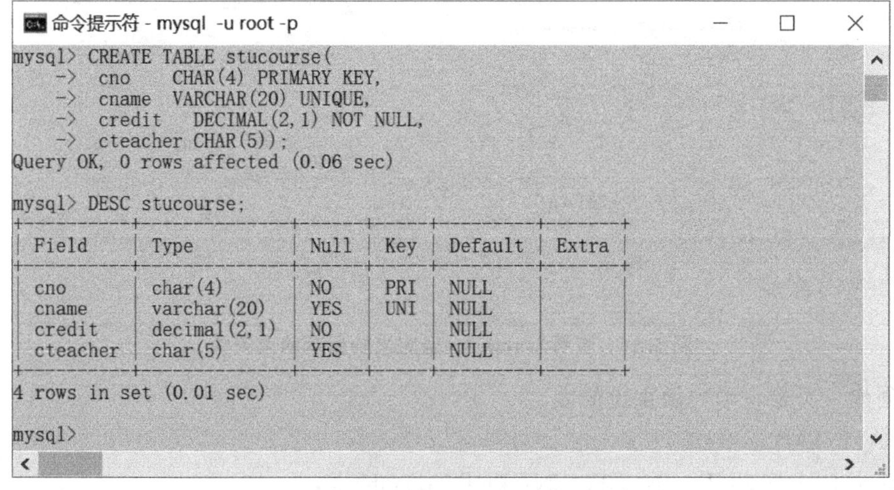

图 5.14　创建 stucourse 表同时实施数据完整性

c. 创建 stumarks 表

```
CREATE TABLE stumarks(
  stuno   CHAR(4),
  cno     CHAR(4),
  stuscore DECIMAL(4,1)CHECK(stuscore>=0 and stuscore<=100),
  PRIMARY KEY(stuno,cno),
  FOREIGN KEY(stuno)REFERENCES stuinfo(stuno),
  FOREIGN KEY(cno)   REFERENCES stucourse(cno));
```

执行上面语句，并查看 stumarks 表结构，如图 5.15 所示，只能看到主键（stuno，

cno），外键及检查约束用DESC命令看不到，需要用SHOW CREATE TABLE命令查看，如图5.16所示。

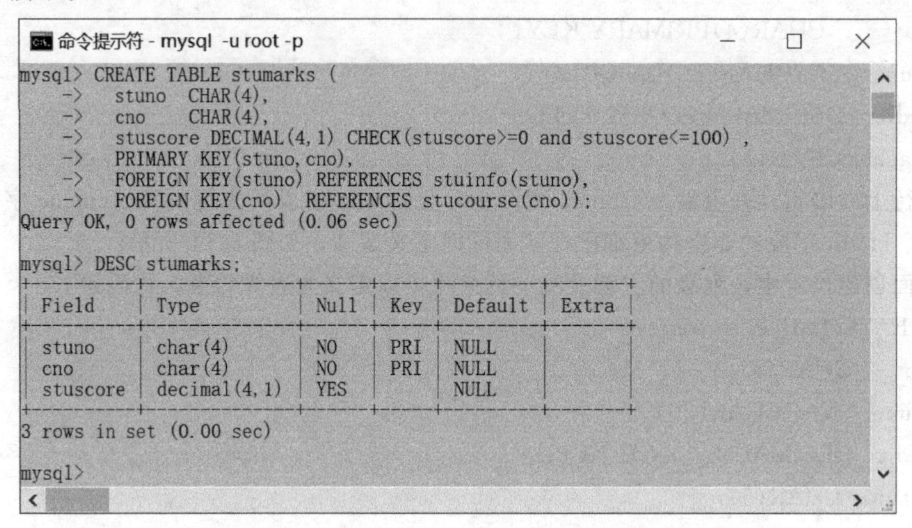

```
mysql> CREATE TABLE stumarks (
    ->   stuno   CHAR(4),
    ->   cno     CHAR(4),
    ->   stuscore DECIMAL(4,1) CHECK(stuscore>=0 and stuscore<=100) ,
    ->   PRIMARY KEY(stuno,cno),
    ->   FOREIGN KEY(stuno) REFERENCES stuinfo(stuno),
    ->   FOREIGN KEY(cno)  REFERENCES stucourse(cno));
Query OK, 0 rows affected (0.06 sec)

mysql> DESC stumarks;
+----------+--------------+------+-----+---------+-------+
| Field    | Type         | Null | Key | Default | Extra |
+----------+--------------+------+-----+---------+-------+
| stuno    | char(4)      | NO   | PRI | NULL    |       |
| cno      | char(4)      | NO   | PRI | NULL    |       |
| stuscore | decimal(4,1) | YES  |     | NULL    |       |
+----------+--------------+------+-----+---------+-------+
3 rows in set (0.00 sec)

mysql>
```

图5.15 创建stumarks表同时实施数据完整性

```
mysql> SHOW CREATE TABLE stumarks;
+----------+------------------------------------------------------------------
| Table    | Create Table
+----------+------------------------------------------------------------------
| stumarks | CREATE TABLE `stumarks` (
  `stuno` char(4) NOT NULL,
  `cno` char(4) NOT NULL,
  `stuscore` decimal(4,1) DEFAULT NULL,
  PRIMARY KEY (`stuno`,`cno`),
  KEY `cno` (`cno`),
  CONSTRAINT `stumarks_ibfk_1` FOREIGN KEY (`stuno`) REFERENCES `stuinfo` (`stuno`),
  CONSTRAINT `stumarks_ibfk_2` FOREIGN KEY (`cno`) REFERENCES `stucourse` (`cno`),
  CONSTRAINT `stumarks_chk_1` CHECK (((`stuscore` >= 0) and (`stuscore` <= 100)))
) ENGINE=InnoDB DEFAULT CHARSET=utf8 |
+----------+------------------------------------------------------------------
1 row in set (0.00 sec)

mysql>
```

图5.16 查看stumarks表定义的所有约束条件

③ 创建一个带自增列做主键的表

```
CREATE TABLE test(
    userid   INT AUTO_INCREMENT PRIMARY KEY,
    username VARCHAR(10));
```

执行上面语句，并查看test表的结构，结果如图5.17所示。

（2）创建studb数据库三个数据表后实施数据完整性（即在任务5.2的基础上实施数据完整性）

① 准备工作

USE命令切换到studb数据库，如有表先用DROP TABLE命令删除（先删子表再删父表），再用CREATE TABLE命令重新创建三个不带约束的表：stuinfo、stucourse、stumarks。

注意：下面②、③每个操作执行后，都可以用DESC或SHOW CREATE TABLE命令查看添加约束或删除约束的执行结果，这里不再给出查看截图赘述。

② 添加约束

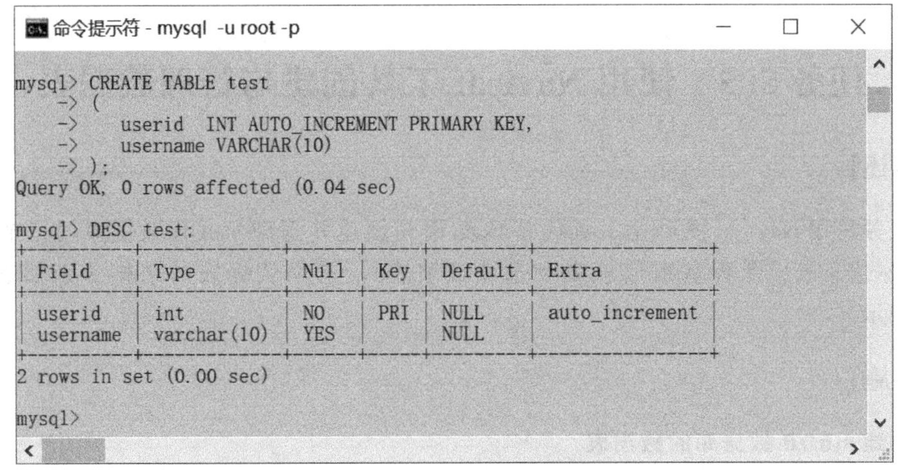

图 5.17　创建用自增列作主键的 test 表

a. 把 stuinfo 表的 stuno 字段设为主键

```
ALTER TABLE stuinfo ADD PRIMARY KEY(stuno);
```

b. 给 stucourse 表的字段 cname 添加唯一约束

```
ALTER TABLE stucourse ADD UNIQUE(cname);
```

c. 给 stumarks 表的 stuno 列添加外键约束，参照 stuinfo 表的 stuno 列

```
ALTER TABLE stumarks ADD FOREIGN KEY(stuno)REFERENCES stuinfo(stuno);
```

d. 给 stumarks 表的 stuscore 列添加检查约束，要求成绩介于 0～100 之间

```
ALTER TABLE stumarks ADD CHECK(stuscore BETWEEN 0 AND 100);
```

说明：BETWEEN…AND 是 SQL 语言提供的运算符，表示介于两个值之间的数据范围。

e. 给 stuinfo 表的 stuaddress 列设默认值：'地址不详'

```
ALTER TABLE stuinfo MODIFY stuaddress VARCHAR(60)DEFAULT'地址不详';
```

f. 给 stuinfo 表的 stuname 列增加非空约束

```
ALTER TABLE stuinfo MODIFY stuname DATE NOT NULL;
```

③ 删除约束

a. 删除 stumarks 表中 stuno 列的外键约束（约束名为 stumarks _ ibfk _ 1）

注：删除外键需先知道外键名，可通过 SHOW CREATE TABLE 命令查看。

```
ALTER TABLE stumarks DROP FOREIGN KEY stumarks_ibfk_1;
```

b. 删除 stuinfo 表的主键约束

```
ALTER TABLE stuinfo DROP PRIMARY KEY;
```

c. 删除 stucourse 表的字段 cname 的唯一约束

```
ALTER TABLE stucourse DROP KEY cname ;
```

注意：创建唯一约束时约束名默认就是列名。

d. 删除 stuinfo 表 stuaddress 列的默认值

```
ALTER TABLE stuinfo MODIFY stuaddress VARCHAR(60);
```

e. 删除 stuinfo 表 stuname 列的非空约束

```
ALTER TABLE stuinfo MODIFY stuname DATE;
```

任务 5.5　使用 Navicat 工具创建与管理数据表

【任务描述】

本任务将用Navicat图形化工具代替SQL语句创建并管理stuDB数据库的三个数据表(学生基本信息表、课程基本信息表及选课成绩表)，三个数据表的结构分别如表5.5～表5.7所示。

【任务实施】

1. 创建 stuDB 数据库的数据表

① 创建stuinfo表　启动Navicat工具软件，打开Navicat for MySQL窗口，在“连接”窗格中展开连接的服务器，双击studb数据库，使其处于打开状态，鼠标指向studb数据库节点下面 的“表”并右击，在弹出的快捷菜单中选择“新建表”，如图5.18所示。也可以在右边窗格中单击工具栏上的“新建表”按钮，打开设计表结构窗口，如图5.19所示。

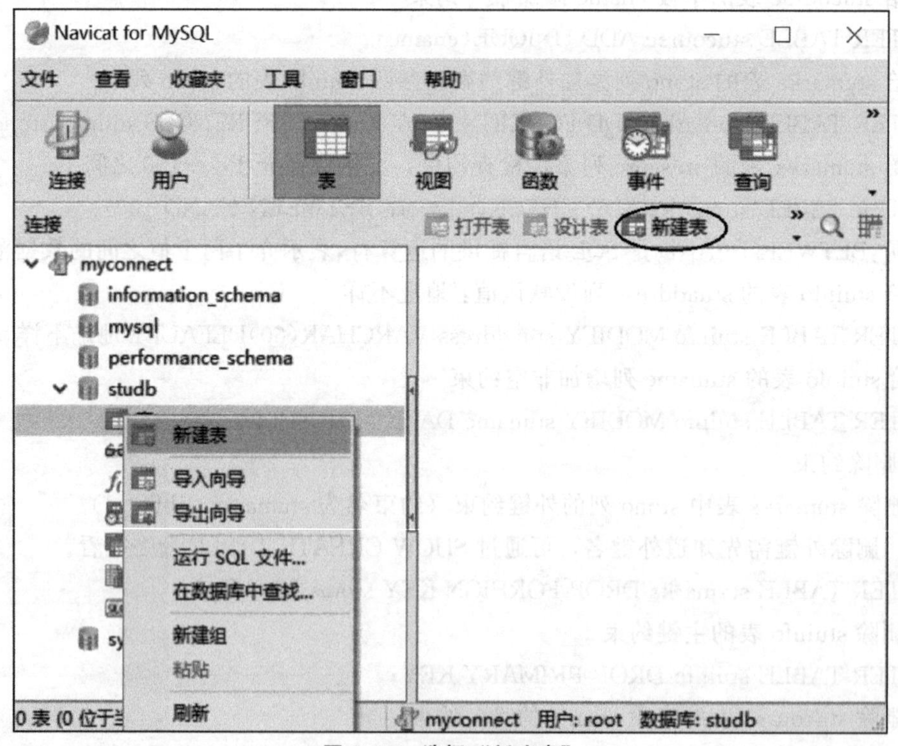

图 5.18　选择“新建表”

在打开的设计表结构窗口中，依次输入stuinfo表每个列的列名，选择该列的数据类型，如有必要还要输入长度、小数点位数（每定义完一个列，单击工具栏上的“添加栏位”按钮，准备输入下一列）。stusex列的两个枚举值要通过窗口下半部分列属性的“值”一栏进行输入，可以单击文本框右边省略号按钮弹出窗口进行输入，如图5.20所示。

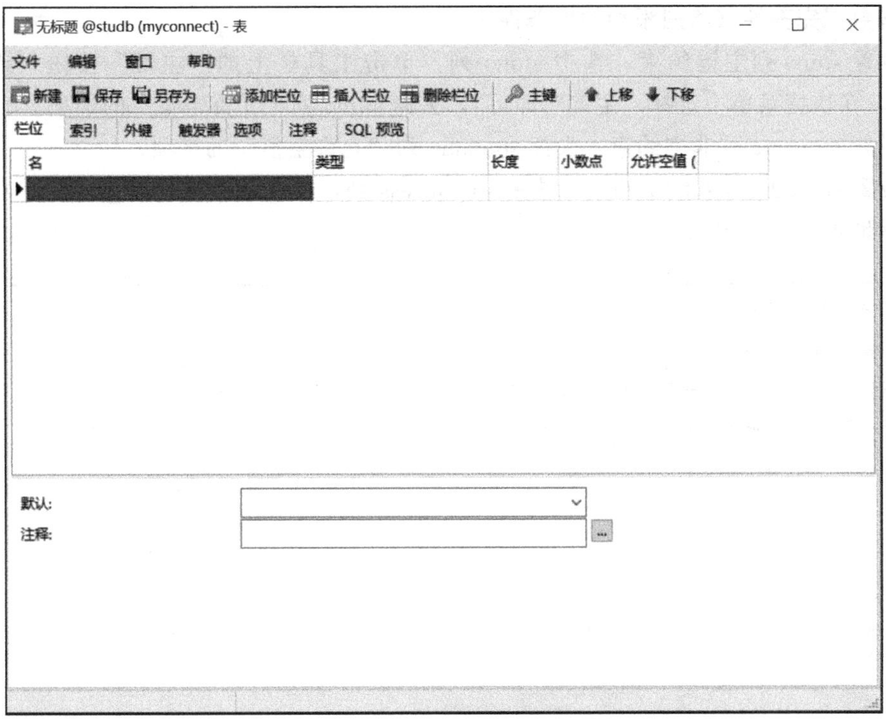

图 5.19　设计表结构窗口

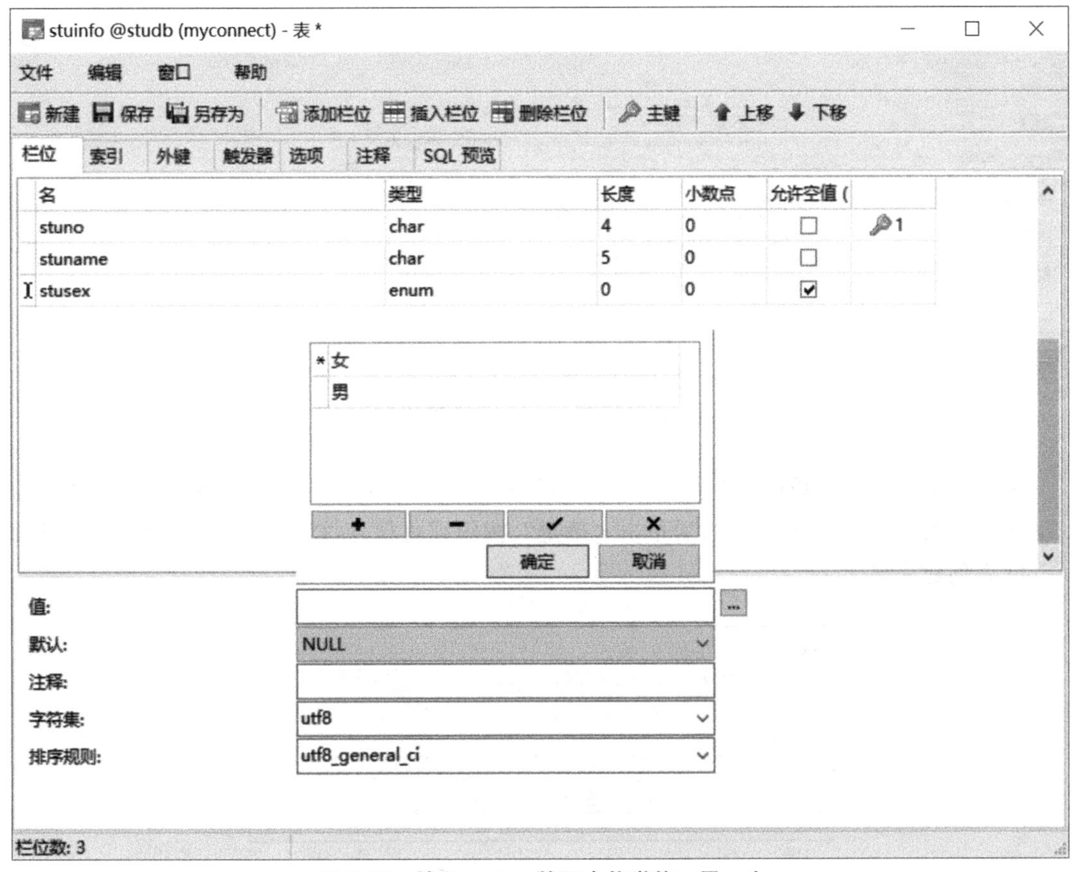

图 5.20　输入 stusex 的两个枚举值：男、女

实施数据完整性（给列添加约束条件）。

a. 设置 stuno 列主键约束：选中 stuno 列，单击工具栏上的“主键”按钮（或者右击 stuno 列，在快捷菜单中选择“主键”即可），去掉 stuno 列“允许空值”的选项。

b. 设置 stuname 列非空约束：去掉 stuname 列“允许空值”的选项。

c. 设置 stuaddress 列默认约束：选中 stuaddress 列，在下面列属性“默认”一栏输入默认值：地址不详，如图 5.21 所示。

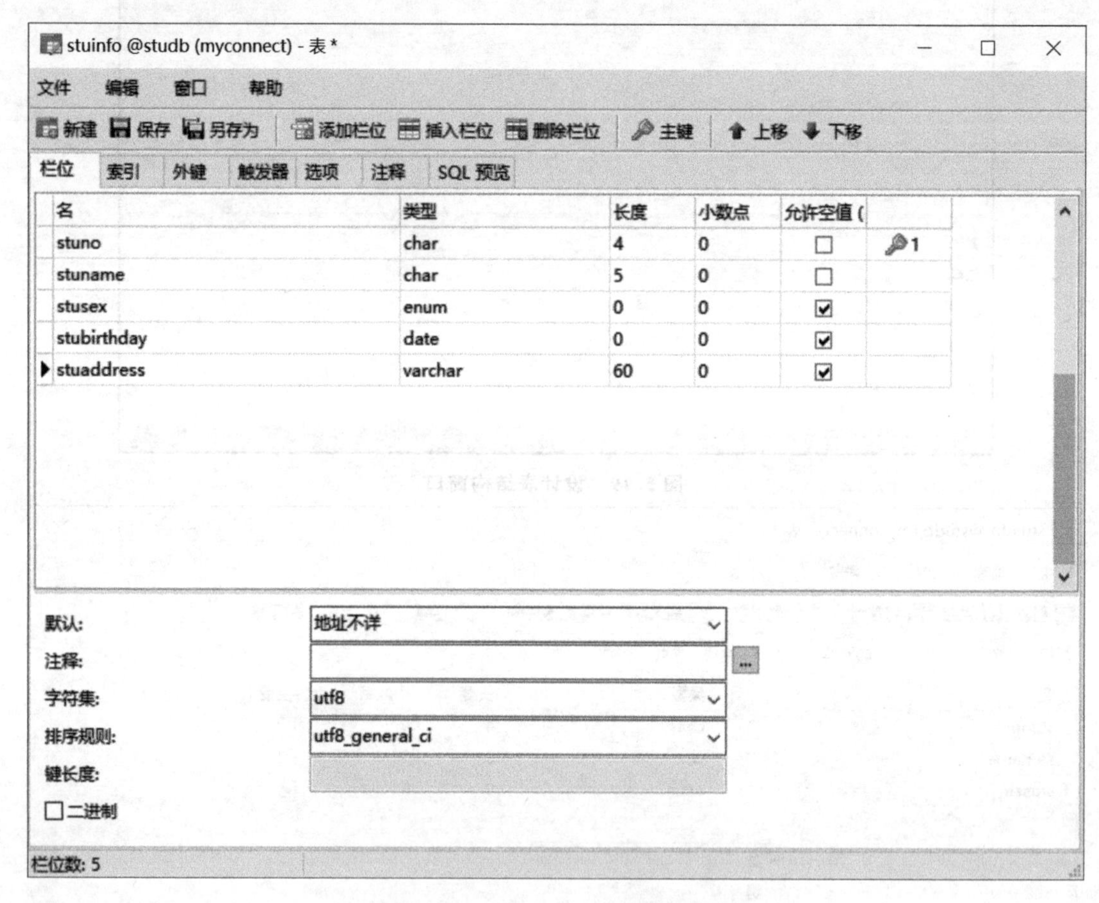

图 5.21 stuaddress 设置默认值

表结构定义好后，单击工具栏上的“保存”按钮或按下 CTRL+S 组合键，弹出“表名”对话框，输入表名“stuinfo”，然后单击“确定”按钮即可保存该表，如图 5.22 所示，至此 stuinfo 表创建完成。

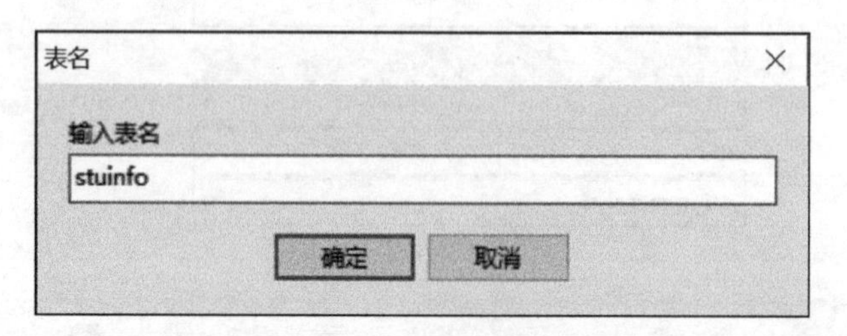

图 5.22 “表名”对话框

② 创建 stucourse 表 操作方法同创建 stuinfo 表：指向 studb 数据库节点下面的“表”右击，在弹出的快捷菜单中选择“新建表”，打开设计表窗口，依次定义 stucouse 表每列的列名、数据类型、长度、小数点位数。

实施数据完整性（给列添加约束条件）。

a. 设置 cno 列主键约束：选中 cno 列，单击工具栏上的“主键”按钮（或者右击 cno 列，在快捷菜单中选择“主键”即可），去掉 cno 列“允许空值”的选项。

b. 设置 credit 列非空约束：去掉 credit 列“允许空值”的选项。

c. 设置 cname 列唯一约束：单击列名上面的“索引”选项卡，栏位选择“cname”，索引类型选择“unique”，如图 5.23 所示。索引名可以不输入，系统自动用字段名命名(cname)，默认索引方式 BTREE。

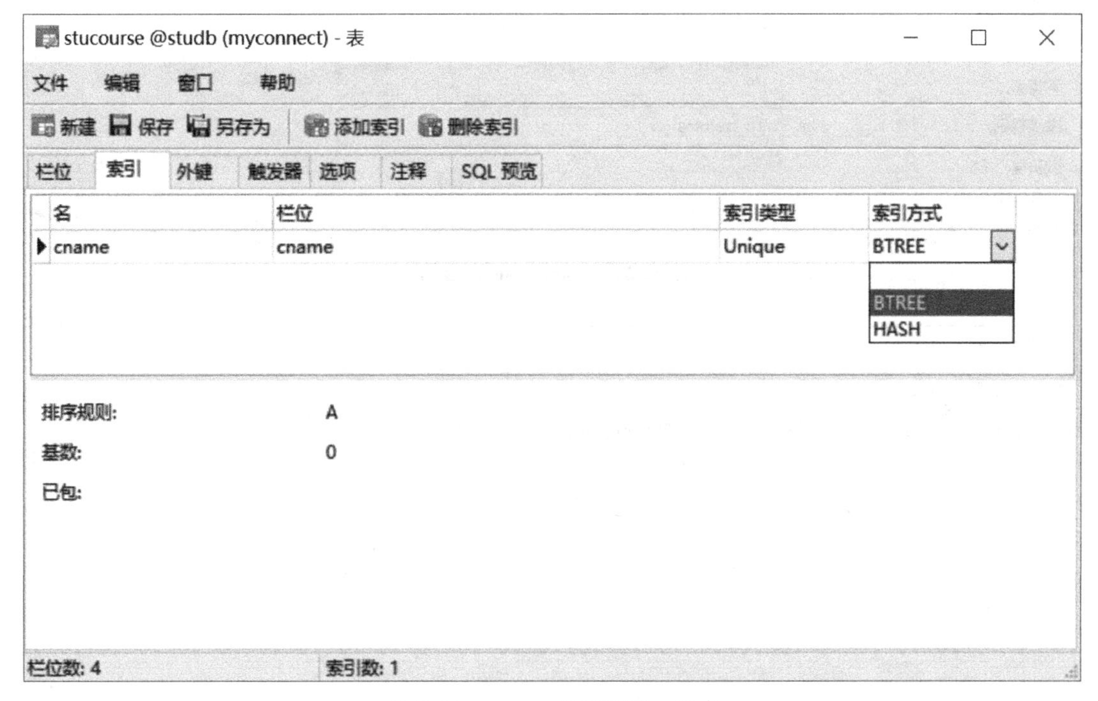

图 5.23 cname 列添加唯一约束

创建好的 stucourse 表结构如图 5.24 所示。

③ 创建 stumarks 表 操作方法与 stuinfo 表、stucourse 表相同，不同的是该表主键是列的组合，还要添加两个外键约束，一个检查约束，Navicat 不提供对字段的检查约束操作。与前面相同的操作这里不再赘述，Navicat 设置该表主键及外键约束的具体操作方法如下。

a. 设置主键约束（stuno，cno)：右击 stuno 列，在弹出的快捷菜单中选择“主键”；右击 cno 列，在弹出的快捷菜单中选择“主键”；去掉 stuno 列、cno 列“允许空值”的选项，如图 5.25 所示。

b. 设置 stuno 列、cno 列的外键约束：单击“外键”选项卡，约束名可以输也可以不输（不输表示由系统自动命名)，“栏位”选“stuno”，“参考数据库”选择“studb”，“参考表”选择“stuinfo”，“参考栏位”选择“stuno”；单击工具栏上“添加外键”按钮，栏位选“cno”，“参考数据库”选择“studb”，“参考表”选择“stucourse”，“参考栏位”选择“cno”，“删除时”“更新时”选择默认选项“RESTRICT”，操作结果如图 5.26 所示。

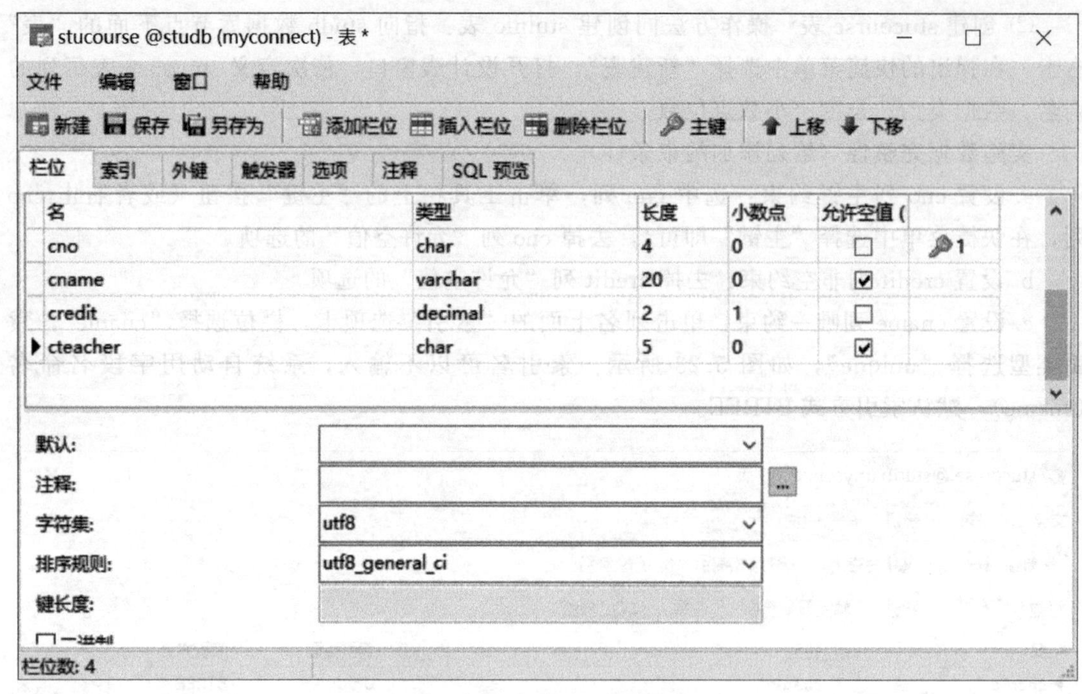

图 5.24　stucourse 表结构

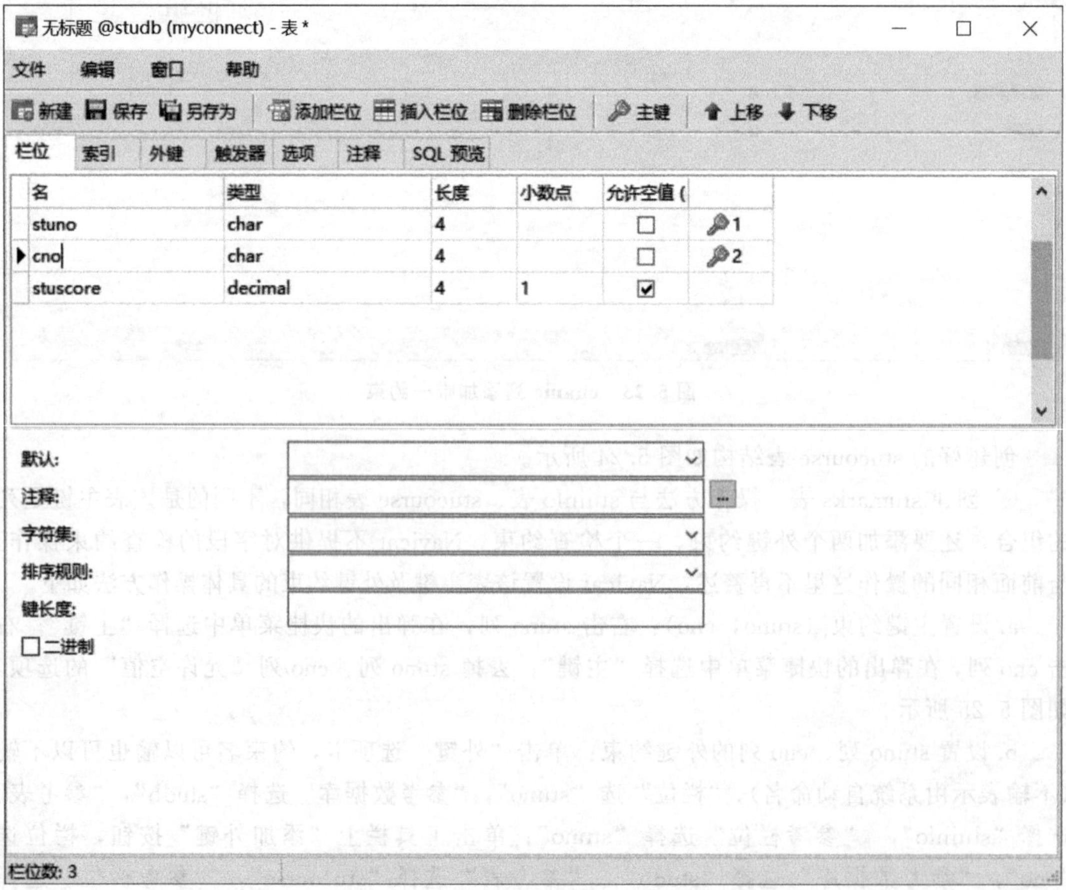

无标题 @studb (myconnect) - 表 *

文件 编辑 窗口 帮助

新建 保存 另存为 添加栏位 插入栏位 删除栏位 主键 上移 下移

栏位 索引 外键 触发器 选项 注释 SQL 预览

名	类型	长度	小数点	允许空值 (	
stuno	char	4		☐	1
cno	char	4		☐	2
stuscore	decimal	4	1	☑	

默认:

注释:

字符集:

排序规则:

键长度:

☐ 二进制

栏位数: 3

图 5.25　设置 stumarks 表的主键（stuno，cno）

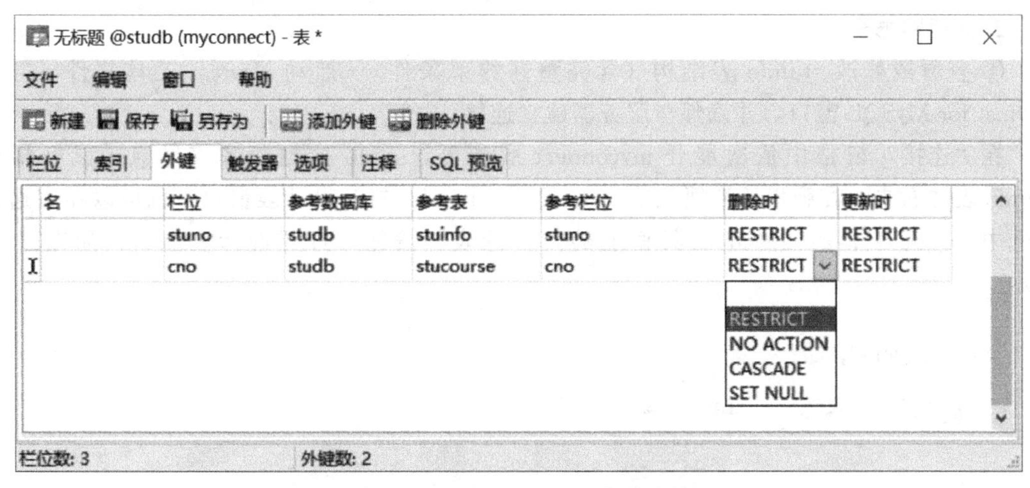

图 5.26　设置 stumarks 表的外键

“删除时”（或“更新时”）的选项有 4 个，含义如下。

RESTRICT：删除（或修改）父表记录时，如果子表存在与之对应的记录，那么删除（或修改）操作将失败，这是默认选项。

NO ACTION：与 RESTRICT 功能相同。

CASCADE：删除（或修改）父表记录时，会自动删除（或修改）子表中与之对应的记录。

SET NULL：删除（或修改）父表记录时，会将子表中与之对应记录的外键值自动设置为 NULL。

至此，stuinfo、stucourse 和 stumarks 三个数据表创建完成，如图 5.27 所示。

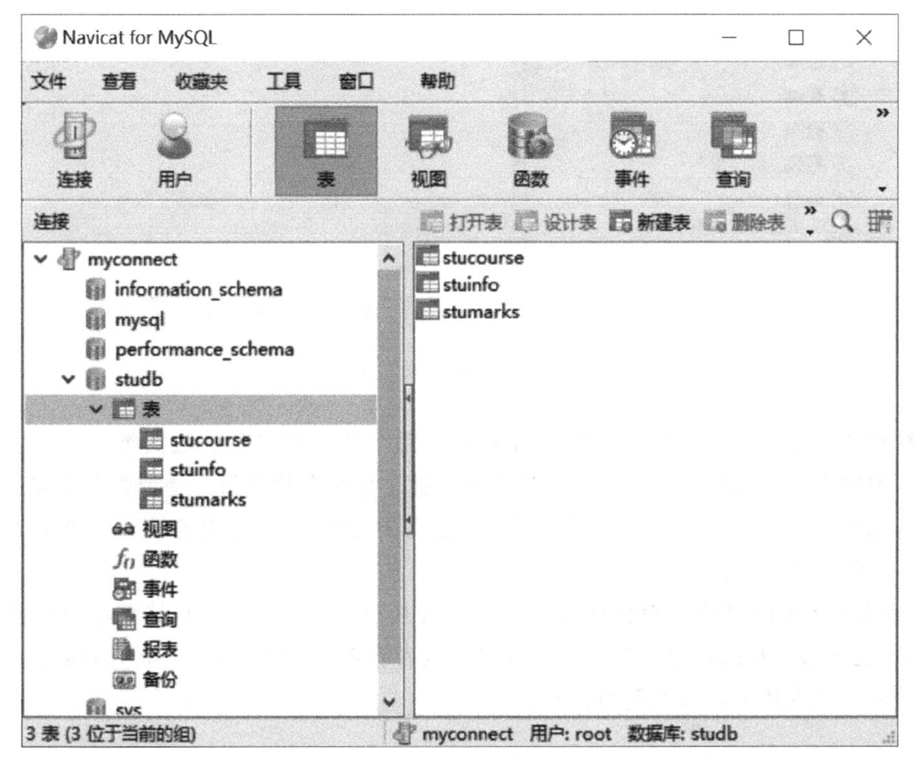

图 5.27　studb 数据库的三个表

2. 管理数据表

① 查看或修改 stuinfo 表结构（含完整性约束条件） 启动 Navicat 工具软件，打开 Navicat for MySQL 窗口，并确保与服务器建立连接。

在“连接”窗格中依次展开 myconnect 服务器，studb 数据库和表结点，鼠标指向 stuinfo 表并右击，在弹出的快捷菜单中选择“设计表”，打开设计表窗口。也可以在右边窗格选中 stuinfo 表，然后单击工具栏上的“设计表”按钮，打开设计表窗口，如图 5.28 所示。

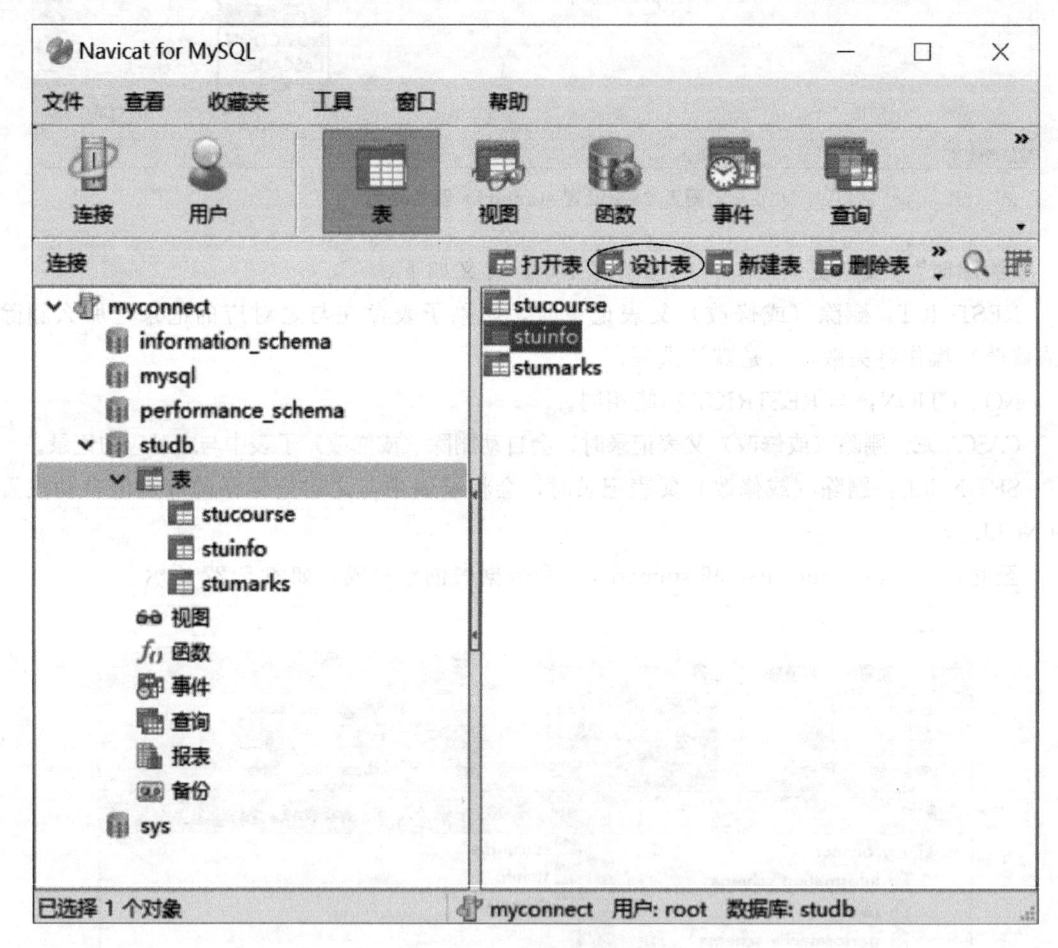

图 5.28 “设计表”命令

在打开的设计表窗口，可以查看 stuinfo 表中每个字段的名称、数据类型、长度、小数位数及各种约束条件（是否允许空值，是否为主键、是否有默认值、是否要求值唯一、是否是外键)，如图 5.29 所示。查看的同时可以根据需要修改 stuinfo 表的结构，包括为各个字段添加、删除各种约束。

② 修改 stumarks 表名 鼠标指向 stumarks 表并右击，在弹出的快捷菜单中选择“重命名”，表名进入修改状态，可以输入新的表名，或者在右边窗格中选中 stumarks 表，然后单击表名后进入修改状态，输入新的表名。

图 5.29　“设计表”窗口

【同步实训 5】创建与管理“员工管理”数据库的数据表

1. 实训目的

① 能用 SQL 语句创建、管理数据表并实施数据完整性。

② 能用 Navicat 工具创建、管理数据表并实施数据完整性。

2. 实训内容

① 用 SQL 语句完成以下操作

a. 创建数据表　为“员工管理”数据库（empDB）创建两个数据表，表结构分别如表 5.8、表 5.9 所示，不需要实施数据完整性（即不需要为字段定义约束条件）。

表 5.8　dept（部门表）

字段	含义	类型	约束
deptno	部门编号	CHAR(2)	主键
dname	部门名称	VARCHAR(14)	取值唯一
loc	部门地址	VARCHAR(13)	

表 5.9 emp（员工表）

字段	含义	类型	约束
empno	员工编号	CHAR(4)	主键
ename	员工姓名	VARCHAR(10)	非空
job	工作职位	VARCHAR(9)	默认值为“CLERK”
mgr	该员工的领导编号	CHAR(4)	
hiredate	入职日期	DATE	
sal	工资	DECIMAL(7,2)	大于 0
comm	奖金	DECIMAL(7,2)	
deptno	所属部门编号	CHAR(2)	外键，与 dept 表关联

b. 修改表结构

a）在 emp 表最后增加一列“员工 email”［字段名 email，数据类型 VARCHAR（30）］。

b）修改 email 字段的长度为 40。

c）把 email 字段调到 ename 字段后。

d）删除 email 字段。

c. 删除数据表　删除部门表（dept）和员工表（emp）。

d. 实施数据完整性　为数据库 empdb 的两个表实施数据完整性，具体约束内容见表 5.8、表 5.9。要求用两种方法，一种是建表同时实施，另一种是建表后实施。

② 用 Navicat 图形化工具完成①的操作。

习题 5

一、选择题

1. 下列选项中，修改字段名的基本语法格式是（　　）。

A. ALTER TABLE 表名 MODIFY 旧字段名 新字段名 新数据类型；

B. ALTER TABLE 表名 CHANGE 旧字段名 新字段名；

C. ALTER TABLE 表名 CHANGE 旧字段名 新字段名 新数据类型；

D. ALTER TABLE 表名 MODIFY 旧字段名 TO 新字段名 新数据类型；

2. 下列 SQL 语句中，可以删除数据表 test 的是（　　）。

A. DELETE FROM test；

B. DROP TABLE test；

C. DELETE test；

D. ALTER TABLE test DROP test；

3. 下列选项中，删除字段的基本语法格式是（　　）。

A. DELETE FROM TABLE 表名 DROP 字段名；

B. DELETE TABLE 表名 DROP 字段名；

C. ALTER TABLE 表名 DROP 字段名；

D. DELETE TABLE 表名 字段名；

4. 下列选项中，用于删除数据表结构的关键字是（　　）。
A. DELETE　　B. DROP　　C. ALTER　　D. CREATE
5. 下列选项中，可以正确地将表名 stu _ info 修改为 stuinfo 的是（　　）。
A. ALTER TABLE stuinfo RENAME TO stu _ info；
B. ALTER TABLE stu _ info RENAME TO stuinfo；
C. ALTER TABLE stuinfo RENAME stuinfo；
D. SHOW CREATE TABLE stuinfo；
6. 下列语句中，用于创建数据表的关键字是（　　）。
A. ALTER　　B. CREATE　　C. UPDATE　　D. INSERT 语句
7. 下列选项中，添加字段的基本语法格式是（　　）。
A. ALTER TABLE 表名 INSERT 新字段名 新数据类型；
B. ALTER TABLE 表名 MODIFY 字段名 数据类型；
C. ALTER TABLE 表名 ADD 新字段名 数据类型；
D. ALTER TABLE 表名 ADD 旧字段名 TO 新字段名 新数据类型；
8. 下列选项中，修改字段排列位置的基本语法格式是（　　）。
A. ALTER TABLE 表名 MODIFY 字段名 1 FIRST | AFTER 字段名 2；
B. ALTER TABLE 表名 MODIFY 字段名 1 数据类型 FIRST | AFTER 字段名 2；
C. ALTER TABLE 表名 CHANGE 字段名 1 数据类型 FIRST | AFTER 字段名 2；
D. ALTER TABLE 表名 CHANGE 字段名 1　FIRST | AFTER 字段名 2；
9. 下列选项中，用于将 user 表中 name 字段改 username，但数据类型 VARCHAR（20）保持不变的是（　　）。
A. ALTER TABLE user CHANGE name username；
B. ALTER TABLE user CHANGE name username VARCHAR（20）；
C. ALTER TABLE user MODIFY name username VARCHAR（20）；
D. ALTER TABLE user CHANGE name TO username；
10. 下列关于表的创建的描述，错误的是（　　）。
A. 在创建表之前，应该先指定需要进行操作的数据库
B. 在创建表时，必须指定表名、字段名和字段对应的数据类型
C. 在创建表时，必须指定字段的完整性约束条件
D. CREATE TABLE 语句用于创建表
11. 下面选项中，哪个用于表示创建 book 表并添加 id 字段和 title 字段（　　）。
A. create table book { id varchar（32），title varchar（50）}；
B. create table book（id varchar（），title varchar（），）；
C. create table book（id varchar（32），title varchar（50））；
D. create table book [id varchar（32），title varchar（50）]；
12. 下列选项中，修改字段数据类型的基本语法格式是（　　）。
A. ALTER TABLE 表名 MODIFY 字段名 旧数据类型 新数据类型；
B. ALTER TABLE 表名 MODIFY 字段名 新数据类型；
C. ALTER TABLE 表名 CHANGE 字段名 旧数据类型 新数据类型；
D. ALTER TABLE 表名 CHANGE 字段名 新数据类型；

13. 下列语法格式中，可以正确查看某个数据表创建信息的是（　　）。

A. SHOW TABLE 表名；

B. SHOW ALTER TABLE 表名；

C. SHOW CREATE TABLE 表名；

D. CREATE TABLE 表名；

14. 下列选项中，能够正确创建数据表 student，其中 stu_id 和 course_id 两个字段共同作为主键的 SQL 语句是（　　）。

A. student（stu_id INT，course_id INT，PRIMARY KEY（stu_id，course_id））

B. student（stu_id INT，course_id INT PRIMARY KEY（stu_id，course_id））

C. student（stu_id INT，course_id INT，PRIMARY KEY（stu_id course_id））

D. student（stu_id INT PRIMARY KEY，course_id INT PRIMARY KEY）

15. 下列选项中，能够定义字段 uid 的值自动增加的是（　　）。

A. uid CHAR（4）AUTO_INCREMENT PRIMARY KEY

B. uid VARCHAR（3）AUTO_INCREMENT PRIMARY KEY

C. uid INT AUTO_INCREMENT PRIMARY KEY

D. uid DATE AUTO_INCREMENT PRIMARY KEY

16. 下列选项中，能够正确创建数据表 student 中的 id 字段为主键的 SQL 语句是（　　）。

A. student（id INT PRIMARY KEY；name VARCHAR（20））

B. student（id PRIMARY KEY INT，name VARCHAR（20））

C. student（id PRIMARY KEY INT；name VARCHAR（20））

D. student（id INT PRIMARY KEY，name VARCHAR（20））

17. 下列关于单字段主键的语法格式中，正确的是（　　）。

A. 字段名 PRIMARY KEY 数据类型

B. 字段名 数据类型 FOREIGN KEY

C. 字段名 数据类型 PRIMARY KEY

D. 字段名 数据类型 UNIQUE

18. 下列选项中，定义字段非空约束的基本语法格式是（　　）。

A. 字段名 数据类型 IS NULL

B. 字段名 数据类型 NOT NULL

C. 字段名 数据类型 IS NOT NULL

D. 字段名 NOT NULL 数据类型

19. 下列选项中，可以用于设置表字段值自动增加的数据类型是（　　）。

A. FLOAT　　B. DOUBLE　　C. CHAR　　D. SMALLINT

20. 下列选项中，定义唯一约束的基本语法格式是（　　）。

A. 字段名 数据类型 UNION　　B. 字段名 数据类型 IS UNIQUE

C. 字段名 数据类型 UNIQUE　　D. 字段名 UNIQUE 数据类型

二、判断题

1. 在 MySQL 中，每个表只能定义一个 UNIQUE 约束。（　）

2. 一个数据表中可以有多个主键约束。（　）

3. 在 MySQL 中，默认约束用于给数据表中的字段指定默认值，插入记录时，如果这个

字段没有给定值，将使用默认值。（　）

4. 在同一个数据表中可以定义多个非空字段。（　）

5. 使用 AUTO _ INCREMENT 约束可以设置表字段值自动增加，它对于任何数据类型都有效。（　）

6. 多字段主键的语法格式是：PRIMARY KEY（字段名 1，字段名 2，……，字段名 n），其中“字段名 1，字段名 2，……，字段名 n”指的是构成主键的多个字段的名称。（　）

7. 唯一约束用于保证数据表中字段的唯一性，它和主键约束的作用一样。（　）

8. 表字段使用 AUTO _ INCREMENT 约束，可以为表中插入的新记录自动生成唯一的 ID。（　）

9. 给表中字段定义约束条件只能在建表时同步进行。（　）

10. 在 MySQL 中，主键约束分为两种：一种是单字段主键，另一种是多字段主键。（　）

模块6 数据操作

【模块描述】

本模块将用SQL语句对“学生成绩管理”数据库（stuDB）的数据表进行数据更新操作，更新操作包括插入记录、修改记录和删除记录，数据更新操作必须满足数据表上定义的完整性约束条件。

【学习目标】

1. 识记INSERT、UPDATE、DELETE语句的语法。
2. 能用INSERT语句插入记录。
3. 能用UPDATE语句修改记录。
4. 能用DELETE语句删除记录。

任务6.1 插入记录

【任务描述】

使用INSERT语句给“学生成绩管理”数据库（studb）的数据表插入记录（三个数据表的结构分别如表5.5～表5.7所示）。

【相关知识】

给表插入记录用INSERT语句，可以一次插入一条记录，也可以一次插入多条记录。

（1）单行插入

语法格式如下：

INSERT INTO 表名 [(字段列表)] VALUES(值列表)；

INSERT INTO 表名 SET 字段名1=值1[,字段名2=值2……]；

说明：

• 字段列表中字段间的分隔符以及值列表中值之间的分隔符均为英文逗号。

• VALUES 子句提供的值列表要与字段列表一一对应，表示给新记录的相关字段赋值。

•（字段列表）是可选项，如果省略，VALUES 子句要按顺序给每个字段提供值。

• 数值列表中字符、日期型的数据要加单引号或双引号。

• 自动增长列写成 NULL 或 DEFAULT 都可以。

• 默认列可以写成 DEFAULT。

• 记录要整条插入，没有提供值的字段不是默认值就是 NULL。

• 插入数据必须满足表中定义的数据完整性约束条件。

主键值不能重复，主属性不能为空值；

先插入父表记录，再插入子表相关记录，子表外键的取值必须参考父表主键取值，当外键不是主属性时可以取空值；

有唯一约束的列的取值不能重复；

有非空约束的列的取值不能为空值。

（2）多行插入

MySQL 支持一条插入语句插入多行数据，可以在 INSERT 语句的 VALUES 子句后面跟上多个值列表，它们之间用逗号隔开。

语法格式如下：

```
INSERT INTO 表名［(字段列表)］
VALUES(值列表 1),…(值列表 n);
```

【任务实施】

（1）准备工作

创建 studb 数据库及它的三个空表（stuinfo，stumarks，stucourse），各表结构如表 5.5～表 5.7 所示。

（2）给 stuinfo 空表插入几条记录（一次插一条，并试着插入一条违反约束条件的记录）

第一次往表中插入数据前一般需要先用 DESC 或 SHOW CREATE TABLE 语句查看一下 stuinfo 表的结构（字段名、数据类型、约束条件），如图 6.1 所示。后面查看 stucourse、stumarks 表结构的操作不再赘述。

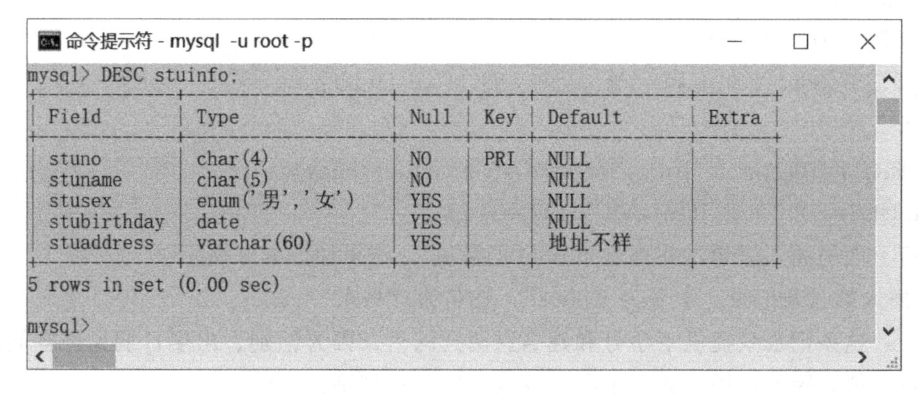

```
命令提示符 - mysql -u root -p
mysql> DESC stuinfo;
+-------------+------------------+------+-----+----------+-------+
| Field       | Type             | Null | Key | Default  | Extra |
+-------------+------------------+------+-----+----------+-------+
| stuno       | char(4)          | NO   | PRI | NULL     |       |
| stuname     | char(5)          | NO   |     | NULL     |       |
| stusex      | enum('男','女')  | YES  |     | NULL     |       |
| stubirthday | date             | YES  |     | NULL     |       |
| stuaddress  | varchar(60)      | YES  |     | 地址不祥 |       |
+-------------+------------------+------+-----+----------+-------+
5 rows in set (0.00 sec)

mysql>
```

图 6.1 查看 stuinfo 表结构

① 插入第一条记录：('S001','刘卫平','男','1994-10-16','衡山市东风路78号')

代码如下：

```
INSERT INTO stuinfo(stuno,stuname,stusex,stubirthday,stuaddress)
VALUES('S001','刘卫平','男','1994-10-16','衡山市东风路78号');
```

执行上面的插入语句后，系统显示“Query OK，1 row affected（0.01 sec）”，表示语句执行成功，插入一条记录。

查看stuinfo表的所有数据（“SELECT * FROM stuinfo”表示查看stuinfo表的所有数据），显示stuinfo表中确实插入了('S001','刘卫平','男','1994-10-16','衡山市东风路78号')这条记录，如图6.2所示。

```
命令提示符 - mysql -u root -p
mysql> INSERT INTO stuinfo(stuno, stuname, stusex, stubirthday, stuaddress)
    -> VALUES('S001','刘卫平','男','1994-10-16', '衡山市东风路78号');
Query OK, 1 row affected (0.02 sec)

mysql> SELECT * FROM stuinfo;
+-------+---------+--------+-------------+------------------+
| stuno | stuname | stusex | stubirthday | stuaddress       |
+-------+---------+--------+-------------+------------------+
| S001  | 刘卫平  | 男     | 1994-10-16  | 衡山市东风路78号 |
+-------+---------+--------+-------------+------------------+
1 row in set (0.00 sec)

mysql>
```

图6.2 stuinfo表插入第一条记录

上面插入代码中值列表提供了每个字段的值，而且顺序与表结构中字段顺序完全对应，因此，字段列表可以省略，代码如下：

```
INSERT INTO stuinfo
VALUES('S001','刘卫平','男','1994-10-16','衡山市东风路78号');
```

② 插入第二条记录：('S002','张卫民','男','1995-08-11','地址不详')

分析：这条记录家庭地址的值是默认值，在值列表中可以用deault表示插入默认值，也可以在字段列表中直接去掉家庭地址。

代码如下：

```
INSERT INTO stuinfo
VALUES('S002','张卫民','男','1995-08-11',default);
```

或者

```
INSERT INTO stuinfo(stuno,stuname,stusex,stubirthday)
VALUES('S002','张卫民','男','1995-08-11')
```

执行上面的插入语句，并查看stuinfo的数据，结果如图6.3所示。

③ 插入第三条记录：学号为“S003”，姓名为“马东”

分析：这条记录只提供了学号和姓名这两列的值，因为性别、出生日期允许空值，家庭地址有默认值，因此，插入数据不会违反数据完整性规则。

代码如下：

```
INSERT INTO stuinfo(stuno,stuname)VALUES('S003','马东');
```

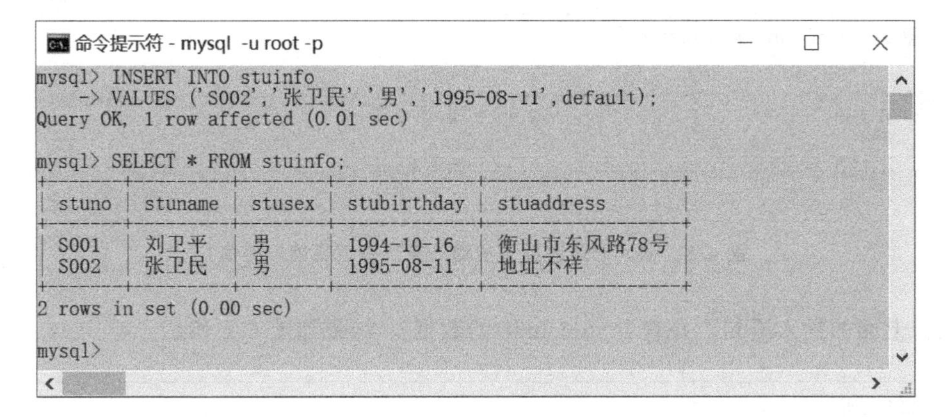

图 6.3　stuinfo 表插入第二条记录

或者

```
INSERT INTO stuinfo SETstuno='S003',stuname='马东';
```

执行上面的插入语句，并查看 stuinfo 的数据 ，结果如图 6.4 所示。

```
命令提示符 - mysql -u root -p

mysql> INSERT INTO stuinfo SET stuno='S003',stuname='马东';
Query OK, 1 row affected (0.01 sec)

mysql> SELECT * FROM stuinfo;
+-------+---------+--------+-------------+------------------+
| stuno | stuname | stusex | stubirthday | stuaddress       |
+-------+---------+--------+-------------+------------------+
| S001  | 刘卫平  | 男     | 1994-10-16  | 衡山市东风路78号 |
| S002  | 张卫民  | 男     | 1995-08-11  | 地址不祥         |
| S003  | 马东    | NULL   | NULL        | 地址不祥         |
+-------+---------+--------+-------------+------------------+
3 rows in set (0.00 sec)

mysql>
```

图 6.4　stuinfo 表插入第三条记录

④ 插入第四条记录：姓名为“钱达理”，性别为“男”

分析：这条记录没有提供主键“学号”的值，违反了实体完整性规则，插入操作会报错。

代码如下：

```
INSERT INTO stuinfo(stuname,stusex)VALUES('钱达理','男');
```

执行上面的插入代码，结果如图 6.5 所示，报错信息提示 stuno（学号）没有默认值，没有默认值意味着插入的学号只能为空值，而这违反了主键约束。

（3）给 stucourse 空表一次插入几条记录

代码如下：

```
INSERT INTO stucourse(cno,cname,credit)
VALUES('0001','大学计算机基础',2),
  ('0002','C 语言程序设计',3),
  ('0003','SQL Server 数据库及其应用',3);
```

```
命令提示符 - mysql -u root -p
mysql> INSERT INTO stuinfo(stuname,stusex) VALUES('钱达理','男');
ERROR 1364 (HY000): Field 'stuno' doesn't have a default value
mysql>
```

图 6.5　插入记录违反了主键约束（主键不能取空值）

执行上面的插入语句，并查看 stucourse 的数据，结果如图 6.6 所示。

```
命令提示符 - mysql -u root -p
mysql> INSERT INTO stucourse(cno,cname,credit)
    -> VALUES('0001','大学计算机基础',2),
    ->        ('0002','C语言程序设计',3),
    ->        ('0003','SQL Server数据库及其应用',3);
Query OK, 3 rows affected (0.01 sec)
Records: 3  Duplicates: 0  Warnings: 0

mysql> SELECT * FROM stucourse;
+------+--------------------------+--------+----------+
| cno  | cname                    | credit | cteacher |
+------+--------------------------+--------+----------+
| 0001 | 大学计算机基础           |    2.0 | NULL     |
| 0002 | C语言程序设计            |    3.0 | NULL     |
| 0003 | SQL Server数据库及其应用 |    3.0 | NULL     |
+------+--------------------------+--------+----------+
3 rows in set (0.00 sec)

mysql>
```

图 6.6　stucourse 表一次插入多条记录

（4）给 stumarks 表插入一条记录：('S001','0004', 80)

```
INSERT INTO stumarks VALUES('S001','0004',80);
```

执行上面插入语句，系统显示报错信息“ERROR 1452 (23000): Cannot add or update a child row: a foreign key constraint fails ('studb'.'stumarks', CONSTRAINT 'stumarks_ibfk_2' FOREIGN KEY ('cno') REFERENCES 'stucourse' ('cno'))”表示这条插入语句违反了外键约束，因为‘0004’这门课在父表（stucourse）中还没有记录。如果把‘0004’改为‘0001’则提示插入成功，如图 6.7 所示。

```
命令提示符 - mysql -u root -p
mysql> INSERT INTO stumarks VALUES('S001','0004',80);
ERROR 1452 (23000): Cannot add or update a child row: a foreign key constraint f
mysql> INSERT INTO stumarks VALUES('S001','0001',80);
Query OK, 1 row affected (0.01 sec)

mysql>
```

图 6.7　插入记录违反了外键约束

任务 6.2　修改记录

【任务描述】

使用 UPDATE 语句给“学生成绩管理”数据库（stuDB）的数据表修改记录，具体任务如下。

① 把 stuinfo 表中“S005”学生的性别（stusex）改为“女”。

② 把 stucourse 表中所有课程的学分（credit）加 1。

③ 把“0001”这门课程的所有成绩（stuscore）都加 5 分。

【相关知识】

要修改数据表中已有记录的字段值，可用 UPDATE 语句。

语法格式如下：

UPDATE 表名

SET 字段名=表达式 1[,字段名 2=表达式 2…]

[WHERE 条件];

说明：

- 把表中指定字段的值更新为表达式的值,一次可以修改多个字段的值,用逗号隔开。
- WHERE 子句用于选择要修改的记录,若没有,则表示修改所有记录。

【任务实施】

1. 准备工作

给 studb 数据库三个数据表插入记录，三个表的插入结果如图 6.8、图 6.10、图 6.12 所示。

2. 把 stuinfo 表中“S005”学生的性别（stusex）改为“女”

修改前查看 stuinfo 表中数据，如图 6.8 所示。

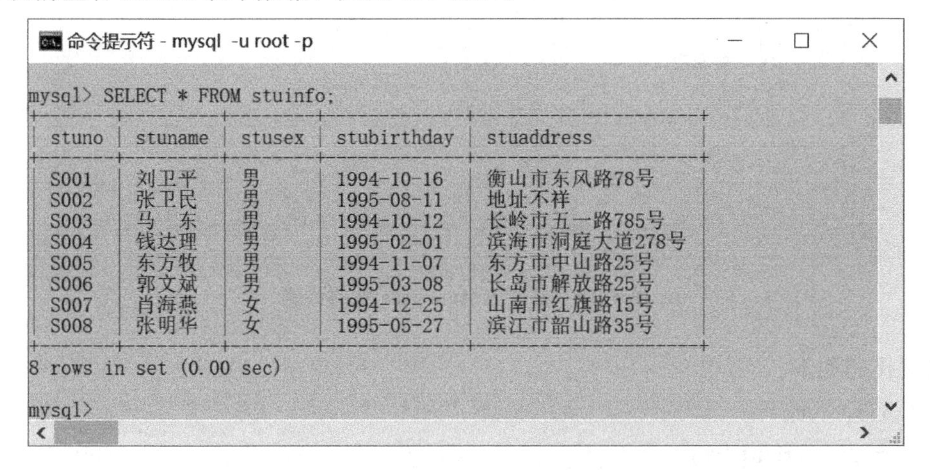

命令提示符 - mysql -u root -p

```
mysql> SELECT * FROM stuinfo;
+-------+---------+--------+-------------+------------------+
| stuno | stuname | stusex | stubirthday | stuaddress       |
+-------+---------+--------+-------------+------------------+
| S001  | 刘卫平  | 男     | 1994-10-16  | 衡山市东风路78号 |
| S002  | 张卫民  | 男     | 1995-08-11  | 地址不祥         |
| S003  | 马　东  | 男     | 1994-10-12  | 长岭市五一路785号 |
| S004  | 钱达理  | 男     | 1995-02-01  | 滨海市洞庭大道278号 |
| S005  | 东方牧  | 男     | 1994-11-07  | 东方市中山路25号 |
| S006  | 郭文斌  | 男     | 1995-03-08  | 长岛市解放路25号 |
| S007  | 肖海燕  | 女     | 1994-12-25  | 山南市红旗路15号 |
| S008  | 张明华  | 女     | 1995-05-27  | 滨江市韶山路35号 |
+-------+---------+--------+-------------+------------------+
8 rows in set (0.00 sec)

mysql>
```

图 6.8　修改前 stuinfo 表的数据

分析：要修改的记录需要满足学号为“S005”这个条件，可以用 where 子句指定。

修改代码如下：

```
UPDATE stuinfo
SET stusex='女'
WHERE stuno='S005';
```

执行上面修改语句后，查询表中数据如图 6.9 所示，修改结果符合预期。

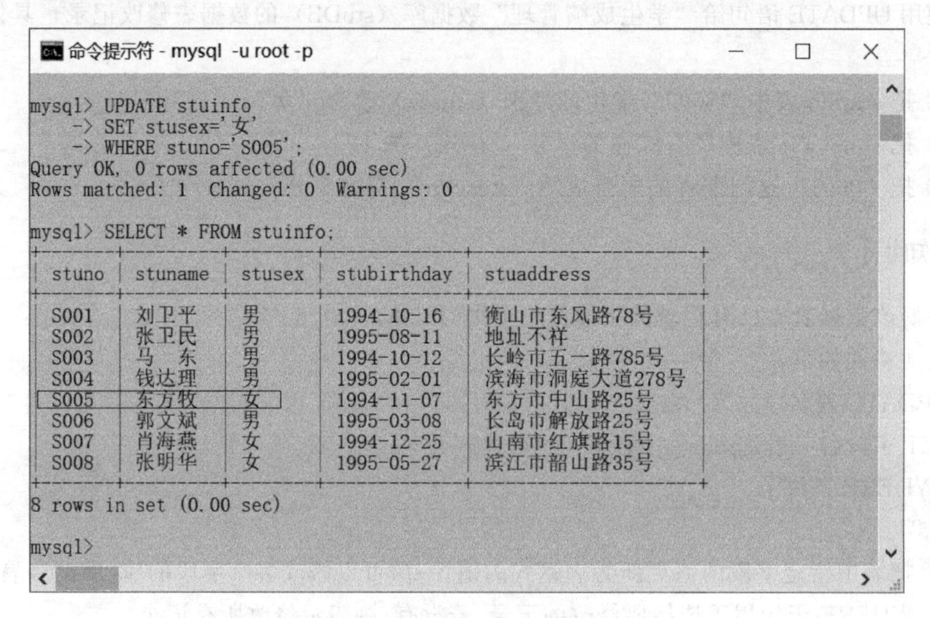

```
命令提示符 - mysql -u root -p

mysql> UPDATE stuinfo
    -> SET stusex='女'
    -> WHERE stuno='S005';
Query OK, 0 rows affected (0.00 sec)
Rows matched: 1  Changed: 0  Warnings: 0

mysql> SELECT * FROM stuinfo;
+-------+--------+--------+-------------+------------------+
| stuno | stuname| stusex | stubirthday | stuaddress       |
+-------+--------+--------+-------------+------------------+
| S001  | 刘卫平 | 男     | 1994-10-16  | 衡山市东风路78号 |
| S002  | 张卫民 | 男     | 1995-08-11  | 地址不祥         |
| S003  | 马  东 | 男     | 1994-10-12  | 长岭市五一路785号|
| S004  | 钱达理 | 男     | 1995-02-01  | 滨海市洞庭大道278号|
| S005  | 东方牧 | 女     | 1994-11-07  | 东方市中山路25号 |
| S006  | 郭文斌 | 男     | 1995-03-08  | 长岛市解放路25号 |
| S007  | 肖海燕 | 女     | 1994-12-25  | 山南市红旗路15号 |
| S008  | 张明华 | 女     | 1995-05-27  | 滨江市韶山路35号 |
+-------+--------+--------+-------------+------------------+
8 rows in set (0.00 sec)

mysql>
```

图 6.9 修改后 stuinfo 表的数据

3. 把 stucourse 表中所有课程的学分（credit）都加 1

修改前查看 stucourse 表中数据，如图 6.10 所示。

```
命令提示符 - mysql -u root -p

mysql> SELECT * FROM stucourse;
+------+-----------------+--------+----------+
| cno  | cname           | credit | cteacher |
+------+-----------------+--------+----------+
| 0001 | 大学计算机基础  |    2.0 | 周宁宁   |
| 0002 | C语言程序设计   |    3.0 | 欧阳夏   |
| 0003 | MySQL数据库应用 |    3.0 | 张秋丽   |
| 0004 | 英语            |    2.5 | 李斯文   |
| 0005 | 高等数学        |    2.0 | 王洁实   |
| 0006 | 数据结构        |    3.0 | 李佳佳   |
+------+-----------------+--------+----------+
6 rows in set (0.00 sec)

mysql>
```

图 6.10 修改前 stucourse 表的数据

修改代码如下：

```
UPDATE stucourse
SET credit=credit+1;
```

执行上面修改语句，查询表中数据，如图 6.11 所示，结果符合预期。

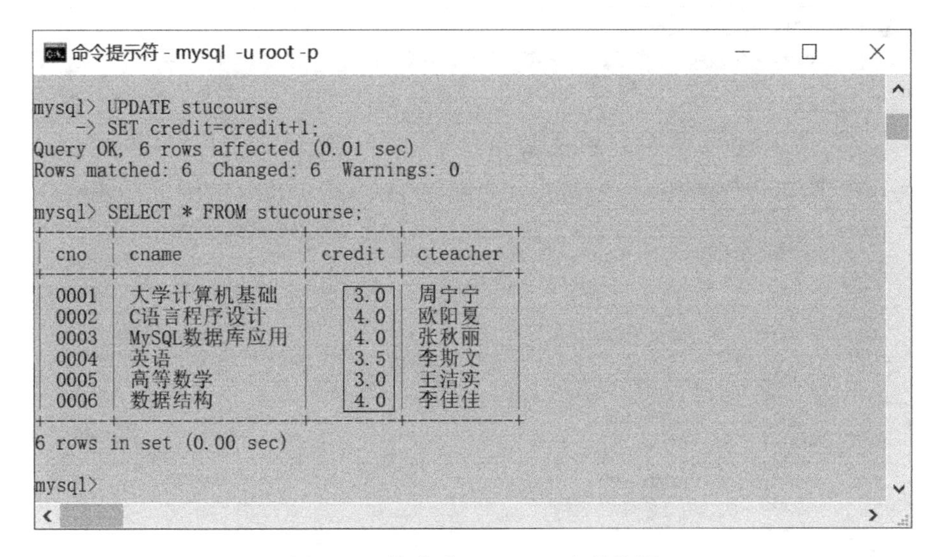

```
命令提示符 - mysql -u root -p

mysql> UPDATE stucourse
    -> SET credit=credit+1;
Query OK, 6 rows affected (0.01 sec)
Rows matched: 6  Changed: 6  Warnings: 0

mysql> SELECT * FROM stucourse;
+------+-------------------+--------+----------+
| cno  | cname             | credit | cteacher |
+------+-------------------+--------+----------+
| 0001 | 大学计算机基础    |    3.0 | 周宁宁   |
| 0002 | C语言程序设计     |    4.0 | 欧阳夏   |
| 0003 | MySQL数据库应用   |    4.0 | 张秋丽   |
| 0004 | 英语              |    3.5 | 李斯文   |
| 0005 | 高等数学          |    3.0 | 王洁实   |
| 0006 | 数据结构          |    4.0 | 李佳佳   |
+------+-------------------+--------+----------+
6 rows in set (0.00 sec)

mysql>
```

图 6.11　修改后 stucourse 表的数据

4. 把“0001”这门课程的所有成绩（stuscore）都加 5 分

修改前查看 stumarks 表中数据，如图 6.12 所示。

```
命令提示符 - mysql -u root -p

mysql> SELECT * FROM stumarks;
+-------+------+----------+
| stuno | cno  | stuscore |
+-------+------+----------+
| S001  | 0001 |     80.0 |
| S001  | 0002 |     90.0 |
| S001  | 0003 |     87.0 |
| S001  | 0004 |     NULL |
| S001  | 0005 |     78.0 |
| S002  | 0001 |     76.0 |
| S002  | 0002 |     73.0 |
| S002  | 0003 |     67.0 |
| S002  | 0004 |     NULL |
| S002  | 0005 |     89.0 |
| S003  | 0001 |     83.0 |
| S003  | 0002 |     73.0 |
| S003  | 0003 |     84.0 |
| S003  | 0004 |     NULL |
| S003  | 0005 |     65.0 |
| S004  | 0006 |     80.0 |
+-------+------+----------+
16 rows in set (0.01 sec)
```

图 6.12　修改前 stumarks 表的数据

分析：要修改的记录需要满足课程号为“0001”这个条件。

修改代码如下：

```
UPDATE stumarks
SET stuscore=stuscore+5
WHERE cno='0001';
```

执行上面语句，再查询修改后的表中数据，如图 6.13 所示，结果符合预期。

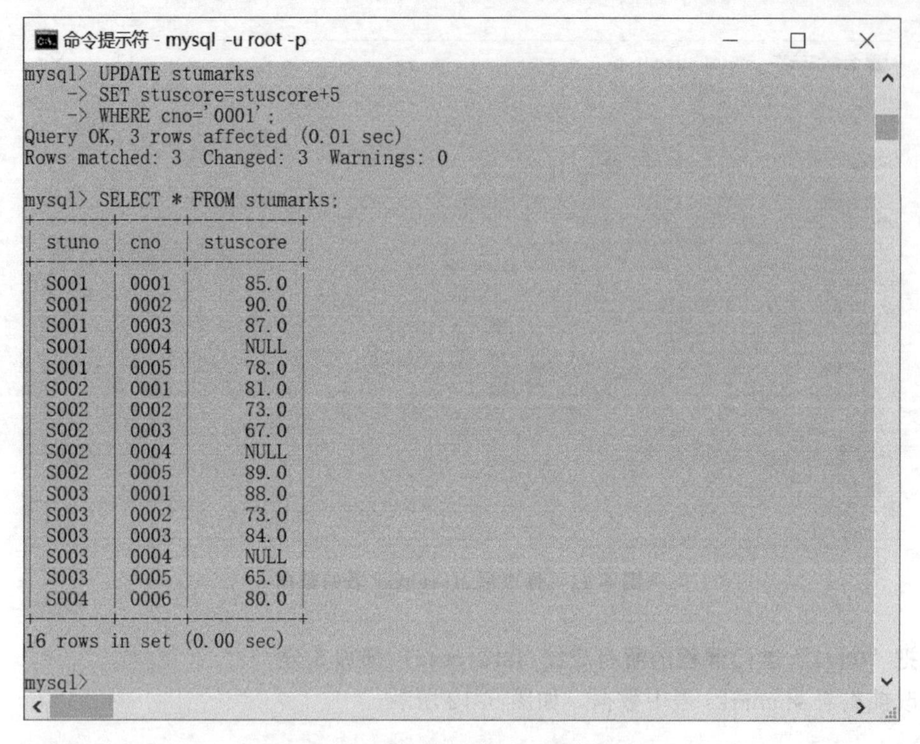

```
命令提示符 - mysql -u root -p
mysql> UPDATE stumarks
    -> SET stuscore=stuscore+5
    -> WHERE cno='0001';
Query OK, 3 rows affected (0.01 sec)
Rows matched: 3  Changed: 3  Warnings: 0

mysql> SELECT * FROM stumarks;
+-------+------+----------+
| stuno | cno  | stuscore |
+-------+------+----------+
| S001  | 0001 |     85.0 |
| S001  | 0002 |     90.0 |
| S001  | 0003 |     87.0 |
| S001  | 0004 |     NULL |
| S001  | 0005 |     78.0 |
| S002  | 0001 |     81.0 |
| S002  | 0002 |     73.0 |
| S002  | 0003 |     67.0 |
| S002  | 0004 |     NULL |
| S002  | 0005 |     89.0 |
| S003  | 0001 |     88.0 |
| S003  | 0002 |     73.0 |
| S003  | 0003 |     84.0 |
| S003  | 0004 |     NULL |
| S003  | 0005 |     65.0 |
| S004  | 0006 |     80.0 |
+-------+------+----------+
16 rows in set (0.00 sec)

mysql>
```

图 6.13 修改后 stumarks 表的数据

任务 6.3 删除记录

【任务描述】

使用 DELETE 或 TRUNCATE 语句删除“学生成绩管理”数据库（stuDB）的数据表的记录，具体任务如下。

① 删除 stumarks 表中“S003”学生的选课记录。

② 删除 stucourse 表中课程号 0006 这门课的记录。

③ 删除 stumarks 表的所有记录。

④ 新建一个带自增列的表 test，插入几条记录，分别用 DELETE、TRUNCATE 语句删除全部记录后再重新插入记录，观察自增列值有什么不同。

【相关知识】

要删除表中记录，可用 DELETE 语句或 TRUNCATE 语句。

（1）DELETE 语句

语法格式如下：

DELETE FROM 表名［WHERE 条件］；

说明：

- WHERE 子句用于选择要删除的记录，没有则删除所有行。
- 先删除子表相关记录，再删除父表记录。

（2）TRUNCATE 语句

语法格式如下：

```
TRUNCATE[TABLE] 表名；
```

说明：

- 此语句删除表中所有记录。
- 不管子表是否为空表，父表记录都不能用 TRUNCATE 语句删除。

（3）DELETE 与 TRUNCATE 语句的区别

① DELETE 语句后面可以跟 WHERE 子句，通过指定 WHERE 子句中的条件表达式只删除满足条件的部分记录，而 TRUNCATE 语句只能用于删除表中的所有记录。

② TRUNCATE 语句的执行效率比 DELETE 语句高，但是用 TRUNCATE 语句删除的数据不可以恢复。

③ 使用 TRUNCATE 语句删除表中的数据，再向表中添加记录时，自动增加字段的默认初始值重新由 1 开始；使用 DELETE 语句删除表中所有记录，再向表中添加记录时，自动增加字段的值为删除时该字段的最大值加 1。

【任务实施】

1. 删除 stumarks 表中“S003”学生的选课记录

删除前查看 stumarks 表的数据，如图 6.14 所示。

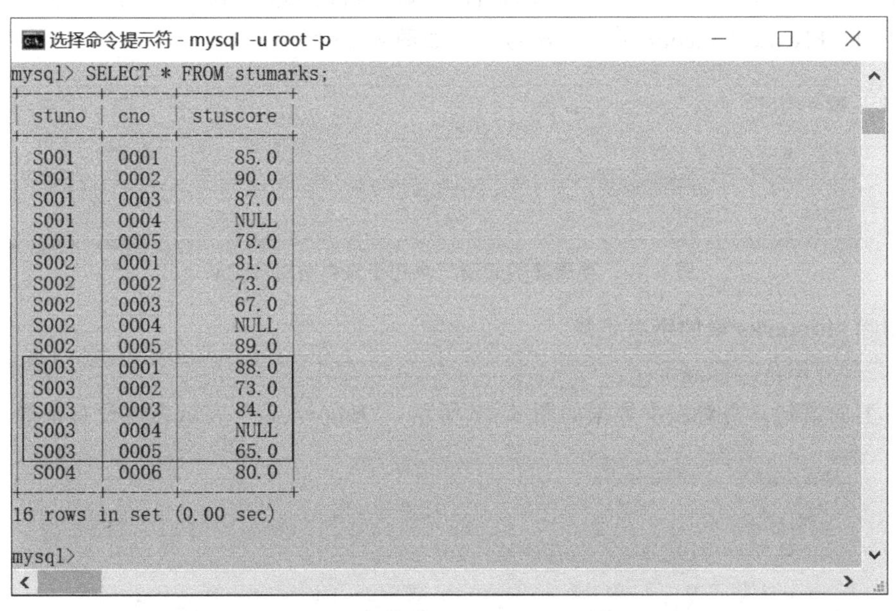


```
mysql> SELECT * FROM stumarks;
+-------+------+----------+
| stuno | cno  | stuscore |
+-------+------+----------+
| S001  | 0001 |     85.0 |
| S001  | 0002 |     90.0 |
| S001  | 0003 |     87.0 |
| S001  | 0004 |     NULL |
| S001  | 0005 |     78.0 |
| S002  | 0001 |     81.0 |
| S002  | 0002 |     73.0 |
| S002  | 0003 |     67.0 |
| S002  | 0004 |     NULL |
| S002  | 0005 |     89.0 |
| S003  | 0001 |     88.0 |
| S003  | 0002 |     73.0 |
| S003  | 0003 |     84.0 |
| S003  | 0004 |     NULL |
| S003  | 0005 |     65.0 |
| S004  | 0006 |     80.0 |
+-------+------+----------+
16 rows in set (0.00 sec)

mysql>
```

图 6.14 删除前 stumarks 表中的数据

代码如下：

```
DELETE FROM stumarks WHERE stuno='S003';
```

执行上面删除语句后，查看 stumarks 表的数据，如图 6.15 所示，结果符合预期。

2. 删除 stucourse 表中课程号“0006”这门课的记录

分析：父表（stucourse）要删除的 0006 号课程在子表（stumarks）中有对应记录，不能被删除。

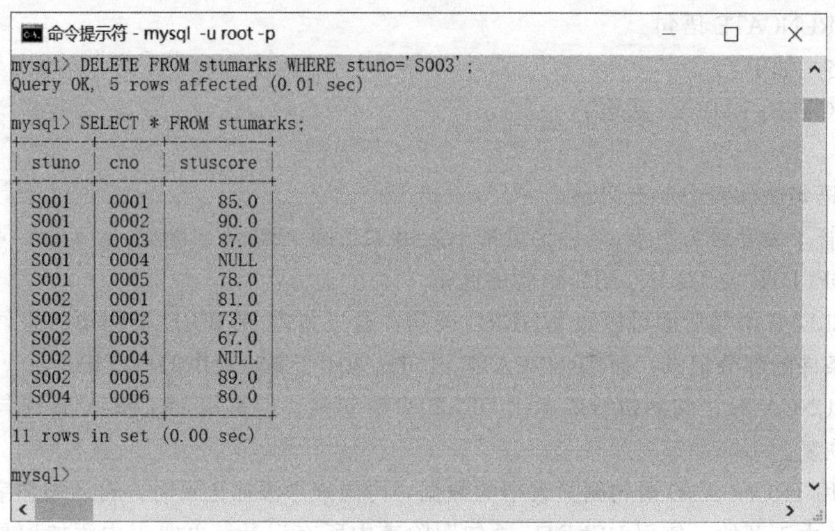

图 6.15 删除后 stumarks 表的数据

代码如下：

```
DELETE FROM stucourse
WHERE cno='0006';
```

执行上面代码，系统提示出错信息“Cannot delete or update a parent row: a foreign key constraint fails（'studb'.'stumarks', CONSTRAINT 'stumarks _ ibfk _ 2' FOREIGN KEY（'cno'）REFERENCES 'stucourse'（'cno'））”，如图 6.16 所示。

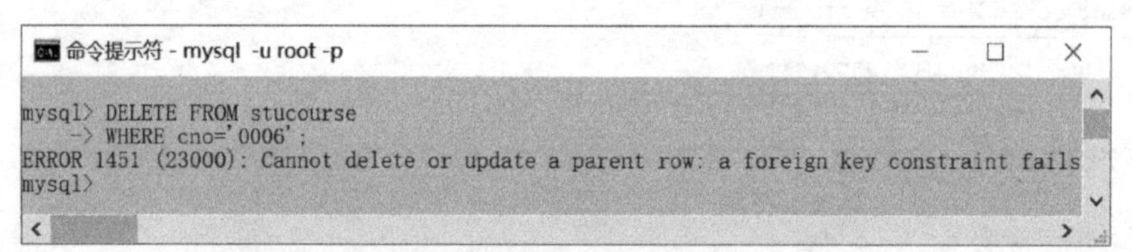

图 6.16 要删除的父表记录在子表中有对应记录

3. 删除 stumarks 表的所有记录

```
DELETE FROM stumarks;
```

执行上面语句，查看表中数据如图 6.17 所示，“Empty set”表示表中没有记录。

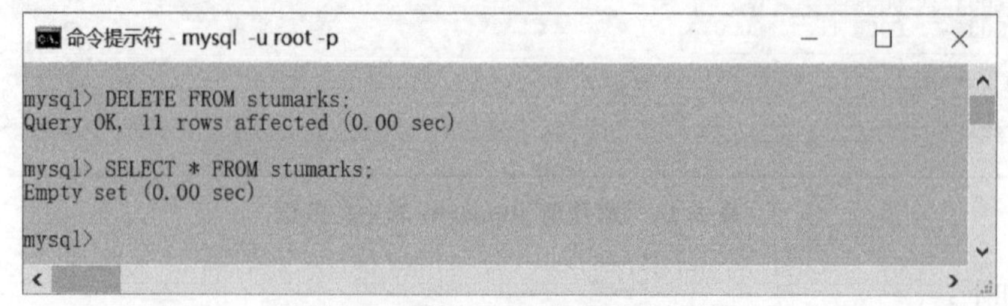

图 6.17 删除 stumarks 表的所有记录

新建一个带自增列的表 test，插入几条记录，用 DELETE 语句全删后再重新插入记录，观察记录自增列值的变化，然后用 TRUNCATE 语句删除后再重新插入记录，观察记录自增列值的变化。

创建 test 表的代码如下：

```
CREATE TABLE test
(userid   int auto_increment primary key,
  username varchar(10));
```

① DELETE 语句操作演示，如图 6.18 所示。

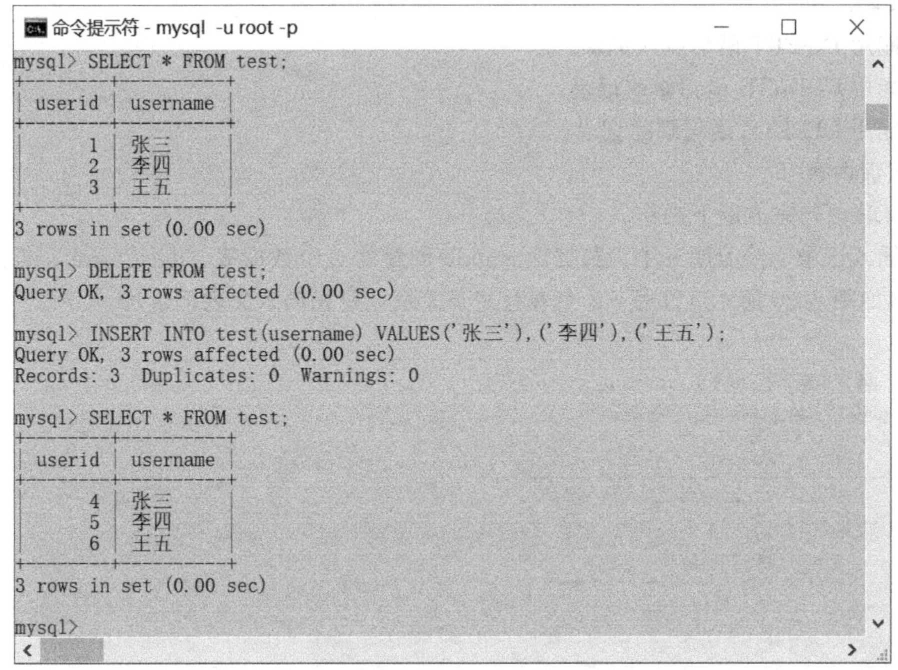

图 6.18　用 DELETE 删除，自增列的值“有记忆”

② TRUNCATE TABLE 语句操作演示，如图 6.19 所示。

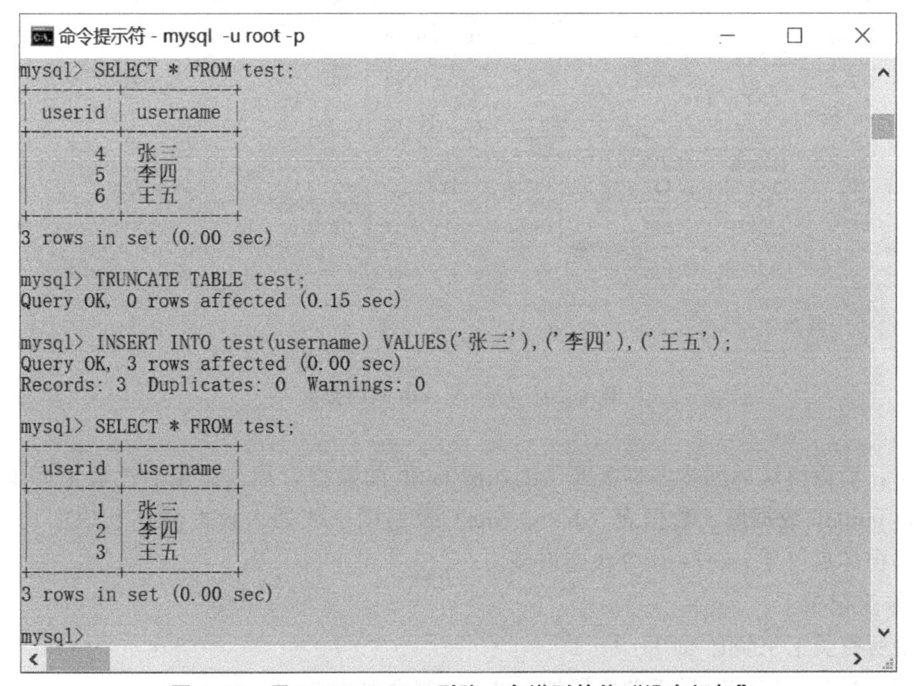

图 6.19　用 TRUNCATE 删除，自增列的值“没有记忆”

【同步实训 6】“员工管理”数据库的数据更新

1. 实训目的

① 能用 INSERT 语句插入记录。

② 能用 UPDATE 语句修改记录。

③ 能用 DELETE 语句删除记录。

2. 实训内容

用 SQL 语句完成以下操作。

① 插入记录　给习题五中为数据库 empdb 创建的 2 个数据表（dept、emp）插入记录。记录内容如图 6.20 所示（注意：2 个表有父子关系，要先插入父表记录）。

```
命令提示符 - mysql -u root -p
mysql> SELECT * FROM dept;
+--------+------------+----------+
| deptno | dname      | loc      |
+--------+------------+----------+
| 10     | ACCOUNTING | NEW YORK |
| 20     | RESEARCH   | DALLAS   |
| 30     | SALES      | CHICAGO  |
| 40     | OPERATIONS | BOSTON   |
+--------+------------+----------+
4 rows in set (0.00 sec)

mysql> SELECT * FROM emp;
+-------+--------+-----------+------+------------+---------+---------+--------+
| empno | ename  | job       | mgr  | hiredate   | sal     | comm    | deptno |
+-------+--------+-----------+------+------------+---------+---------+--------+
| 7369  | SMITH  | CLERK     | 7902 | 1980-12-17 |  800.00 |    NULL | 20     |
| 7499  | ALLEN  | SALESMAN  | 7698 | 1981-02-20 | 1600.00 |  300.00 | 30     |
| 7521  | WARD   | SALESMAN  | 7698 | 1981-02-22 | 1250.00 |  500.00 | 30     |
| 7566  | JONES  | MANAGER   | 7839 | 1981-04-02 | 2975.00 |    NULL | 20     |
| 7654  | MARTIN | SALESMAN  | 7698 | 1981-09-28 | 1250.00 | 1400.00 | 30     |
| 7698  | BLAKE  | MANAGER   | 7839 | 1981-05-01 | 2850.00 |    NULL | 30     |
| 7782  | CLARK  | MANAGER   | 7839 | 1981-06-09 | 2450.00 |    NULL | 10     |
| 7788  | SCOTT  | ANALYST   | 7566 | 1987-04-19 | 3000.00 |    NULL | 20     |
| 7839  | KING   | PRESIDENT | NULL | 1981-11-17 | 5000.00 |    NULL | 10     |
| 7844  | TURNER | SALESMAN  | 7698 | 1981-09-08 | 1500.00 |    0.00 | 30     |
| 7876  | ADAMS  | CLERK     | 7788 | 1987-05-23 | 1100.00 |    NULL | 20     |
| 7900  | JAMES  | CLERK     | 7698 | 1981-12-03 |  950.00 |    NULL | 30     |
| 7902  | FORD   | ANALYST   | 7566 | 1981-12-03 | 3000.00 |    NULL | 20     |
| 7934  | MILLER | CLERK     | 7782 | 1982-01-23 | 1300.00 |    NULL | 10     |
+-------+--------+-----------+------+------------+---------+---------+--------+
14 rows in set (0.00 sec)

mysql>
```

图 6.20　dept 与 emp 表的数据

说明：后面模块的同步实训需要用到如图 6.20 的数据，插入结束后读者最好编辑一个包含创建 empdb 数据库、数据表（dept、emp）及给两个表插入数据的一个 SQL 脚本文件，以备数据损坏后可用 source 命令快速恢复。

② 修改记录

a. 给所有员工工资加 500。

b. 把工号为“7566”员工的工资加上 200，奖金改为 2000。

③ 删除记录

a. 删除“20”部门的部门信息及该部门的所有员工信息。

b. 删除员工表及部门表的所有记录。

习题 6

1. 下列选项中，用于向表中添加记录的关键字是（　　）。

A. ALTER　　B. CREATE　　C. UPDATE　　D. INSERT

2. user 表的创建语句为：CREATE TABLE user（id INT primary key，name char（4））；向表 test 中添加 id 为 1，name 为“小王”的记录值，下列选项中，采用指定表的所有字段名的正确语句是（　　）。

A. INSERT INTO test（“id”,” name”）VALUES（1,” 小王”）；

B. INSERT INTO test VALUE（1,” 小王”）；

C. INSERT INTO test VALUES（1,’ 小王’）；

D. INSERT INTO test（id，name）VALUES（1,’ 小王’）；

3. user 表的创建语句为 CREATE TABLE user（id INT primary key，name char（4））；向表 test 中添加 id 为 1，name 为“小王”的记录值，下列选项中，采用不指定表的字段名的正确语句是（　　）。

A. INSERT INTO test（“id”，“name”）VALUES（1，“小王”）；

B. INSERT INTO test VALUE（1，“小王”）；

C. INSERT INTO test VALUES（1，‘小王’）；

D. INSERT INTO test（id，name）VALUES（1，‘小王’）；

4. 下列选项中，能够一次性向 user 表中添加三条记录的 SQL 语句是（　　）。

A. INSERT INTO user VALUES（5，‘张三’）；（6，‘李四’）；（7，‘王五’）；

B. INSERT INTO user VALUES（5，‘张三’）（6，‘李四’）（7，‘王五’）；

C. INSERT INTO user VALUES（5，‘张三’），（6，‘李四’），（7，‘王五’）；

D. INSERT INTO test VALUES（5，‘张三’）VALUES（6，‘李四’）VALUES（7，‘王五’）；

5. 下列选项中，与“INSERT INTO student SET id=5，name=‘boya’，grade=99;”功能相同的 SQL 语句是（　　）。

A. INSERT INTO student（id，name，grade）VALUES（5，‘boya’，99）；

B. INSERT INTO student VALUES（‘youjun’，5，99）；

C. INSERT INTO student（id，‘grade’,’ name’）VALUES（5，‘boya’，99）；

D. INSERT INTO student（id，grade，‘name’）VALUES（5，99，‘boya’）；

6. 下列选项中，关于向表中添加记录时不指定字段名的说法中，正确的是（　　）。

A. 值的顺序任意指定

B. 值的顺序可以调整

C. 值的顺序必须与字段在表中的顺序保持一致

D. 以上说法都不对

7. 下列选项，向表中指定字段添加值时，如果其他没有指定值的字段设置了默认值，那么这些字段添加的将是（　　）。

A. NULL　　B. 默认值

C. 添加失败，语法有误　　D. “”

8. 在执行添加数据时出现“Field ‘name’ doesn’t have a default value”错误，导致错误的原因是（　　）。

A. INSERT 语句出现了语法问题

B. name 字段没有指定默认值，且添加了 NOT NULL 或主键约束

C. name 字段指定了默认值

D. name 字段指定了默认值，且添加了 NOT NULL 约束

9. 若用如下的 SQL 语句创建了一个表 SC：

CREATE TABLE SC

(s# CHAR（6）NOT NULL，

c# CHAR（3）NOT NULL，

score INT，

note CHAR（20）

)；

向 SC 表插入如下行时，（　　）行可以被插入。

A. (‘201009’，‘111’，60，必修)

B. (‘200823’，‘101’，NULL，NULL)

C. (NULL，‘103’，80，‘选修’)

D. (‘201132’，NULL，86，‘选修’)

10. 下列选项中，用于更新表中记录的关键字是（　　）。

A. ALTER　　B. CREATE　　C. UPDATE　　D. DROP

11. 下列选项中，关于 UPDATE 语句的描述，正确的是（　　）。

A. UPDATE 只能更新表中的部分记录

B. UPDATE 只能更新表中的全部记录

C. UPDATE 语句更新数据时可以有条件的更新记录

D. 以上说法都不对

12. 下列更新的 SQL 语句中，语法正确的是（　　）。

A. update user set id＝u001 ；

B. update user（id，username）values（‘u001’，‘jack’）；

C. update user set id＝ ‘u001’，username＝ ‘jack’；

D. update into user set id＝ ‘u001’，username＝ ‘jack’；

13. 下列选项中，用于将表 student 中字段 grade 值更新为 80 的 SQL 语句是（　　）。

A. ALTER TABLE student set grade＝80；

B. ALTER student set grade＝80 ；

C. UPDATE student set grade＝80 where grade<80；

D. UPDATE student set grade＝80；

14. 更新表 student 中字段 grade 的值，使其在原来基础上加 20 分但不能超出 100 的限制，

能够完成上述要求的 SQL 语句是（ ）。

A. ALTER TABLE student set grade=grade+20；

B. UPDATE student set grade=grade+20 where grade<=80；UPDATE student set grade=100；

C. UPDATE student set grade=grade+20 ；UPDATE student set grade=100 where grade >100；

D. UPDATE student set grade=grade+20；UPDATE student set grade=100；

15. 更新 student 表 id=1 的记录，name 值更新为“youjun”，grade 值更新为 98.5，下列选项中，能够完成上述功能的 SQL 语句是（ ）。

A. UPDATE student set name= ‘youjun’ grade=98.5 where id=1；

B. UPDATE student set name= ‘youjun’, grade=98.5 where id=1；

C. UPDATE FROM student set name= ‘youjun’ , grade=98.5 where id=1；

D. UPDATE student Values name= ‘youjun’ grade=98.5 where id=1；

16. 语句“UPDATE student set name= ‘youjun’, grade=98.5;”的运行结果是（ ）。

A. 更新 student 表中第一条记录

B. 出现语法错误

C. 更新 student 表中最后一条记录

D. 更新 student 表中每一条记录

17. 设关系数据库中一个表 S 的结构为 S（SN，CN，grade），其中 SN 为学生名，CN 为课程名，二者均为字符型；grade 为成绩，数值型，取值范围 0～100。若要更正王二的化学成绩为 85 分，则可用（ ）。

A. UPDATE S SET grade=85
   WHERE SN= ‘王二’ AND CN= ‘化学’

B. UPDATE S SET grade= ‘85’
   WHERE SN= ‘王二’ AND CN= ‘化学’

C. UPDATE grade=85
   WHERE SN= ‘王二’ AND CN= ‘化学’

D. UPDATE grade= ‘85’
   WHERE SN= ‘王二’ AND CN= ‘化学’

18. 下列选项中，用于删除表中数据的关键字是（ ）。

A. ALTER　　B. DROP　　C. UPDATE　　D. DELETE

19. 下列选项中，用于删除表中记录的语法格式，正确的是（ ）。

A. DELETE 表名 [WHERE 条件表达式]；

B. DELETE FROM 表名 [WHERE 条件表达式]；

C. DROP 表名 [WHERE 条件表达式]；

D. DELETE INTO 表名 [WHERE 条件表达式]；

20. 下面关于 DELETE 语句的描述，正确的是（ ）。

A. 只能删除部分记录　　B. 只能删除全部记录

C. 可以有条件地删除部分或全部记录　　D. 以上说法都不对

模块7　单表简单数据查询

【模块描述】

本模块将对“学生成绩管理”数据库（stuDB）的数据表做简单查询操作，这里的“简单”指的是单表查询，即查询的数据项在一个表中，如果要筛选行，筛选的条件也是同一个表中。

本模块分为三个任务完成：单表无条件查询、单表有条件查询和单表统计查询。

【学习目标】

1. 识记 SELECT 语句各个子句的语法及用途。
2. 能对单表进行无条件查询、有条件查询及统计查询。
3. 能对查询结果进行排序，限制查询返回行的数量。

任务 7.1　单表无条件查询

【任务描述】

本节使用 SELECT 语句对“学生成绩管理”数据库（stuDB）的数据表做单表无条件查询操作。每次查询只涉及一个表的数据项，而且不筛选行，可以对查询结果按需要进行排序，可以限制查询返回行的数量。

具体任务如下：

① 查询所有学生的基本信息。

② 查询所有学生的学号和姓名。

③ 查询至少选修了一门课程的学生的学号（要求查询结果去掉重复行）。

④ 查询选课成绩表中所有的学号及成绩加 5 分后的结果，要求结果列名用中文别名（分别为学号、成绩）显示。

⑤ 查询所有学生的选课信息，要求先按课程号升序排列，课程号相同的按成绩降序

排列。

⑥ 查询年龄最小的两名学生的学号、姓名及出生日期。

【相关知识】

SELECT 语句可由多个子句构成，本节实施单表无条件查询任务会用到 SELECT 语句的四个子句，语法格式如下：

```
SELECT [ALL|DISTINCT]表达式列表
FROM 表名
[ORDER BY 表达式列表[ASC|DESC]]
[LIMIT [起始记录,]返回的行数];
```

从上面语法可以看出，查询语句必须有 SELECT 以及 FROM 子句，其他子句都是可选的，下面对每个子句的作用及语法作详细介绍。

① SELECT 子句用于选择要查找的数据项（表达式）。

说明：

- 多个表达式之间用逗号隔开。表达式可以是常量、字段、函数或者是它们加上运算符构成的式子。
- 如果是查找表中的所有字段,表达式列表可以用“*”表示。
- 表达式可以用别名,使用别名一般有如下两种格式：

  表达式　别名；

  表达式 AS 别名。

别名可用引号定界或不定界,当别名中含有空格等特殊字符时,一定要定界。

- ALL 是默认选项,表示输出查询结果的所有行,包括重复行。
- DISTINCT 表示要去掉查询结果中的重复行。

② FROM 子句用于选择查询的数据表。

③ ORER BY 子句用于对查询结果排序。

说明：

- ASC 表示升序,DESC 表示降序,ASC 是默认选项。
- 升序排列时空值排在前面,降序排列时空值排在后面。

④ LIMIT 子句用于限制返回行的数量。

说明：

- 该子句后面可以跟两个参数,第一个参数表示起始记录,此参数如果省略表示从第一行开始返回(行号从 0 开始计数),第二个参数表示返回的行数。

最后要强调的是:每个子句的顺序都不能随意交换。

【任务实施】

1. 查询所有学生的基本信息

分析：此题不要求筛选字段，可以用“*”表示所有字段，代码如下：

```
SELECT *
FROM stuinfo;
```

执行上面代码，查询结果如图 7.1 所示。

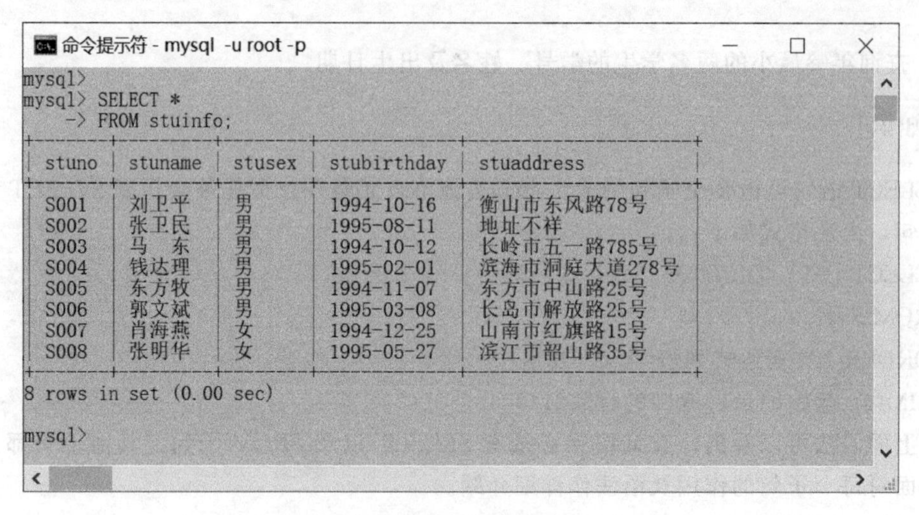

图 7.1 查询所有学生的基本信息

2. 查询所有学生的学号和姓名

分析：此题查询要用 SELECT 子句选择学号和姓名两个字段，代码如下：

```
SELECT stuno,stuname
FROM stuinfo;
```

执行上面代码，查询结果如图 7.2 所示。

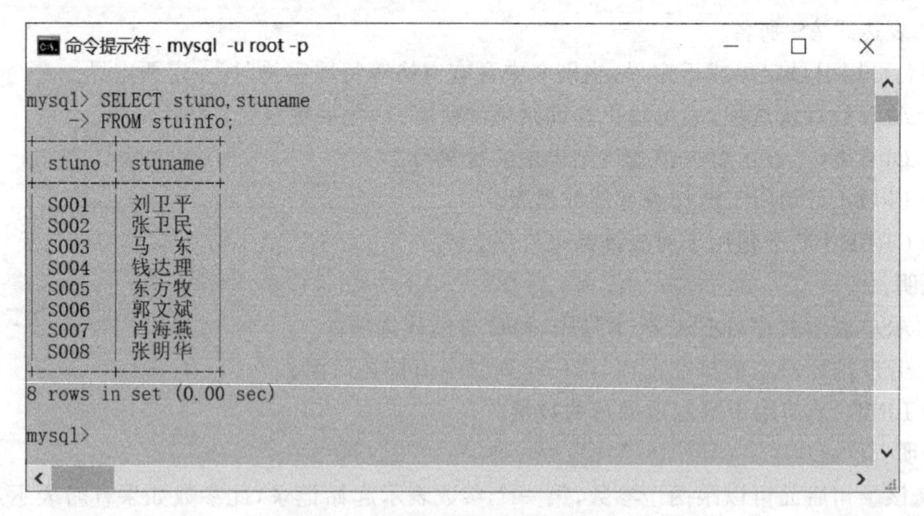

图 7.2 查询所有学生的学号和姓名

3. 查询至少选修了一门课程的学生的学号（要求去掉重复行）

分析：学生选课信息在选课成绩表（stumarks），该表数据如图 6.12 所示，查询至少选修了一门课的学生的学号也就是查询出现在 stumarks 中的学号。

代码如下：

```
SELECT stuno
FROM stumarks;
```

执行上面代码，结果如图 7.3 所示，结果中有很多重复学号（重复行）。因为一个学生可以选修多门课，因此一个学号可能在该表中出现 N 次，表示该生选修了 N 门课。很明显此题要查的是所有不同的学号，要去掉重复的学号。

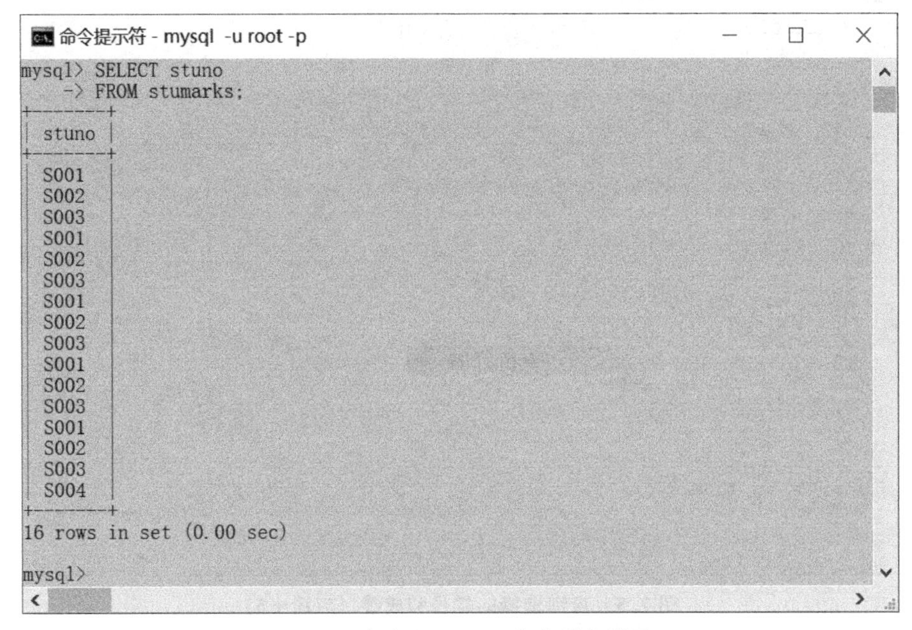

图 7.3　查询 stumarks 表中所有学号

在 SELECT 后面用 DISTINCT 选项可以去掉重复行。

```
SELECT DISTINCT stuno
FROM stumarks;
```

执行上面代码，查询结果如图 7.4 所示。

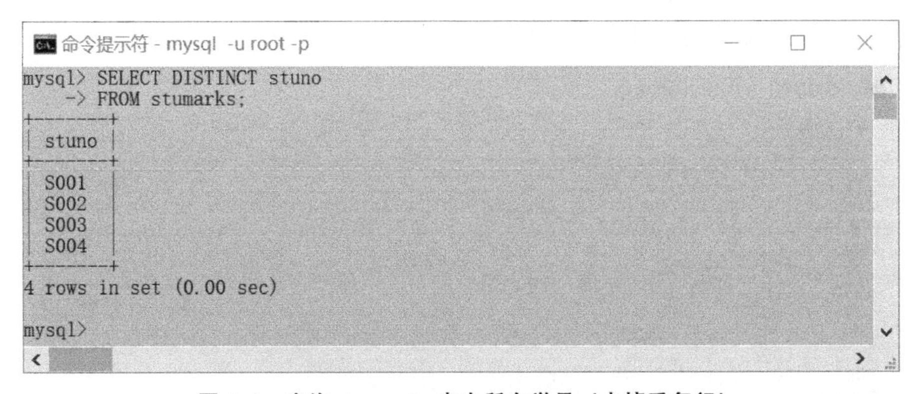

图 7.4　查询 stumarks 表中所有学号（去掉重复行）

4. 查询选课表中所有的学号及成绩加 5 分后的结果，结果列名用中文别名（分别为学号、成绩）显示

分析：此题要求给列起别名，下面代码中给出了起别名的两种格式：

```
SELECT stuno '学号',stuscore+5 AS '成绩'
FROM stumarks;
```

执行上面代码，查询结果如图 7.5 所示。

要注意的是：对表的任何查询不会改变表中数据。此题是把表中成绩取出来加 5 分显示而已，不是确实把表中成绩加了 5 分。

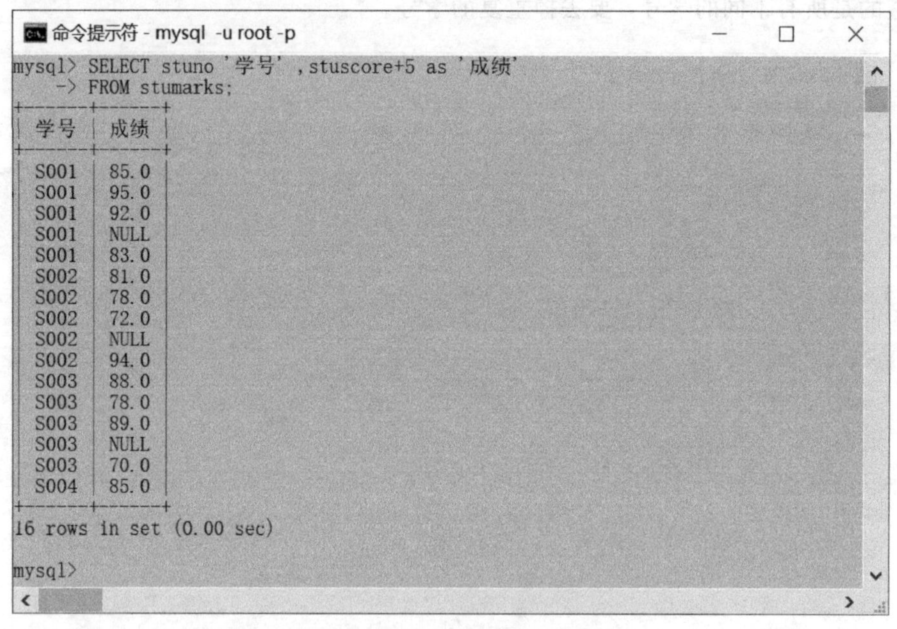
命令提示符 - mysql -u root -p

```
mysql> SELECT stuno '学号' ,stuscore+5 as '成绩'
    -> FROM stumarks;
```

学号	成绩
S001	85.0
S001	95.0
S001	92.0
S001	NULL
S001	83.0
S002	81.0
S002	78.0
S002	72.0
S002	NULL
S002	94.0
S003	88.0
S003	78.0
S003	89.0
S003	NULL
S003	70.0
S004	85.0

16 rows in set (0.00 sec)

mysql>

图 7.5　查询选修的学号和成绩（成绩+5）

5. 查询所有学生的选课信息，要求先按课程号升序排列，课程号相同的按成绩降序排列

分析：排序用 ORDER BY 子句，多个排序表达式间用逗号分隔，降序关键字 DESC。

```
SELECT *
FROM stumarks
ORDER BY cno,stuscore DESC;
```

执行上面代码，查询结果如图 7.6 所示。

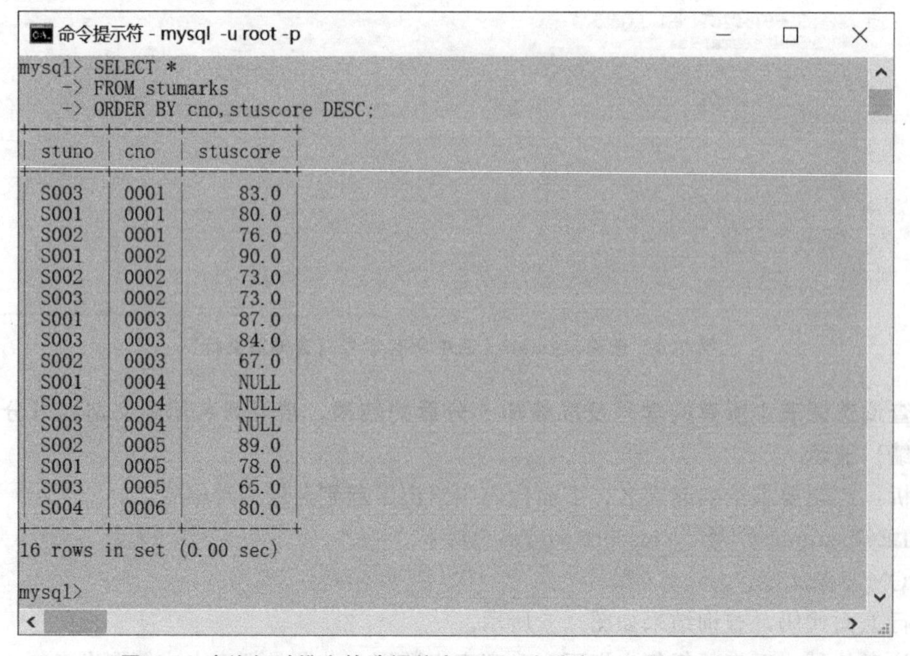
命令提示符 - mysql -u root -p

```
mysql> SELECT *
    -> FROM stumarks
    -> ORDER BY cno, stuscore DESC;
```

stuno	cno	stuscore
S003	0001	83.0
S001	0001	80.0
S002	0001	76.0
S001	0002	90.0
S002	0002	73.0
S003	0002	73.0
S001	0003	87.0
S003	0003	84.0
S002	0003	67.0
S001	0004	NULL
S002	0004	NULL
S003	0004	NULL
S002	0005	89.0
S001	0005	78.0
S003	0005	65.0
S004	0006	80.0

16 rows in set (0.00 sec)

mysql>

图 7.6　查询经过排序的选课信息（cno 为升序，stuscore 为降序）

6. 查询年龄最小的两名学生的学号、姓名及出生日期

分析：年龄越小的，出生日期越大，所以要把查询结果按出生日期降序排列，把最小的两个学生排在前面，再用 LIMIT 子句限制返回前两行。

```
SELECT stuno,stuname,stubirthday
FROM stuinfo
ORDER BY stubirthday DESC
LIMIT 2;
```

执行上面代码，查询结果如图 7.7 所示。

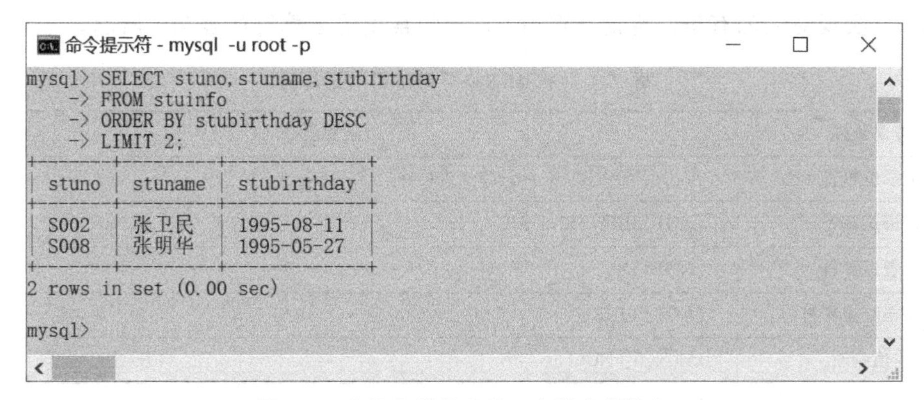

图 7.7　查询年龄最小的两名学生的信息

任务 7.2　单表有条件查询

【任务描述】

在实际应用中，查询不仅需要筛选数据表的列，还经常需要对行（记录）也进行筛选，比如要查询所有女生的信息。

本任务使用 SELECT 语句对“学生成绩管理”数据库（stuDB）的数据表做单表有条件查询操作，就是在单表无条件查询的基础上增加了对数据表记录的有条件筛选操作。

具体任务如下：

① 查询成绩介于 80～90 之间的所有选课记录。

② 查询“S001”“S003”和“S005”这三个学生的基本信息。

③ 查询所有姓“张”的学生的基本信息。

④ 查询名字中包括“东”字的所有学生的学号及姓名。

⑤ 查询成绩为空值的选课记录，结果按学号升序输出。

⑥ 查询“S001”和“S003”这两个学生选修“0002”这门课的选课记录。

【相关知识】

本节单表有条件查询要用到查询的五个子句，语法格式如下：

```
SELECT [ALL|DISTINCT]表达式列表
FROM ＜基本表名＞
[WHERE ＜查询条件＞]
[ORDER BY[ASC|DESC]]
[LIMIT [起始记录,]显示的行数]
```

除了 WHERE 子句，另外四个子句的作用已经在前面单表无条件查询中做了详细讲解，在此不再赘述。

SELECT 子句用于筛选列，WHERE 子句则用于筛选行，把满足查询条件的那些记录给筛选出来，实现对表的有条件查询。WHERE 子句常用的运算符如表 7.1 所示。

表 7.1　WHERE 子句常用的运算符

查询条件	运算符
关系运算符	＝、＞、＞＝、＜、＜＝、＜＞（或！＝）
范围运算符	[NOT]BETWEEN…AND
列表运算符	[NOT] IN
模式匹配运算符	[NOT] LIKE
空值判断	IS [NOT] NULL
逻辑运算符	NOT、AND、OR

（1）关系运算符

关系运算符又叫比较运算符，用于比较两个表达式的值，使用关系运算符来限定查询条件，其语法格式如下：

```
WHERE 表达式 1 关系运算符 表达式 2
```

（2）范围运算符

在 WHERE 子句中可以使用 BETWEE…AND 关键字查找介于某个范围内的数据，还可以在前面加上 NOT 关键字表示查找不在某个范围内的数据，其语法格式如下：

```
WHERE 表达式[NOT]BETWEEN 初始值 AND 终止值
```

上面条件子句等价于：

```
WHERE[NOT](表达式〉=初始值 AND 表达式〈=终止值)
```

（3）列表运算符

在 WHERE 子句中可以使用 IN 关键字指定一个值表，值表中列出所有可能的值，当要判断的表达式与值表中的任一个值匹配时，结果返回 TRUE，否则为 FALSE。可以在 IN 前面加上 NOT 关键字，表示当要判断的表达式不与值表中的任一个值匹配时，结果返回 TRUE，否则为 FALSE。语法格式如下：

```
WHERE 表达式 [NOT] IN(值 1,值 2,…值 n)
```

（4）模式匹配运算符

在 WHERE 子句中使用运算符 LIKE 或 NOT LIKE 可以实现对字符串的模糊查找，其语法格式如下：

```
WHERE 字段名 [NOT] LIKE'字符串'[ESCAPE'转义字符']
```

其中，'字符串'表示要进行比较的字符串，在 WHERE 子句中使用通配符实现对字符串的模糊匹配，各通配符及其含义如表 7.2 所示。

表 7.2 通配符及说明

通配符	含义	举例
%	代表 0 个或多个任意字符	W%:表示查找以 W 开头的任意字符串 %W:表示查找以 W 结尾的任意字符串 %W%:表示查找包含了字符 W 的任意字符串
_(下画线)	代表 1 个任意字符	_M:表示查找以任意一个字符开头,以 M 结尾的字符串 M_:表示查找以 M 开头,以任意一个字符结尾的字符串

ESCAPE‘转义字符’的作用是当用户要查询的字符串本身含有通配符时，可以使用该选项对通配符进行转义。

(5) 空值判断

在 WHERE 子句中当要判断某个字段的值是否为空值时，需要使用 IS NULL 或 IS NOT NULL 关键字，语法格式如下：

```
WHERE 字段名 IS [NOT] NULL
```

初学者很容易把判断字段是否为空值写成：字段名=NULL，这是错误的表达方式，只有在 UPDATE 语句中把字段值更新为 NULL 时才这么写。还需注意不要把“IS NOT NULL”写成“NOT IS NULL”。

(6) 逻辑运算符

逻辑运算符可以将多个查询条件连接起来组成更为复杂的查询条件。WHERE 子句可以使用的逻辑运算符有 NOT、AND 和 OR，语法格式如下：

```
WHERE NOT 逻辑表达式 | 逻辑表达式 1 {AND|OR} 逻辑表达式 2
```

要注意的是：逻辑运算符的运算对象是逻辑表达式。

【任务实施】

1. 查询成绩介于 80～90 之间的所有选课记录

分析：此题要求筛选出成绩介于 80～90 之间的选课记录，可以用 BETWEEN…AND 范围运算符。代码如下：

```
SELECT *
FROM stumarks
WHERE stuscore BETWEEN 80 AND 90;
```

上面 WHERE 子句中的条件表达式等价于 stuscore>=80 AND stuscore<=90

执行上面代码，查询结果如图 7.8 所示。

2. 查询“S001”“S003”和“S005”这三个学生的基本信息

分析：此题筛选条件是只要学号等于“S001”“S003”和“S005”其中之一即可，可以用逻辑运算符 OR，用列表运算符 IN 是最简单的，代码如下：

```
SELECT *
FROM stuinfo
WHERE stuno IN('S001','S003','S005');
```

执行上面代码，查询结果如图 7.9 所示。

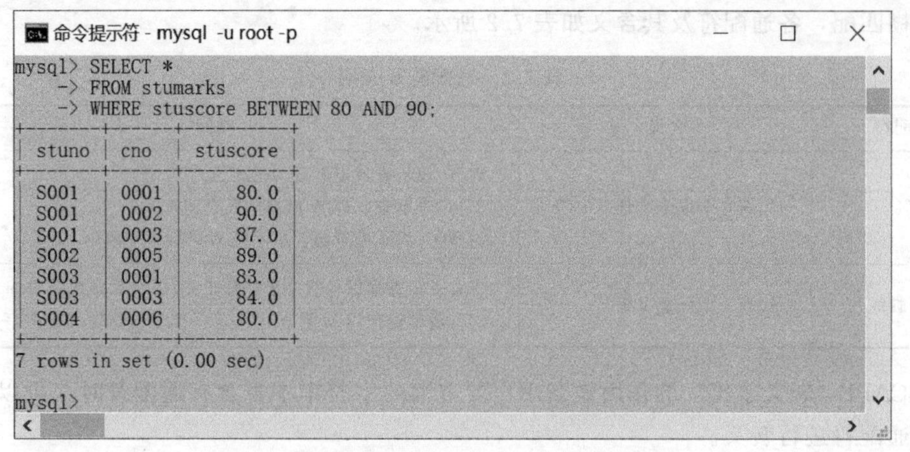

图 7.8　查询成绩介于 80～90 之间的选课记录

```
命令提示符 - mysql -u root -p
mysql> SELECT *
    -> FROM stuinfo
    -> WHERE stuno IN('S001','S003','S005');
+-------+---------+--------+-------------+------------------+
| stuno | stuname | stusex | stubirthday | stuaddress       |
+-------+---------+--------+-------------+------------------+
| S001  | 刘卫平  | 男     | 1994-10-16  | 衡山市东风路78号 |
| S003  | 马  东  | 男     | 1994-10-12  | 长岭市五一路785号|
| S005  | 东方牧  | 男     | 1994-11-07  | 东方市中山路25号 |
+-------+---------+--------+-------------+------------------+
3 rows in set (0.00 sec)

mysql>
```

图 7.9　查询“S001”“S003”和“S005”这三个学生的基本信息

3. 查询所有姓“张”的学生的基本信息

分析：此题要用字符串模糊匹配运算符 LIKE，名字姓“张”说明“张”在最前，后面可以有 0～N 个任意字符。代码如下：

```
SELECT *
FROM stuinfo
WHERE stuname LIKE '张%';
```

执行上面代码，查询结果如图 7.10 所示。

```
命令提示符 - mysql -u root -p
mysql> SELECT *
    -> FROM stuinfo
    -> WHERE stuname LIKE '张%';
+-------+---------+--------+-------------+------------------+
| stuno | stuname | stusex | stubirthday | stuaddress       |
+-------+---------+--------+-------------+------------------+
| S002  | 张卫民  | 男     | 1995-08-11  | 地址不祥         |
| S008  | 张明华  | 女     | 1995-05-27  | 滨江市韶山路35号 |
+-------+---------+--------+-------------+------------------+
2 rows in set (0.00 sec)

mysql>
```

图 7.10　查询所有姓“张”学生的基本信息

4. 查询名字中带“东”字的所有学生的学号及姓名

分析：此题要用字符模糊匹配运算符 LIKE，名字中包含“东”字说明这个字前后都可以有 0～N 个任意字符。代码如下：

```
SELECTstuno,stuname
FROM stuinfo
WHERE stuname LIKE '%东%';
```

执行上面代码，查询结果如图 7.11 所示。

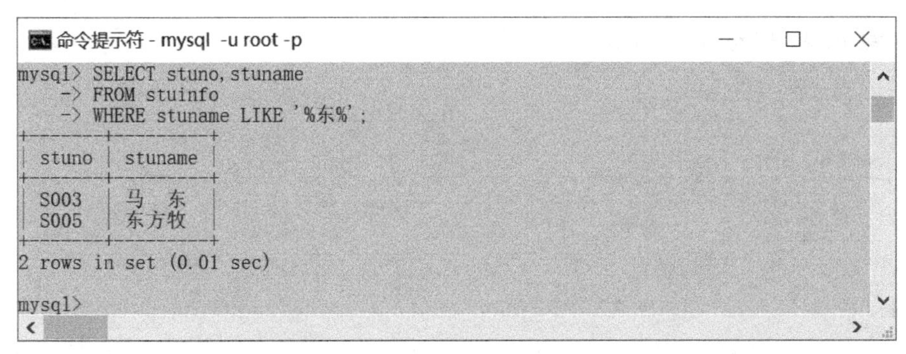

图 7.11　查询名字中带“东”字的所有学生的学号和姓名

5. 查询成绩为空值的选课记录，结果按学号升序输出

分析：此题要用 IS NULL 进行空值判断，最后用 ORDER BY 子句对查询结果排序。

代码如下：

```
SELECT *
FROM stumarks
WHERE stuscore IS NULL
ORDER BY stuno;
```

执行上面代码，查询结果如图 7.12 所示。

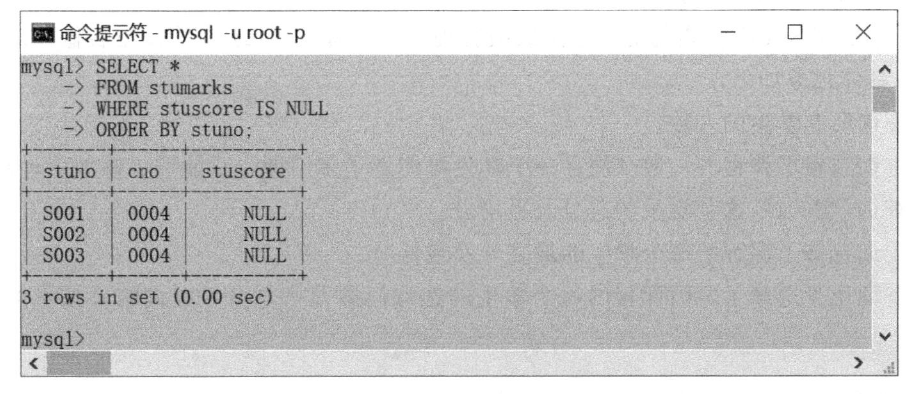

图 7.12　查询成绩为空值的选课记录（sno 为升序）

6. 查询“S001”和“S003”这两个学生选修“0002”这门课的选课记录

分析：此题筛选记录的条件有两个：一个是学号（“S001”或“S003”），一个是课程号（“0002”），这两个条件要同时满足，所以要用逻辑运算符 AND 连接，为了提高代码可读性，最好把每个条件用括号括起来。

注意：初学者很容易把“S001”和“S003”这个条件中的“和”直接翻译为代码“AND”，这个逻辑是不对的，这里明显是指两个学号都可以的意思，不是指学号既等于“S001”又等于“S003”。

```
SELECT *
FROM stumarks
WHERE(stuno IN('S001','S003'))AND(cno='0002');
```

执行上面代码，查询结果如图 7.13 所示。

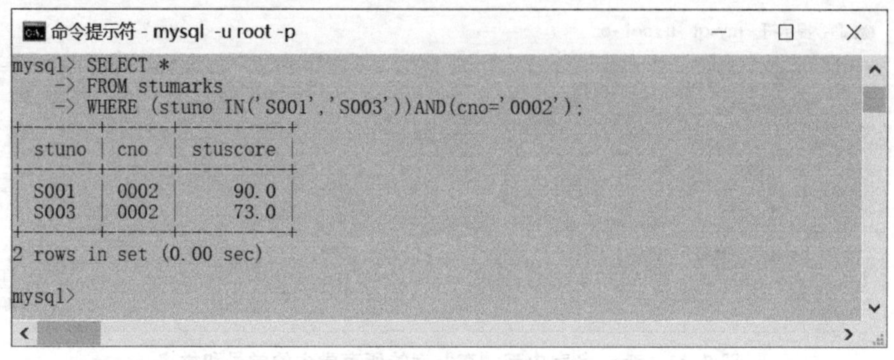

图 7.13　查询“S001”和“S003”这两个学生选修“0002”这门课的记录

任务 7.3　单表统计查询

【任务描述】

在实际应用中，很多时候查询数据不仅仅是筛选数据表的行或列，还需要通过查询得到一些统计结果，比如一共有多少个学生，每个学生的平均成绩等。

本任务使用 SELECT 语句对“学生成绩管理”数据库（stuDB）的数据表做单表统计查询操作，具体任务如下：

① 查询所有学生的人数。

② 查询选修了课程的人数（注：一个学生可能选了多门课，只能按 1 参加统计）。

③ 查询“S001”这个学生的总分及平均分。

④ 查询选修了课程的每个学生的最高分及最低分。

⑤ 查询至少选修了两门课程的每个学生的选课门数及平均分，查询结果按平均分降序排列。

【相关知识】

经过前面两个任务的学习，掌握了查询的 SELECT、FROM、WHERE、ORDER BY 和 LIMIT 这五个子句。

本任务进行统计查询，还要用到常用聚合函数以及两个子句，即 GROUP BY 子句和 HAVING 子句，语法格式如下：

```
SELECT [ALL|DISTINCT]表达式列表
FROM ＜基本表名＞
[WHERE ＜行筛选条件＞]
[GROUPBY 分组列名表
[HAVING 组筛选条件]]
[ORDER BY ＜排序列名表＞ [ASC|DESC]];
[LIMIT [起始记录,]显示的行数]
```

（1）常用聚合函数

常用的统计查询有计数、求和、求平均、求最大值和求最小值等。MySQL 提供了常用的统计函数，也称为聚合函数，它们的含义如表 7.3 所示。

表 7.3　MySQL 常用聚合函数

函数名	具体含义
COUNT	统计元组个数或一列中值的个数
SUM	计算一列值的总和
AVG	计算一列值的平均值
MAX	求一列值中的最大值
MIN	求一列值中的最小值

聚合函数使用语法格式如下：

函数名([ALL|DISTINCT]列名表达式|*)

说明：

- 其中,ALL 是默认选项,表示取列名表达式所有的值进行统计,DISTINCT 表示统计时去掉列名表达式的重复值。*表示记录,如:COUNT(*)表示统计有多少行。
- 数据项为 NULL 时是不纳入统计的。

（2）GROUP BY 子句

GROUP BY 子句的作用相当于 EXCEL 的分类汇总。根据某一列或多列的值对数据表的行进行分组统计，在这些列上对应值都相同的行分在同一组。

说明：

- 使用 GROUP BY 子句是分小组统计数据,在 SELECT 语句的输出列中,只能包含两种目标列表达式,要么是聚合函数,要么是出现在 GROUP BY 子句中的分组字段。
- 如果分组字段的值有 NULL,NULL 将不会被忽略掉,会进行单独的分组。

（3）HAVING 子句

HAVING 子句用于筛选分组。查询的时候只有用到 GROUP BY 子句进行分组，才有可能会用到 HAVING 子句把满足条件的组筛选出来。

【任务实施】

1. 查询所有学生的人数

分析：统计学生人数就是统计学生基本信息表（stuinfo）有多少条记录，或者统计有多少个学号等。代码如下：

```
SELECT COUNT(*)学生人数
FROM stuinfo;
```

执行上面代码，查询结果如图 7.14 所示。

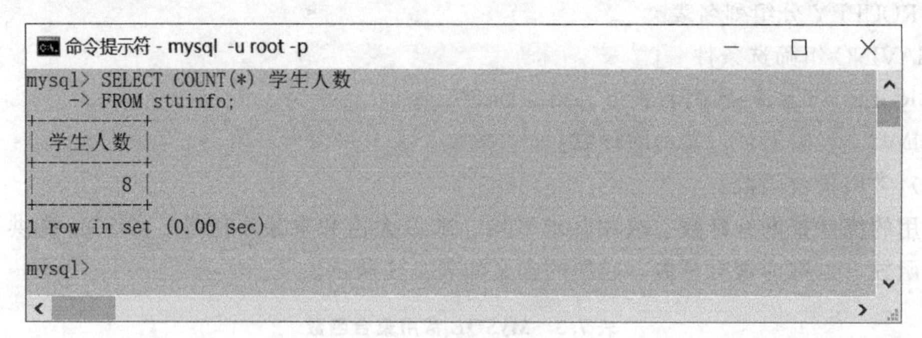

图 7.14 查询学生人数

2. 查询选修了课程的人数（注意：一个学生可能选了多门课）

分析：要统计选修了课程的人数，就是要对 stumarks 表中的不同学号进行计数，计数用 COUNT 函数，因为一个学生可能选了多门课，学号有重复，所以在计数前要先用 DISTINCT 去掉重复的学号。代码如下：

```
SELECT COUNT(DISTINCT stuno)AS 选课人数
FROM stumarks;
```

执行上面代码，查询结果如图 7.15 所示。

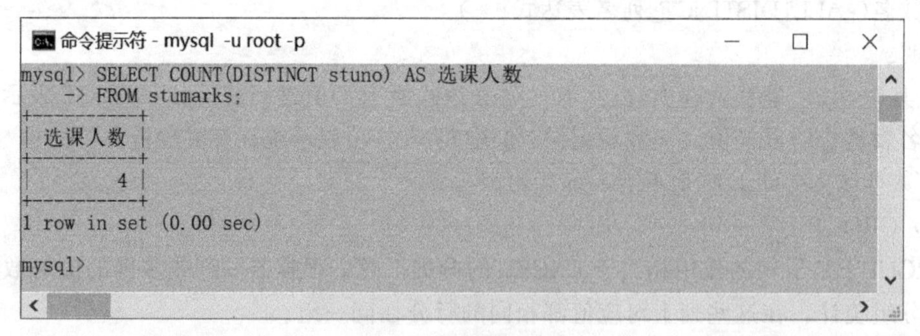

图 7.15 查询选课人数

3. 查询“S001”这个学生的总分及平均分

分析：统计总分要用 SUM 函数，平均分要用 AVG 函数，只统计“S001”这个学生的成绩，用 WHERE 子句筛选参与统计的记录。代码如下：

```
SELECT SUM(stuscore)AS 总分,AVG(stuscore)AS 平均分
FROM stumarks
WHERE stuno='S001';
```

执行上面代码，查询结果如图 7.16 所示。

4. 查询选修了课程的每个学生的最高分及最低分

分析：此题需要用 GROUP BY 把记录按学号分组（不同学生通过学号区分，把学号相同的记录分在一组），这样 SELECT 子句中的聚合函数就会按小组进行统计最高分及最低分。

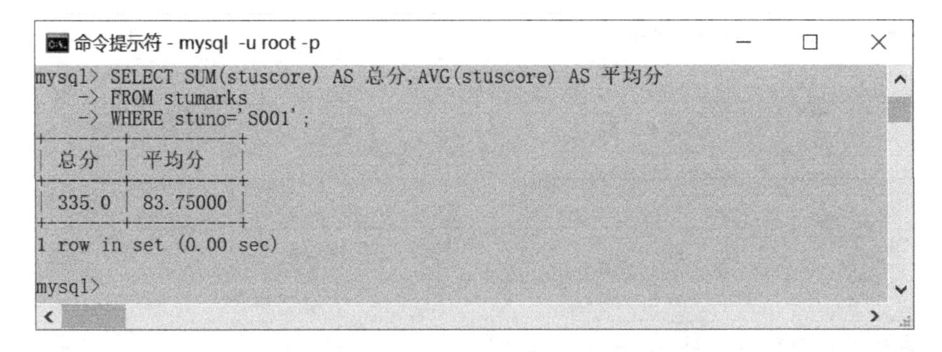

图 7.16 查询"S001"学生的总分及平均分

```
SELECT stuno,MAX(stuscore)AS 最高分,MIN(stuscore)AS 最低分
FROM stumarks
GROUP BY stuno;
```

执行上面代码，查询结果如图 7.17 所示。

```
命令提示符 - mysql -u root -p
mysql> SELECT stuno,MAX(stuscore) AS 最高分,MIN(stuscore) AS 最低分
    -> FROM stumarks
    -> GROUP BY stuno;
+-------+--------+--------+
| stuno | 最高分 | 最低分 |
+-------+--------+--------+
| S001  |   90.0 |   78.0 |
| S002  |   89.0 |   67.0 |
| S003  |   84.0 |   65.0 |
| S004  |   80.0 |   80.0 |
+-------+--------+--------+
4 rows in set (0.00 sec)

mysql>
```

图 7.17 查询选修了课程的每个学生的最高分及最低分

5. 查询至少选修了两门课程的每个学生的选课门数及平均分，查询结果按平均分降序排列

分析：先用 GROUP BY 按学号分组，然后再用 HAVING 子句筛选出满足"至少选修了两门课程"这个条件的小组，最后查询结果用 ORDER BY 排序输出。ORDER BY 子句后面的表达式可以用别名。

```
SELECT stuno,COUNT(cno)AS 选课门数,AVG(stuscore)AS 平均分
FROM stumarks
GROUP BY stuno
HAVING COUNT(cno)>=2
ORDER BY 平均分 DESC;
```

上面 ORDER BY 子句后面的"平均分"还可以用"3"代替，表示 SELECT 子句后面的第 3 个表达式。

执行上面代码，查询结果如图 7.18 所示。

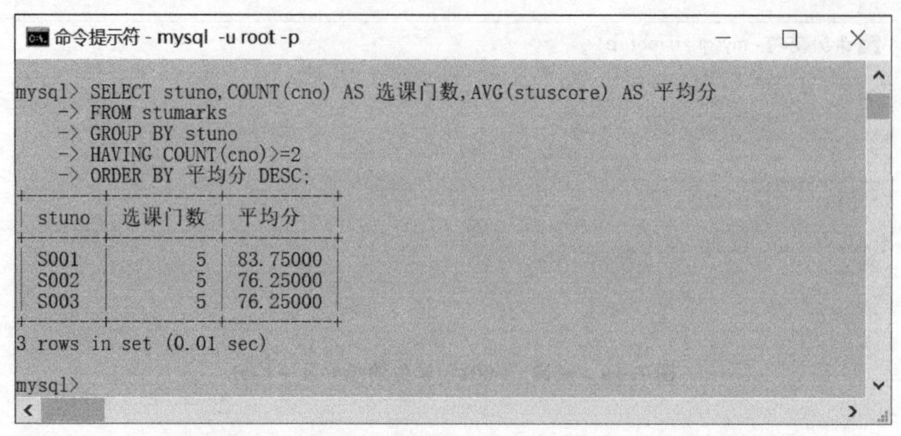

图 7.18 查询至少选修了两门课程的每个学生的选课门数及平均分（平均分为降序）

【同步实训 7】“员工管理”数据库的简单数据查询

1. 实训目的

① 能对单表进行无条件查询、有条件查询及统计查询。

② 能对查询结果进行排序。

③ 能限制查询返回行的数量。

2. 实训内容

上机完成以下基于“员工管理数据库”（empDB）的两个数据表（dept、emp）的简单查询操作。

① 单表无条件查询

a. 查询所有部门的基本信息。

b. 查询所有员工的姓名及工资。

c. 查询所有员工的员工号及 1.2 倍工资，要求列名用中文别名，分别为：工号、姓名、工资。

d. 查询至少有一个员工的部门编号（要求去掉重复行）。

e. 查询所有的职位（要求去掉重复行）。

f. 查询工资最高的员工的工号、姓名及工资。

g. 查询入职时间最长的两名员工的工号、姓名及入职日期。

② 单表有条件查询

a. 查询部门“30”中所有员工的信息。

b. 查询职位为“MANAGER”或“PRESIDENT”的员工的工号、姓名及职位。

c. 查询每个员工的工号以及奖金和工资的总和（注：奖金为空值用 0 计算）。

注意：此题会用到 IFNULL 函数。

语法：IFNULL（expr1，expr2）。

功能：假如 expr1 不为 NULL，则 IFNULL（）的返回值为 expr1；否则其返回值为 expr2。

d. 查询工资介于 1500～2500 之间的所有员工的工号、姓名及工资。

e. 查询部门“10”中的经理（MANAGER）和部门“20”中的普通员工（CLERK）。

f. 查询部门“10”中既不是经理也不是普通员工，而且工资大于等于 2000 的员工信息。

g. 查询奖金为空值的员工的工号、职位、工资及奖金，结果按工资升序排列。

h. 查询没有奖金或者奖金低于 500 的员工信息（“没有奖金”指奖金为空值或等于 0，可用 IFNULL 函数简化表达式）。

③ 单表统计查询

a. 查询员工数量。

b. 查询至少有一个员工的部门数量。

c. 查询所有员工中的最高工资和最低工资。

d. 查询“20”部门的最高工资和最低工资。

e. 查询各部门的工资总额及平均工资。

f. 查询平均工资大于 2000 的各部门的平均工资，并按平均工资降序输出。

g. 查询平均工资最高的部门的部门编号及平均工资。

h. 查询各职位的最低工资及最高工资。

习题 7

一、单选题（单表无条件查询：1～8 题，单表有条件查询：18～41 题，单表统计查询：42～45 题）

1. 下列选项中，能够实现查询表中记录的关键字是（　　）。

A. DROP　　B. SELECT　　C. UPDATE　　D. DELETE

2. 在 SELECT 语句中进行指定字段查询时，字段与字段之间使用的分隔符是（　　）。

A. 分号　　B. 逗号　　C. 空格　　D. 回车

3. LIMIT 关键字的第一个参数的默认值是（　　）。

A. 0　　B. 1　　C. NULL　　D. 多条

4. SELECT 语句中，用于限制查询结果数量的关键字是（　　）。

A. SELECT　　B. GROUP BY　　C. LIMIT　　D. ORDER BY

5. SELECT 语句中，用于将查询结果进行排序的关键字是（　　）。

A. HAVING　　B. GROUP BY　　C. WHERE　　D. ORDER BY

6. 下列选项中，用于过滤查询结果中重复行的关键字是（　　）。

A. DISTINCT　　B. HAVING　　C. ORDER BY　　D. LIMIT

7. 阅读下面的 SQL 语句：

SELECT * FROM book LIMIT 5，10；

对于此语句描述正确的是（　　）。

A. 获得第 6 条到第 10 条记录　　B. 获得第 5 条到第 10 条记录

C. 获得第 6 条到第 15 条记录　　D. 获得第 5 条到第 15 条记录

8. 下面对于“SELECT * FROM student LIMIT 4;”语句的描述，正确的是（　　）。

A. 查出表中从第 4 条记录开始到最后一条的相关记录

B. 查出表中从 0 开始到第 4 条的相关记录
C. 查出表中的前 4 条记录
D. 查出表中的最后 4 条记录
9. 下列选项中，当 ORDER by 子句后面有多个表达式时，它们的分隔符是（　　）。
A. 分号　　B. 逗号　　C. 空格　　D. 回车
10. 下列选项，当对有 NULL 值的字段进行排序的描述，正确的是（　　）。
A. 升序时，NULL 值所对应的记录排在前面
B. 升序时，NULL 值所对应的记录排在后面
C. 升序时，NULL 值所对应的记录排在中间
D. 升序时，NULL 值所对应的记录位置是不固定的
11. 下列选项中，用于分页的关键字是（　　）。
A. DISTINCT　　B. GROUP BY　　C. LIMIT　　D. WHERE
12. 已知 user 表中有字段 age 和 ct，数据类型都是 int，数据如下所示：

id	age	ct
u001	18	60

则执行“SELECT age + ct FROM users WHERE id= ‘u001’;”的输出结果是（　　）。
A. 1860　　B. 78　　C. 18+60　　D. 运行时将报错
13. 下列选项中，对字段进行排序时，默认采用的排序方式是（　　）。
A. ASC　　B. DESC　　C. ESC　　D. DSC
14. 要想分页（每页显示 10 条）显示 test 表中的数据，那么获取第 2 页数据的 SQL 语句是（　　）。
A. SELECT * FROM test LIMIT 10，10；
B. SELECT * FROM test LIMIT 11，10；
C. SELECT * FROM test LIMIT 10，20；
D. SELECT * FROM test LIMIT 11，20；
15. 下列选项中，能够按照 score 由高到低显示 student 表中记录的 SQL 语句是（　　）。
A. SELECT * FROM student ORDER BY score；
B. SELECT * FROM student ORDER BY score ASC；
C. SELECT * FROM student ORDER BY score DESC；
D. SELECT * FROM student GROUP BY score DESC；
16. 在 SELECT 语句中，用于指定表名的关键字是（　　）。
A. SELECT　　B. FROM　　C. ORDER BY　　D. HAVING
17. 下列选项中，在 SELECT 语句中用于代表所有字段的通配符是（　　）。
A. *　　B. ?　　C. +　　D. %
18. SELECT 语句中，用于筛选行的关键字是（　　）。
A. WHILE　　B. GROUP BY　　C. WHERE　　D. HAVING
19. 若想查询 student 表中 name 为空值的记录，则正确的 SQL 语句是（　　）。
A. SELECT * FROM student WHERE name=NULL；
B. SELECT * FROM student WHERE name like NULL；

C. SELECT * FROM student WHERE name='NULL';

D. SELECT * FROM student WHERE name is NULL;

20. 下面关于 WHERE 子句“WHERE gender='女' OR gender='男' AND score=100;”的描述中，正确的是（　　）。

A. 返回结果为 gender=‘男’并且 score=100 的数据，以及 gender=‘女’的数据

B. 返回结果为 gender=‘男’或 gender=‘女’的数据中 score=100 的数据

C. 返回结果为 gender=‘男’的数据，以及 score=100 并且 gender=‘女’的数据

D. 以上都不对

21. 下列关于 WHERE 子句“WHERE class NOT BETWEEN 3 AND 5”的描述中（class 整型），正确的是（　　）。

A. 查询结果包括 class 等于 3、4、5 的数据

B. 查询结果包括 class 不等于 3、4、5 的数据

C. 查询结果包括 class 等于 3 的数据

D. 查询结果包括 class 等于 5 的数据

22. 使用 LIKE 关键字实现模糊查询时，常用的通配符包括（　　）。

A. %与 *　　B. * 与?　　C. %与 _　　D. _ 与 *

23. 有时为了使查询结果更加精确，可以使用多个查询条件，下列选项中，用于连接多个查询条件的关键字是（　　）。

A. AND　　B. OR　　C. NOT　　D. 以上都不对

24. 阅读下面的 SQL 语句：SELECT * FROM user WHERE firstname=张；

下列选项中，对于上述 SQL 语句解释正确的是（　　）。

A. 查询姓“张”一条记录的所有信息　　B. 查询姓“张”所有记录的所有信息

C. 执行 SQL 语句出现错误　　D. 以上说法不正确

25. 用 IS NULL 关键字可以判断字段的值是否为空值，IS NULL 关键字应该使用在下列选项的哪个子句之后（　　）。

A. ORDER BY　　B. WHERE　　C. SELECT　　D. LIMIT

26. 假定用户表 user 中存在一个字段 age，现要“查询年龄为 18 或 20 的用户”，下面 SQL 语句中，正确的是（　　）。

A. SELECT * FROM user WHERE age=18 OR age=20;

B. SELECT * FROM user WHERE age=18 && age=20;

C. SELECT * FROM user WHERE age=18 AND age=20;

D. SELECT * FROM user WHERE age=（18，20）;

27. 下列选项中，代表匹配任意长度字符串的通配符是（　　）。

A. %　　B. *　　C. _　　D. ?

28. 下列用于查询 student 表中 id 值在 1，2，3 范围内的记录的 SQL 语句是（　　）。

A. SELECT * FROM student WHERE id=1,2,3;

B. SELECT * FROM student WHERE (id=1,id=2,id=3);

C. SELECT * FROM student WHERE id in (1,2,3);

D. SELECT * FROM student WHERE id in 1,2,3;

29. 假定 student 表中有姓名字段 name。现要查询所有姓“王”的学生，并且姓名由三个字

符组成。能够完成上述查询要求的SQL语句是（ ）。

A. SELECT * FROM student WHERE name LIKE '王_';

B. SELECT * FROM student WHERE name LIKE '王%_';

C. SELECT * FROM student WHERE name LIKE '王%';

D. SELECT * FROM student WHERE name='王_';

30. 下列选项中，用于判断某个字段的值是否在指定集合中，可使用的判断关键字是（ ）。

A. OR　　B. LIKE　　C. IN　　D. AND

31. 下列选项中，查询student表中id值不在2和5之间的学生的SQL语句是（ ）。

A. SELECT * FROM student WHERE id!=2,3,4,5;

B. SELECT * FROM student WHERE id NOT BETWEEN 5 and 2;

C. SELECT * FROM student WHERE id NOT BETWEEN 2 and 5;

D. SELECT * FROM student WHERE id NOT in 2,3,4,5;

32. 在使用SELECT语句查询数据时，将多个条件组合在一起，其中只要有一个条件符合要求，这条记录就会被查出，此时使用的连接关键字是（ ）。

A. AND　　B. OR　　C. NOT　　D. 以上都不对

33. 查询student表中id值在2和7之间的学生姓名，应该使用关键字（ ）。

A. BETWEEN AND　　B. IN　　C. LIKE　　D. OR

34. 查询student表中id字段值小于5，并且gender字段值为“女”的学生姓名的SQL语句是（ ）。

A. SELECT name FROM student WHERE id<5 OR gender='女';

B. SELECT name FROM student WHERE id<5 AND gender='女';

C. SELECT name FROM student WHERE id<5 , gender='女';

D. SELECT name FROM student WHERE id<5 AND WHERE gender='女';

35. 已知用户表user中存在字段ct，现要查询ct字段值为NULL的用户，下面SQL语句中正确的是（ ）。

A. SELECT * FROM user WHERE ct=NULL;

B. SELECT * FROM user WHERE ct link NULL;

C. SELECT * FROM user WHERE ct='NULL';

D. SELECT * FROM user WHERE ct is NULL;

36. student表中有姓名字段name，并且存在name为“sun%er”的记录。下列选项中，可以匹配“sun%er”字段值的SQL语句是（ ）。

A. SELECT * FROM student WHERE name LIKE 'sun%er';

B. SELECT * FROM student WHERE name LIKE '%%%';

C. SELECT * FROM student WHERE name LIKE '%\%%';

D. SELECT * FROM student WHERE name=' sun%er';

37. 下列选项中，代表匹配单个字符的通配符是（ ）。

A. %　　B. *　　C. _　　D. ?

38. 下列选项中，与“SELECT * FROM student WHERE id not between 2 and 5;”等效的SQL是（ ）。（注：id的数据类型是整型）

A. SELECT * FROM student WHERE id!=2，3，4，5;

B. SELECT * FROM student WHERE id NOT BETWEEN 5 and 2;

C. SELECT * FROM student WHERE id NOT in (2, 3, 4, 5);

D. SELECT * FROM student WHERE id NOT in 2, 3, 4, 5;

39. 假设某一个数据库表中有一个姓名字段，查找姓王并且姓名共有两个字的记录，应该用 LIKE（　　）。

A. " 王%"　　B. " 王 _ "　　C. " 王 _ _ "　　D. "%王%"

40. 判断某个字段的值不在指定集合中，下列选项中可使用的判断关键字是（　　）。

A. OR　　B. NO IN　　C. IN　　D. NOT IN

41. 用户表 user 中存在一个姓名字段 username，现查询姓名字段中包含“海”的用户，下列 SQL 语句中，正确的是（　　）。

A. SELECT * FROM user WHERE username= ‘海’;

B. SELECT * FROM user WHERE username like ‘%海%’;

C. SELECT * FROM user WHERE username like ‘ _ 海 _ ’;

D. SELECT * FROM user WHERE username like ‘海’;

42. SELECT 语句中，用于分组的关键字是（　　）。

A. HAVING　　B. GROUP BY　　C. WHERE　　D. ORDER BY

43. 将 student 表按照 gender 字段进行分组查询，查询出 score 字段值之和小于 300 的分组，依据上述要求，下列选项中，正确的 SQL 语句是（　　）。

A. SELECT gender, SUM (score) FROM student GROUP BY gender HAVING SUM (score) <300;

B. SELECT gender, SUM (score) FROM student GROUP BY gender WHERE SUM (score) <300;

C. SELECT gender, SUM (score) FROM student WHERE SUM (score) <300 GROUP BY gender;

D. 以上语句都不对

44. 下列选项中，用于统计 test 表中总记录数的 SQL 语句是（　　）。

A. SELECT SUM (*) FROM test;　　B. SELECT MAX (*) FROM test;

C. SELECT AVG (*) FROM test;　　D. SELECT COUNT (*) FROM test;

45. 下列选项中，用于求出某个字段所有值的平均值的函数是（　　）。

A. AVG ()　　B. LENGTH ()　　C. COUNT ()　　D. TOTAL ()

二、SQL 语句题

写出以下基于 studb 数据库三个数据表（stuinfo、stucourse、stumarks）的查询语句。

1. 单表无条件查询：

（1）查询所有课程的基本信息。

（2）查询所有课程的课程号和课程名。

（3）查询至少有一个学生选修的课程号（要求去掉重复行）。

（4）查询选课表中所有的课程号及成绩加 10 分后的结果，要求列名用中文别名（分别为课程号、成绩）。

（5）查询所有的选课记录，要求先按学号升序排列，学号相同的按成绩降序排列。

（6）查询学分最高的两门课程的课程号及学分。

（7）查询年龄排在第三的学生的基本信息。

2.单表有条件查询

（1）查询成绩小于60或者大于90的所有选课信息。

（2）查询“0001”“0003”和“0005”这三门课的基本信息。

（3）查询除了“0001”和“0002”这两门课以外的所有课程的课程号、课程名。

（4）查询所有任课老师姓“李”的课程的基本信息。

（5）查询课程名中包括“数据库”这个词的课程的课程号及课程名。

（6）查询成绩不为空值的所有选课记录，结果先按课程号升序排列，课程号相同的按成绩降序排列。

（7）查询年龄22岁的男生的基本信息。

注：计算学生年龄表达式year（curdate（））-year（stubirthday），其中，curdate（）函数返回系统当前日期，year（curdate（））返回系统当前年份。

3.单表统计查询

（1）查询所有课程的门数。

（2）查询有学生选修的课程的门数（注：一门课可以被多个学生选，只能按1参加统计）。

（3）查询学生中出生日期的最大值和最小值。

（4）查询“0002”这门课的平均分。

（5）查询每门课程的最高分及最低分。

（6）查询平均分最高的两门课的课程号及平均分。

（7）查询平均分达到75分以上的每门课的选课人数及平均分，查询结果按平均分升序输出。

模块 8　高级数据查询

【模块描述】

本模块将对“学生成绩管理”数据库（stuDB）的数据表作高级查询操作，高级查询问题会涉及连接查询、子查询和集合查询的操作。连接查询分为交叉连接、内连接、外连接和自连接，连接查询分为两个任务完成。子查询可以嵌套在查询语句中使用，也可以在更新语句中使用，以实现更强大的数据更新能力，子查询也分为两个任务完成。

通过本模块的学习实践，可以发现一个查询问题可能有多种查询方案，比如，查询选修了课程的学生信息，可以用内连接实现，也可以用 IN 子查询或 EXISTS 子查询实现。在实际应用中，可以结合表的数据量大小等情况，灵活选择查询方法，提高查询效率。

【学习目标】

1. 识记连接查询、子查询、集合查询相关语句的语法。
2. 能用连接查询解决多表查询或复杂的单表查询问题。
3. 能灵活应用子查询解决某些多表查询或复杂的单表查询问题。
4. 能用集合查询解决一些查询问题。

任务 8.1　交叉连接与内连接

【任务描述】

使用交叉连接或内连接完成对“学生成绩管理”数据库（stuDB）涉及多表数据的查询操作。具体任务如下：

① 把 stuinfo 表和 stumarks 表进行交叉连接。

② 查询所有学生的学号、姓名、课程号及成绩。

③ 查询所有学生的学号、姓名、课程名及成绩。

④ 查询选修“李斯文”老师讲授课程的学生的学号及姓名。

【相关知识】

当要查询的数据来自于多个表，或者查询的数据和查询条件不在同一个表中，如果能把这多个表合并成一个表，就转换成了前面已学的单表查询。连接查询就是把多个表连接成一个表实现多表查询，连接查询又分为交叉连接、内连接、外连接和自连接。本节内容是交叉连接与内连接。

8.1.1 交叉连接

交叉连接又叫做笛卡儿连接。表1（M 行）与表2（N 行）做交叉连接，就是把表1的每一行分别与表2的每一行连接，结果集是两表所有记录的任意组合，一共 $M \times N$ 行。交叉连接的应用场合不多，但可以帮助读者更好地理解内连接操作的语法格式。

交叉连接语法格式有两种，分别如下。

① 语法格式1

```
SELECT …
FROM 表1,表2;
```

② 语法格式2

```
SELECT …
FROM 表1 CROSS JOIN 表2;
```

8.1.2 内连接

内连接是把两表中满足条件的记录组合在一起，相当于是交叉连接的子集。一般内连接最常见的是等值连接，也就是在两表有相同字段的前提下，把两表中该字段值相等的行进行连接，下面给出两表作等值连接的两种语法格式。

① 语法格式1

```
SELECT …
FROM 表1,表2
WHERE 表1.列名=表2.列名;
```

② 语法格式2

```
SELECT …
FROM 表1 [INNER] JOIN 表2 ON 表1.列名=表2.列名;
```

说明：

• N 个表要连接成一个表，需要两两连接 $N-1$ 次完成。第1种格式是在WHERE子句中给出连接条件，N 个表连接有 $N-1$ 个连接条件，要用AND运算符连接起来；第2种格式是在FROM子句后面指定连接条件，JOIN一个表，ON后面写一个连接条件。

• 如果所引用的字段被查询的多个表所共有，则引用该字段时必须指定其属于哪个表，引用的语法格式：表名.字段名。

• 为了简化连接条件的书写，可以给表名起别名，起了别名的表，在该查询语句中要统一使用别名代替表名。

• 两个表如果没有共同字段，需要找一个和它们都有共同字段的第三个表间接地完成两个表的连接操作。

【任务实施】

1. 把 stuinfo 表和 stumarks 表进行交叉连接

根据交叉连接两种语法格式，代码如下：

```
SELECT *
FROM stuinfo,stumarks;
或者
SELECT *
FROM stuinfo CROSS JOIN stumarks;
```

注：这两个表做交叉连接毫无意义，交叉连接实际应用中也不常见，主要是为了让读者更好地理解交叉连接的结果集。

执行上面代码，查询结果一共有 128（8×16）条记录，篇幅原因，只给出最前面 8 条和最后面 8 条记录，分别如图 8.1、图 8.2 所示。根据图示，最前面 8 条记录是 stuinfo 表的每条记录分别和 stumarks 表的第一条记录连接的结果，最后面 8 条记录是 stuinfo 表的每条记录分别和 stumarks 表的最后一条记录连接的结果。

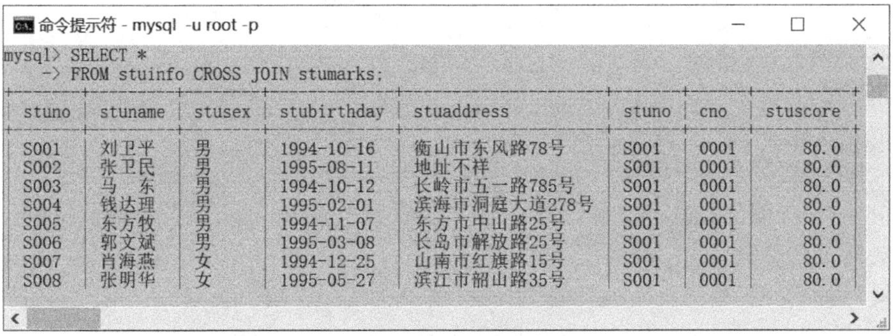

```
命令提示符 - mysql -u root -p
mysql> SELECT *
    -> FROM stuinfo CROSS JOIN stumarks;
+-------+---------+--------+-------------+----------------------+-------+------+----------+
| stuno | stuname | stusex | stubirthday | stuaddress           | stuno | cno  | stuscore |
+-------+---------+--------+-------------+----------------------+-------+------+----------+
| S001  | 刘卫平  | 男     | 1994-10-16  | 衡山市东风路78号     | S001  | 0001 |     80.0 |
| S002  | 张卫民  | 男     | 1995-08-11  | 地址不祥             | S001  | 0001 |     80.0 |
| S003  | 马  东  | 男     | 1994-10-12  | 长岭市五一路785号    | S001  | 0001 |     80.0 |
| S004  | 钱达理  | 男     | 1995-02-01  | 滨海市洞庭大道278号  | S001  | 0001 |     80.0 |
| S005  | 东方牧  | 男     | 1994-11-07  | 东方市中山路25号     | S001  | 0001 |     80.0 |
| S006  | 郭文斌  | 男     | 1995-03-08  | 长岛市解放路25号     | S001  | 0001 |     80.0 |
| S007  | 肖海燕  | 女     | 1994-12-25  | 山南市红旗路15号     | S001  | 0001 |     80.0 |
| S008  | 张明华  | 女     | 1995-05-27  | 滨江市韶山路35号     | S001  | 0001 |     80.0 |
```

图 8.1　stuinfo、stumarks 两表交叉连接结果（最前面 8 条记录）

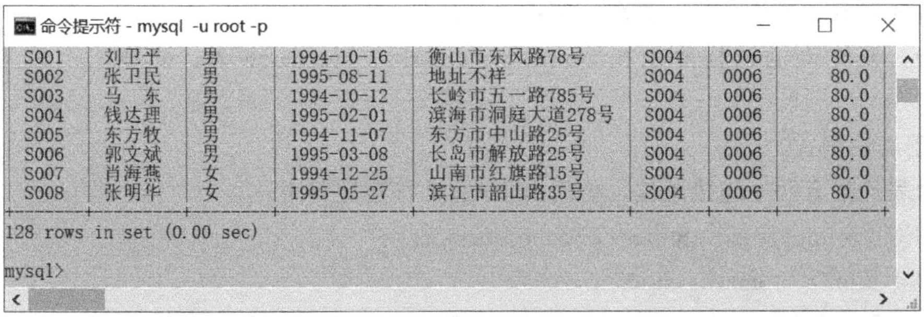

```
命令提示符 - mysql -u root -p
| S001  | 刘卫平  | 男     | 1994-10-16  | 衡山市东风路78号     | S004  | 0006 |     80.0 |
| S002  | 张卫民  | 男     | 1995-08-11  | 地址不祥             | S004  | 0006 |     80.0 |
| S003  | 马  东  | 男     | 1994-10-12  | 长岭市五一路785号    | S004  | 0006 |     80.0 |
| S004  | 钱达理  | 男     | 1995-02-01  | 滨海市洞庭大道278号  | S004  | 0006 |     80.0 |
| S005  | 东方牧  | 男     | 1994-11-07  | 东方市中山路25号     | S004  | 0006 |     80.0 |
| S006  | 郭文斌  | 男     | 1995-03-08  | 长岛市解放路25号     | S004  | 0006 |     80.0 |
| S007  | 肖海燕  | 女     | 1994-12-25  | 山南市红旗路15号     | S004  | 0006 |     80.0 |
| S008  | 张明华  | 女     | 1995-05-27  | 滨江市韶山路35号     | S004  | 0006 |     80.0 |
+-------+---------+--------+-------------+----------------------+-------+------+----------+
128 rows in set (0.00 sec)

mysql>
```

图 8.2　stuinfo、stumarks 两表交叉连接结果（最后面 8 条记录）

2. 查询所有学生的学号、姓名、课程号及成绩

分析：要查询的数据分别在 stuinfo、stumarks 表，先把两个表内连接成一个表，把学生的基本信息和他（她）的选课记录进行连接，连接条件是学号相同。由于学号在两表中都存在，故引用该字段时必须指定其属于哪个表，否则查询会报错。根据内连接的两种语法格式，此题代码如下：

```
SELECT stuinfo. stuno,stuname,cno,stuscore
FROM stuinfo,stumarks
WHEREstuinfo. stuno=stumarks. stuno;
```

或者

```
SELECT stuinfo. stuno,stuname,cno,stuscore
FROM stuinfo JOIN stumarks ON stuinfo. stuno=stumarks. stuno;
```

执行上面代码，查询结果如图 8.3 所示。

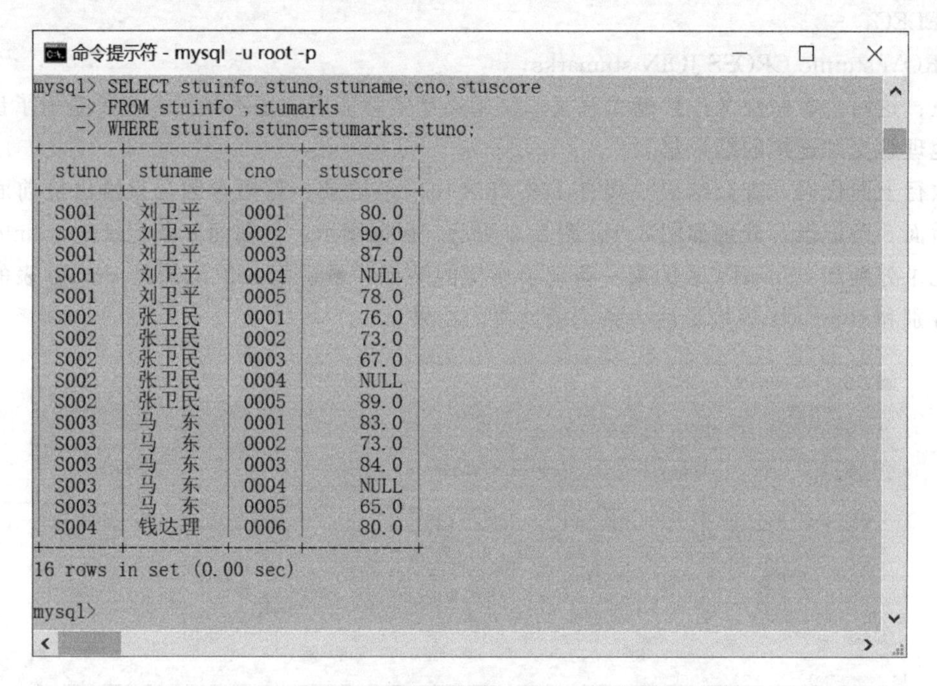

stuno	stuname	cno	stuscore
S001	刘卫平	0001	80.0
S001	刘卫平	0002	90.0
S001	刘卫平	0003	87.0
S001	刘卫平	0004	NULL
S001	刘卫平	0005	78.0
S002	张卫民	0001	76.0
S002	张卫民	0002	73.0
S002	张卫民	0003	67.0
S002	张卫民	0004	NULL
S002	张卫民	0005	89.0
S003	马　东	0001	83.0
S003	马　东	0002	73.0
S003	马　东	0003	84.0
S003	马　东	0004	NULL
S003	马　东	0005	65.0
S004	钱达理	0006	80.0

图 8.3 查询所有学生的学号、姓名、课程号及成绩

3. 查询所有学生的学号、姓名、课程名及成绩

分析：要查询的数据分别在 stuinfo、stumarks、stucourse 表，要把三个表连接成一个表。

① 用语法格式 1

三个表连接有两个连接条件，要用 AND 运算符连接起来。

```
SELECTstuinfo. stuno,stuname,cname,stuscore
FROM stuinfo,stumarks,stucourse
WHERE stuinfo. stuno=stumarks. stuno AND
      stumarks. cno=stucourse. cno;
```

② 用语法格式 2

```
SELECT stuinfo. stuno,stuname,cname,stuscore
FROM stuinfo JOIN stumarks ON stuinfo. stuno=stumarks. stuno
    JOIN stucourse ON stumarks. cno=stucourse. cno;
```

分析：参与连接的表越多，连接条件越多，代码不免有点长，可以通过使用表的别名简化代码。上面代码可以简化如下：

① 用语法格式 1

```
SELECT i. stuno,stuname,cname,stuscore
FROM stuinfo i,stumarks m,stucourse c
WHERE i. stuno=m. stuno AND m. cno=c. cno;
```

② 用语法格式 2

```
SELECT i. stuno,stuname,cname,stuscore
FROM stuinfo i JOIN stumarks m ON i. stuno=m. stuno JOIN stucourse c ON m. cno=
c. cno;
```

上面两条代码，执行的查询结果是一样的，如图 8.4 所示。

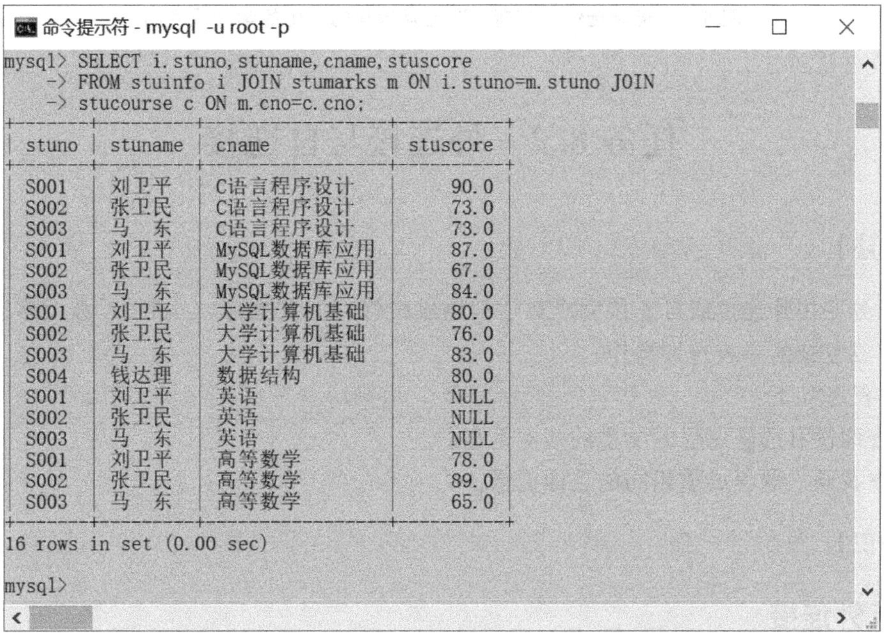

```
命令提示符 - mysql -u root -p
mysql> SELECT i.stuno, stuname, cname, stuscore
    -> FROM stuinfo i JOIN stumarks m ON i.stuno=m.stuno JOIN
    -> stucourse c ON m.cno=c.cno;
+-------+---------+----------------+----------+
| stuno | stuname | cname          | stuscore |
+-------+---------+----------------+----------+
| S001  | 刘卫平  | C语言程序设计  |     90.0 |
| S002  | 张卫民  | C语言程序设计  |     73.0 |
| S003  | 马  东  | C语言程序设计  |     73.0 |
| S001  | 刘卫平  | MySQL数据库应用 |     87.0 |
| S002  | 张卫民  | MySQL数据库应用 |     67.0 |
| S003  | 马  东  | MySQL数据库应用 |     84.0 |
| S001  | 刘卫平  | 大学计算机基础 |     80.0 |
| S002  | 张卫民  | 大学计算机基础 |     76.0 |
| S003  | 马  东  | 大学计算机基础 |     83.0 |
| S004  | 钱达理  | 数据结构       |     80.0 |
| S001  | 刘卫平  | 英语           |     NULL |
| S002  | 张卫民  | 英语           |     NULL |
| S003  | 马  东  | 英语           |     NULL |
| S001  | 刘卫平  | 高等数学       |     78.0 |
| S002  | 张卫民  | 高等数学       |     89.0 |
| S003  | 马  东  | 高等数学       |     65.0 |
+-------+---------+----------------+----------+
16 rows in set (0.00 sec)

mysql>
```

图 8.4 查询所有学生的学号、姓名、课程名及成绩

4. 查询选修“李斯文”老师课程的学生的学号及姓名

分析：老师姓名在 stucourse 表，学生的学号和姓名在 stuinfo 表，这两个表没有共同字段，无法直接做内连接，需要找一个能与它们分别连接的第三个表 stumarks，间接完成这两个表的连接操作。代码如下：

```
SELECT i. stuno,stuname
FROM stuinfo i,stumarks m,stucourse c
WHERE(i. stuno=m. stuno AND m. cno=c. cno)AND(cteacher='李斯文');
```

或者

```
SELECT i. stuno,stuname
FROM stuinfo i JOIN stumarks m ON i. stuno=m. stuno JOIN stucourse c ON m. cno
=c. cno
WHEREcteacher='李斯文';
```

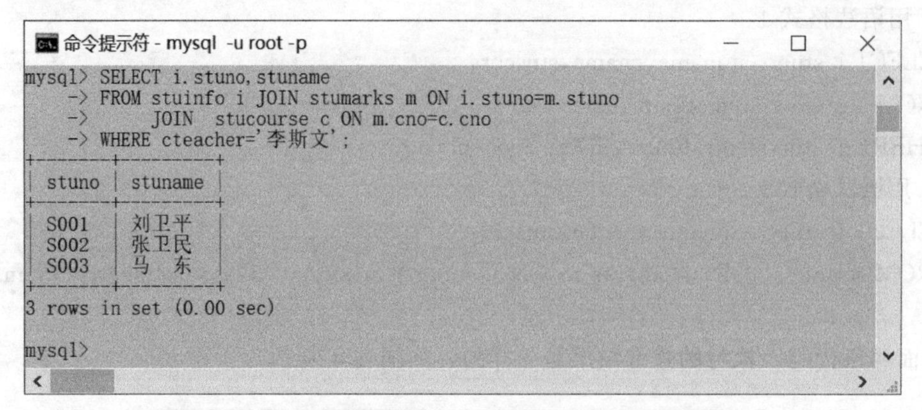

图 8.5 查询选修“李斯文”老师课程的学生的学号及姓名

任务 8.2 外连接与自连接

【任务描述】

本任务要用外连接或自连接完成对“学生成绩管理”数据库（stuDB）涉及多表数据的查询操作或复杂的单表查询操作。

具体任务如下：

① 查询没有选修课程的学生的基本信息。

② 查找同一课程成绩相同的选课记录。

【相关知识】

8.2.1 外连接

外连接分为左外连接、右外连接和全外连接，MySQL 目前支持左外连接和右外连接操作。这里先给出左表和右表的概念，两表作连接，JOIN 左边的表叫左表，JOIN 右边的表叫右表。

(1) 左外连接

左外连接的结果集是两表内连接的结果集加上左表中没有参加内连接的记录，左表这些“剩下来”的记录在结果集中右表的那些字段值全为空值（NULL）。

两表内连接一般是等值连接，同样，两表做外连接时，连接条件一般也是两表相应字段做相等比较。

语法格式如下：

```
SELECT …
FROM 表 1 LEFT [OUTER] JOIN 表 2 ON 表 1.列名=表 2.列名
```

(2) 右外连接

右外连接的结果集是两表内连接的结果集加上右表中没有参加内连接的记录，右表这些“剩下来”的记录在结果集中左表的那些字段值全为空值（NULL）。

语法格式如下：

```
SELECT …
FROM 表 1 RIGHT [OUTER]  JOIN 表 2 ON 表 1.列名=表 2.列名
```

读者很容易发现，左外连接完全可以和右外连接相互替代，只要把表 1 和表 2 交换位置，把 LEFT 与 RIGHT 替换。

8.2.2 自连接

自连接是一种特殊的内连接，特殊在连接的两个表是完全相同的，可以看作是一张表的两个副本的连接，为了区分两个副本，需要给它们分别起别名。

内连接有两种语法格式，同样自连接也有两种语法格式。

① 语法格式 1

```
SELECT …
FROM 表名 别名 1，表名 别名 2
WHERE 别名 1.列名=别名 2.列名
```

② 语法格式 2

```
SELECT …
FROM 表名 别名 1 JOIN 表名 别名 2 ON 别名 1.列名=别名 2.列名
```

【任务实施】

1. 查询没有选修课程的学生的基本信息

分析：此题用内连接显然无解，因为内连接后没有选课的学生的基本信息就被全筛掉了，可以用外连接把没有选课的学生基本信息留下来。

① 先查看 stuinfo 表与 stumarks 表作为外连接的结果集

```
SELECT *
FROMstuinfo LEFT JOIN stumarks ON stuinfo.stuno=stumarks.stuno;
```

执行上面代码，结果如图 8.6 所示。

② 结果集中没有选课的学生所在的行，对应 stumarks 表中的那些字段值全为 NULL

这个特点正好可以用来判断哪些学生没有选课，根据实体完整性规则，stumarks 表中参与内连接的那些行，主属性（构成主键的字段）不可能为 NULL，这里有两个主属性 stuno 与 cno，通过判断它们其中任何一个是否为空值就可以筛选出那些没有选课的学生的基本信息。

```
SELECT stuinfo.*
FROMstuinfo LEFT JOIN stumarks ON stuinfo.stuno=stumarks.stuno
WHERE stumarks.stuno IS NULL;
```

执行上面代码，结果如图 8.7 所示。

2. 查找同一课程成绩相同的选课记录

分析：此题看起来虽然是单表查询问题，但是用简单查询明显解决不了，因为比较的数据不在同一行中。可以通过自连接把学号不同、课程号相同、成绩相同的记录连接成一条记录，这样就可以得到需要的查询结果了。

```
SELECT a.stuno,b.stuno,a.cno,a.stuscore
FROM stumarks a,stumarks b
WHERE a.stuscore=b.stuscore AND a.stuno<>b.stuno AND a.cno=b.cno;
```

```
选择命令提示符 - mysql -u root -p
mysql> SELECT *
    -> FROM stuinfo LEFT JOIN stumarks ON stuinfo.stuno=stumarks.stuno;
+-------+---------+--------+-------------+-----------------------+-------+------+----------+
| stuno | stuname | stusex | stubirthday | stuaddress            | stuno | cno  | stuscore |
+-------+---------+--------+-------------+-----------------------+-------+------+----------+
| S001  | 刘卫平  | 男     | 1994-10-16  | 衡山市东风路78号      | S001  | 0001 |     80.0 |
| S001  | 刘卫平  | 男     | 1994-10-16  | 衡山市东风路78号      | S001  | 0002 |     90.0 |
| S001  | 刘卫平  | 男     | 1994-10-16  | 衡山市东风路78号      | S001  | 0003 |     87.0 |
| S001  | 刘卫平  | 男     | 1994-10-16  | 衡山市东风路78号      | S001  | 0004 |     NULL |
| S001  | 刘卫平  | 男     | 1994-10-16  | 衡山市东风路78号      | S001  | 0005 |     78.0 |
| S002  | 张卫民  | 男     | 1995-08-11  | 地址不祥              | S002  | 0001 |     76.0 |
| S002  | 张卫民  | 男     | 1995-08-11  | 地址不祥              | S002  | 0002 |     73.0 |
| S002  | 张卫民  | 男     | 1995-08-11  | 地址不祥              | S002  | 0003 |     67.0 |
| S002  | 张卫民  | 男     | 1995-08-11  | 地址不祥              | S002  | 0004 |     NULL |
| S002  | 张卫民  | 男     | 1995-08-11  | 地址不祥              | S002  | 0005 |     89.0 |
| S003  | 马  东  | 男     | 1994-10-12  | 长岭市五一路785号     | S003  | 0001 |     83.0 |
| S003  | 马  东  | 男     | 1994-10-12  | 长岭市五一路785号     | S003  | 0002 |     73.0 |
| S003  | 马  东  | 男     | 1994-10-12  | 长岭市五一路785号     | S003  | 0003 |     84.0 |
| S003  | 马  东  | 男     | 1994-10-12  | 长岭市五一路785号     | S003  | 0004 |     NULL |
| S003  | 马  东  | 男     | 1994-10-12  | 长岭市五一路785号     | S003  | 0005 |     65.0 |
| S004  | 钱达理  | 男     | 1995-02-01  | 滨海市洞庭大道278号   | S004  | 0006 |     80.0 |
| S005  | 东方牧  | 男     | 1994-11-07  | 东方市中山路25号      | NULL  | NULL |     NULL |
| S006  | 郭文斌  | 男     | 1995-03-08  | 长岛市解放路25号      | NULL  | NULL |     NULL |
| S007  | 肖海燕  | 女     | 1994-12-25  | 山南市红旗路15号      | NULL  | NULL |     NULL |
| S008  | 张明华  | 女     | 1995-05-27  | 滨江市韶山路35号      | NULL  | NULL |     NULL |
+-------+---------+--------+-------------+-----------------------+-------+------+----------+
20 rows in set (0.00 sec)

mysql>
```

图 8.6　stuinfo 表与 stumarks 表做左外连接的结果

```
命令提示符 - mysql -u root -p
mysql> SELECT stuinfo.*
    -> FROM stuinfo LEFT JOIN stumarks ON stuinfo.stuno=stumarks.stuno
    -> WHERE stumarks.stuno IS NULL;
+-------+---------+--------+-------------+------------------+
| stuno | stuname | stusex | stubirthday | stuaddress       |
+-------+---------+--------+-------------+------------------+
| S005  | 东方牧  | 男     | 1994-11-07  | 东方市中山路25号 |
| S006  | 郭文斌  | 男     | 1995-03-08  | 长岛市解放路25号 |
| S007  | 肖海燕  | 女     | 1994-12-25  | 山南市红旗路15号 |
| S008  | 张明华  | 女     | 1995-05-27  | 滨江市韶山路35号 |
+-------+---------+--------+-------------+------------------+
4 rows in set (0.00 sec)

mysql>
```

图 8.7　查询没有选修课程的学生的基本信息

执行上面查询代码，结果如图 8.8 所示。

```
命令提示符 - mysql -u root -p
mysql> SELECT a.stuno, b.stuno, a.cno, a.stuscore
    -> FROM stumarks a, stumarks b
    -> WHERE a.stuscore=b.stuscore AND a.stuno<>b.stuno AND a.cno=b.cno;
+-------+-------+------+----------+
| stuno | stuno | cno  | stuscore |
+-------+-------+------+----------+
| S002  | S003  | 0002 |     73.0 |
| S003  | S002  | 0002 |     73.0 |
+-------+-------+------+----------+
2 rows in set (0.00 sec)

mysql>
```

图 8.8　查找同一课程成绩相同的选课记录

任务 8.3 子查询

【任务描述】

使用子查询完成对“学生成绩管理”数据库（stuDB）涉及多表数据的查询或者复杂的单表查询操作，这种多表查询有个特点，查询的数据项在同一个表中，而筛选记录需要通过其他表的数据进行。具体任务如下：

① 查询选修了课程的学生的基本信息。

② 查询没有选修课程的学生的基本信息。

③ 查询选修了“高等数学”这门课的学生的基本信息。

④ 查询成绩最高的选课记录。

注意：①和②两题要求分别用 IN 子查询、EXISTS 子查询两种方法完成。

【相关知识】

子查询是指一个查询块嵌套在 SELECT、INSERT、UPDATE、DELETE 等语句中的 WHERE 或其他子句中进行查询。SQL 语言允许多层嵌套查询，即一个子查询中还可以嵌套其他子查询。

本任务学习的是嵌套在 SELECT 语句的 WHERE 子句中的子查询，这是最常见的子查询使用形式，子查询要用括号括起来，外部查询也叫父查询或主查询。嵌套在更新语句中的子查询在任务 8.4 中再进行详细介绍。

根据子查询执行是否依赖于外部查询，子查询可分为相关子查询与不相关子查询两大类。不相关子查询是指不依赖于外部查询的子查询，反之，则称为相关子查询；不相关子查询先于外部查询执行，子查询得到的结果集不会显示，而是传给外部查询使用，不相关子查询总共执行一次；相关子查询的执行依赖于外部查询，即需要外部查询给它传递值，与外部查询正在判断的记录有关，外部查询执行一行，相关子查询就执行一次。

子查询返回的值要被外部查询的［NOT］IN、［NOT］EXISTS、比较运算符、ANY (SOME)、ALL 等操作符使用，根据操作符的不同，子查询可以分为以下几种。

8.3.1 [NOT]IN 子查询

在嵌套查询中，子查询的结果往往是一个集合，用谓词 IN 判断某列值是否在集合中，这是最常用的一种子查询，IN 前面加 NOT 表示判断某列值是否不在集合中。IN 子查询一般是不相关子查询。

8.3.2 比较子查询

带有比较运算符的子查询是指外部查询与子查询之间用比较运算符进行连接。当用户确切知道内层查询返回单个值时，可以用＞、＜、＝、＞＝、＜＝、！＝或＜＞等比较运算符。比较子查询可能是不相关子查询，也可能是相关子查询，要看具体情况。比如，要查比所有平均成绩高的选课记录是不相关子查询，要查比该课程的平均成绩高的选课记录却要用相关子查询，因为子查询要查的是该门课的平均成绩，它与外部查询正在判断的选课记录的课程号相关。

8.3.3 [NOT]EXISTS 子查询

使用 EXISTS 谓词来判断子查询是否返回任何记录，当子查询的结果不为空集（即存在匹配行）时，返回逻辑真值。EXISTS 前面可以加 NOT 用来判断是否不存在匹配行。EXISTS 子查询是相关子查询。

除了上面讲的子查询，还有 ANY（SOME）子查询、ALL 子查询，由于它们可以转化成 IN 子查询或比较子查询实现，本书不再赘述。

【任务实施】

1. 查询选修了课程的学生的基本信息

① 用 IN 子查询

分析：先通过 stumarks 表找出所有选修了课程的学生的学号，再通过 stuinfo 表把这些学号对应的学生的基本信息找出来。

a. 查找出所有选修了课程的学生的学号

```
SELECT DISTINCT stuno；
FROM stumarks；
```

b. 根据前一步得到的学号集合查这些学生的基本信息

```
SELECT *
FROM stuinfo
WHERE stuno IN (SELECT DISTINCT stuno
                FROM stumarks)；
```

② 用 EXISTS 子查询

分析：先根据该生学号在 stumarks 中查找出该生的所有选课记录，如果有返回记录，则查找出该生的基本信息。

```
SELECT *
FROM stuinfo
WHEREEXISTS (SELECT *
             FROM stumarks
             WHERE stuno=stuinfo. stuno)；
```

这里子查询的查询条件依赖于外部查询传递进来的值：stuinfo. stuno（该生学号）。

上面两种方法最终查询结果相同，如图 8.9 所示。

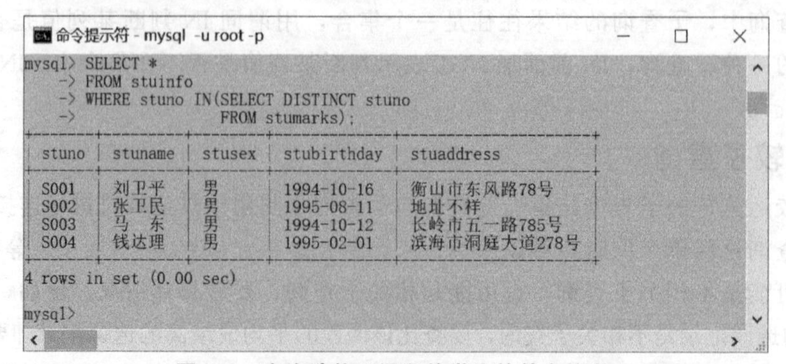

```
mysql> SELECT *
    -> FROM stuinfo
    -> WHERE stuno IN(SELECT DISTINCT stuno
    ->                FROM stumarks);
```

stuno	stuname	stusex	stubirthday	stuaddress
S001	刘卫平	男	1994-10-16	衡山市东风路78号
S002	张卫民	男	1995-08-11	地址不详
S003	马　东	男	1994-10-12	长岭市五一路785号
S004	钱达理	男	1995-02-01	滨海市洞庭大道278号

```
4 rows in set (0.00 sec)

mysql>
```

图 8.9 查询选修了课程的学生的基本信息

2. 查询没有选修课程的学生的基本信息

分析：此题与前面 1 题解题思路完全类似，只要在关键字前面加上 NOT 即可。

① 用 IN 子查询

```
SELECT *
FROM stuinfo
WHERE stuno NOT IN (SELECT DISTINCT stuno
                    FROM stumarks);
```

② 用 EXISTS 子查询

```
SELECT *
FROM stuinfo
WHERE NOT EXISTS (SELECT *
                  FROM stumarks
                  WHERE stuno=stuinfo.stuno);
```

上面两种方法最终查询结果相同，如图 8.10 所示。

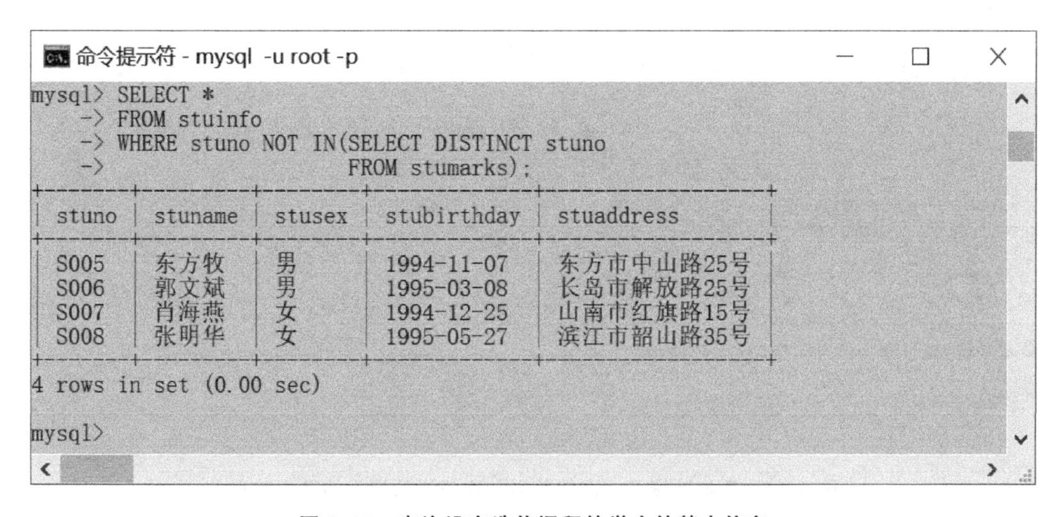

图 8.10　查询没有选修课程的学生的基本信息

3. 查询选修了“高等数学”这门课的学生的基本信息

分析：学生选课情况在选课成绩表（stumarks），但是 stumarks 表中没有课程名只有课程号，所以要先从课程基本信息表（stucourse）中找出“高等数学”的课程号，再根据“高等数学”的课程号查选修该门课的学生学号，最后根据学号从 stuinfo 表中找学生基本信息。

① 查找“高等数学”这门课的课程号

```
SELECT cno
FROM stucourse
WHERE cname='高等数学';
```

② 根据“高等数学”的课程号查选修该门课的学生学号

```
SELECT stuno
FROM stumarks
```

```
WHERE cno=(SELECT cno
           FROM stucourse
           WHERE cname='高等数学');
```

③ 根据学号找学生基本信息

```
SELECT *
FROM stuinfo
WHERE stuno IN (SELECT stuno
                FROM stumarks
                WHERE cno=(SELECT  cno
                           FROM stucourse
                           WHERE cname='高等数学'));
```

最终查询如果如图 8.11 所示。

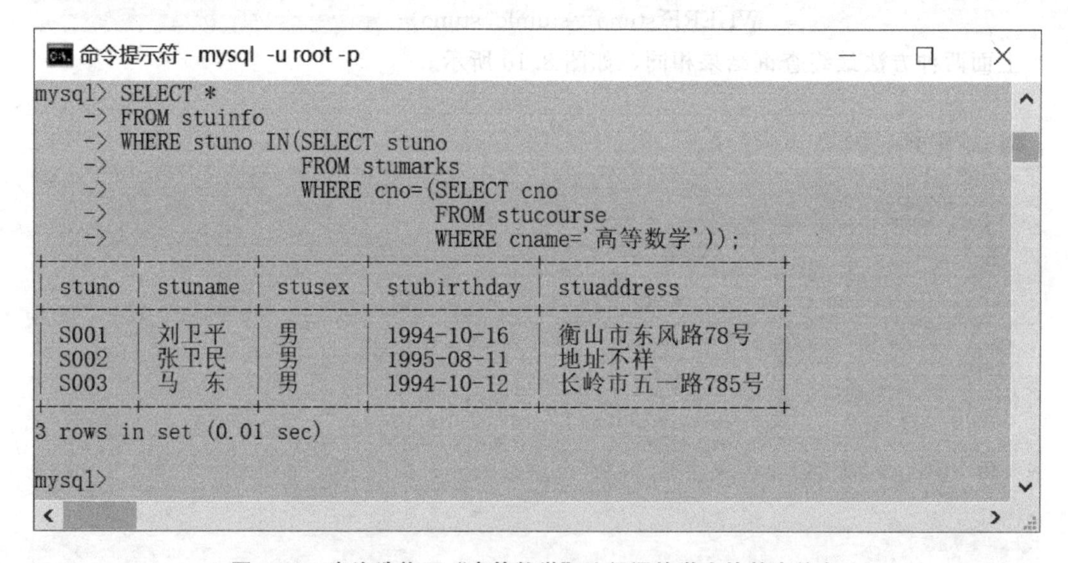

图 8.11　查询选修了“高等数学”这门课的学生的基本信息

4. 查询成绩最高的选课记录

分析：虽然是单表查询，但是由于最高成绩事先不知道，此题无法用简单查询完成，可以通过子查询先得出最高成绩。

① 查找学生选课表中的最高成绩

```
SELECT MAX(stuscore)
FROM stumarks;
```

② 查找成绩等于最高成绩的选课记录

```
SELECT *
FROM stumarks
WHERE stuscore=(SELECT max(stuscore)
                FROM stumarks);
```

最终查询结果如图 8.12 所示。

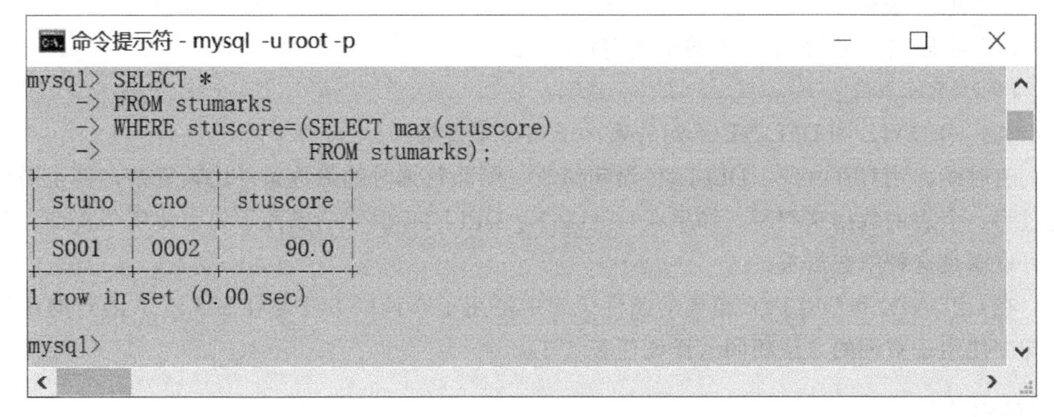
```
mysql> SELECT *
    -> FROM stumarks
    -> WHERE stuscore=(SELECT max(stuscore)
    ->                 FROM stumarks);
+-------+------+----------+
| stuno | cno  | stuscore |
+-------+------+----------+
| S001  | 0002 |     90.0 |
+-------+------+----------+
1 row in set (0.00 sec)

mysql>
```

图 8.12　查询成绩最高的选课记录

任务 8.4　子查询在更新语句中的应用

【任务描述】

本任务要在对“学生成绩管理”数据库（stuDB）进行数据更新时应用子查询，实现比模块六中更强大的数据更新能力，具体任务如下。

① 创建一个空表 stuinfo _ 2（stuno，stuname，avg _ stuscore），要求用 INSERT 语句把 stuinfo 表中 stuno，stuname 两个字段的数据导入到 stuinfo _ 2 表中相应字段。

② 修改 stuinfo _ 2 表中“S001”同学的平均成绩（avg _ stuscore）（注：平均分统计根据 stumarks 表中该生的选课成绩）。

③ 把“高等数学”这门课的所有选修成绩都加 5 分。

④ 删除“刘卫平”同学的所有选课记录（假设“刘卫平”没有同名）。

【相关知识】

把子查询应用在更新语句（INSERT、UPDATE、DELETE）中，可以大大地加强更新语句的功能。子查询在更新语句中的应用，主要有以下几种场景。

（1）从一个表向另一个表复制多行多列数据

利用子查询，可以把查询结果（一行或多行数据）插入到表中，实现从一个表向另一个表导入数据的功能。

语法格式如下：

INSERT INTO 表名[(字段列表)] SELECT 语句；

说明：

• 字段列表中字段的个数、数据类型必须和 SELECT 语句中查询的数据项个数及数据类型一一对应。

（2）嵌套修改

利用子查询返回的单个值，可以实现用查询结果修改表中某个字段值的目的。

语法格式如下：

```
UPDATE 表名
SET 字段名=(返回单个值的子查询)
[WHERE 条件]
```

（3）UPDATE 和 DELETE 语句的条件子句带子查询

有时候，用UPDATE、DELETE 语句修改、删除数据时的筛选条件比较复杂，甚至需要通过另一个表的数据来判断，如果在UPDATE、DELETE 语句的条件子句中使用子查询，基本可以满足这种筛选需求。

在 UPDATE 和 DELETE 语句的条件子句中使用子查询的方法与在 SELECT 语句的条件子句中使用子查询的方法相同（详见任务 8.3）。

【任务实施】

1. 创建一个空表 stuinfo _ 2（stuno，stuname，avg _ stuscore），要求用 INSERT 语句把 stuinfo 表中 stuno，stuname 两个字段的数据导入到 stuinfo _ 2 表中相应字段

① 创建空表 stuinfo _ 2

```
CREATE TABLE stuinfo_2
(stuno CHAR(4)PRIMARY KEY,
stuname CHAR(5),
avg_stuscore DECIMAL(4,1));
```

执行上面代码，创建一个空表 stuinfo _ 2。

② stuinfo _ 2 表中导入 stuinfo 表中 stuno，stuname 两个字段的数据

分析：用子查询得到 stuinfo 表的 stuno、stuname 两列数据，再插入 stuinfo _ 2 表中。

```
INSERT INTO stuinfo_2(stuno,stuname)SELECT stuno,stuname FROM stuinfo;
```

执行上面代码，查询 stuinfo _ 2 表的数据，结果如图 8.13 所示。

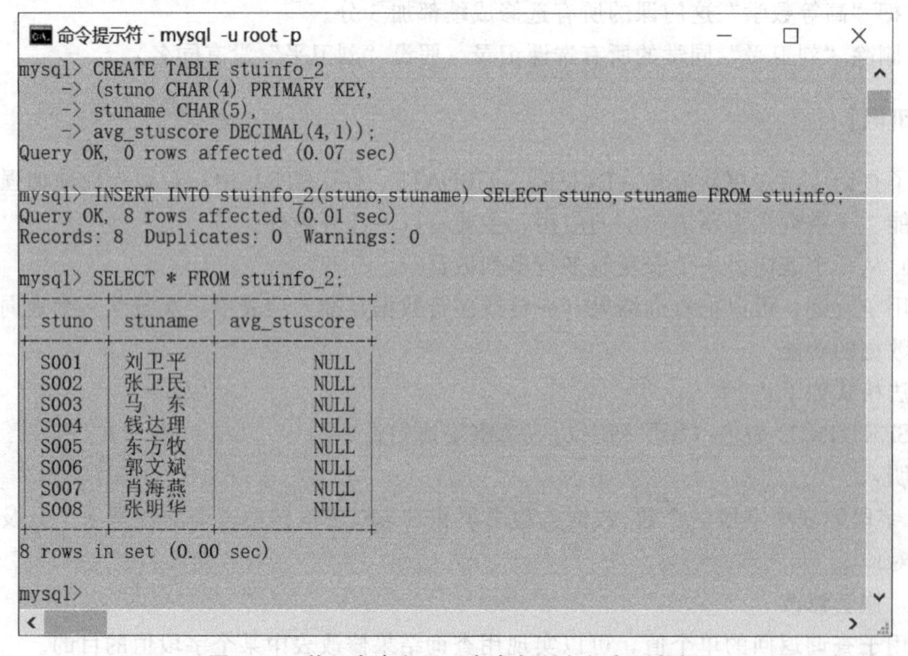

图 8.13 从一个表向另一个表复制多行多列数据

2. 修改 stuinfo _ 2 表中“S001”同学的平均成绩（avg _ stuscore）（注：平均分统计根据 stumarks 表中该生的选课成绩）

分析：“S001”同学的平均成绩可以通过查询得到，并且返回的肯定是单个值，可以用这个返回值修改 stuinfo _ 2 表中该生的平均成绩。

代码如下：

```
UPDATE stuinfo_2
SET avg_stuscore=(SELECT AVG(stuscore)FROM stumarks WHERE stuno='S001')
WHERE stuno='S001';
```

执行上面代码，然后查询 stuinfo _ 2 表的数据，结果如图 8.14 所示。

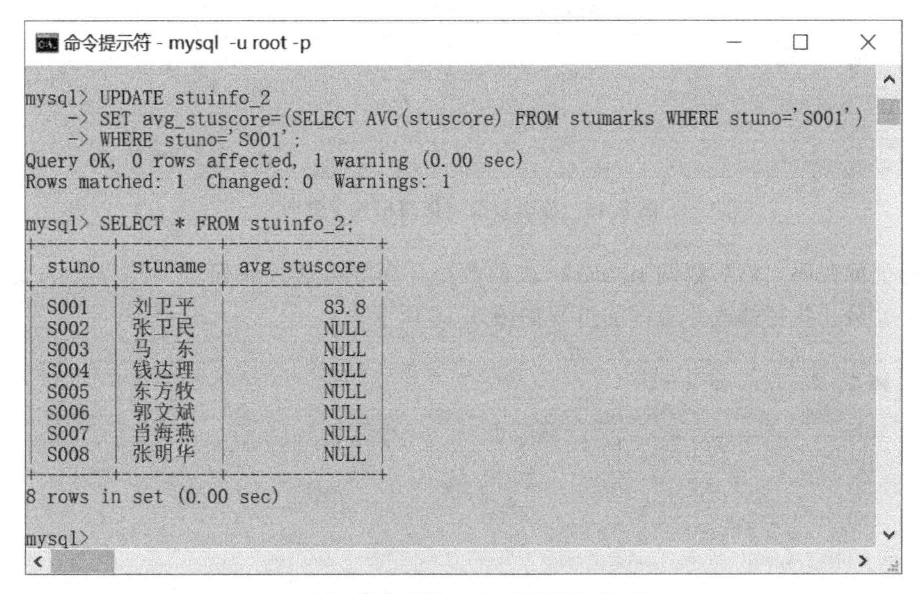

图 8.14　嵌套修改（使用不相关子查询）

思考题：如果要一次修改所有同学的平均分，上面代码应该怎么改进？

分析：可以使用相关子查询的思想，把正在更新的记录的学号传给子查询的条件子句使用。

代码如下：

```
UPDATE stuinfo_2
SET avg_stuscore=(SELECT AVG(stuscore)FROM stumarks WHERE stuno=stuinfo_2.stuno);
```

执行上面代码，查询 stuinfo _ 2 表的数据，结果如图 8.15 所示。

注：因为 stumarks 表中没有 S005、S006、S007、S008 这 4 个学生的记录，所以他们的平均分依然为空值。

3. 把“高等数学”这门课的所有选修成绩都加 5 分

分析：stumarks 表没有课程名，要用子查询先查找出“高等数学”这门课的课程号，然后传给外部的修改语句作为筛选条件使用。

```
UPDATE stumarks
SET stuscore=stuscore+5
WHERE cno=(SELECT cno FROM stucourse WHERE cname='高等数学');
```

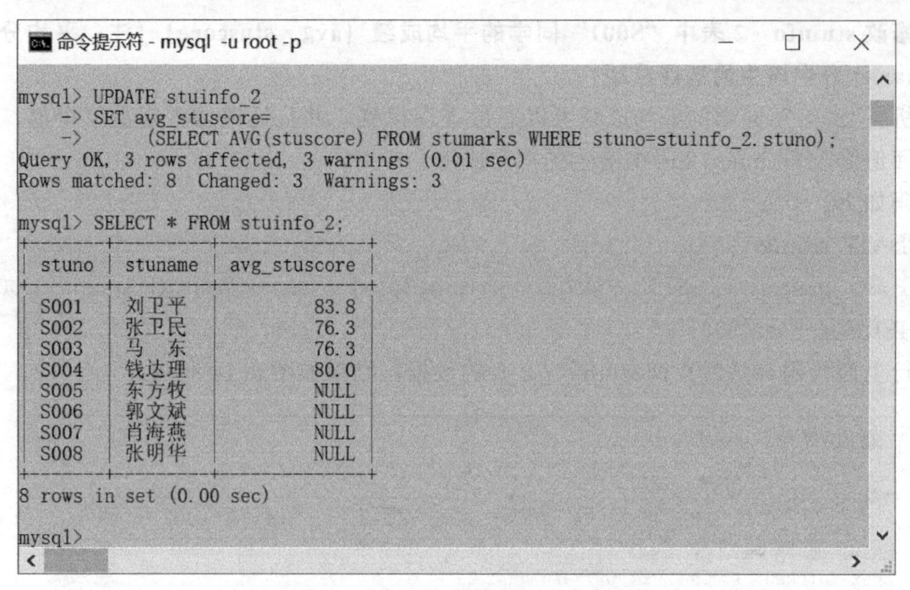

```
命令提示符 - mysql -u root -p
mysql> UPDATE stuinfo_2
    -> SET avg_stuscore=
    ->        (SELECT AVG(stuscore) FROM stumarks WHERE stuno=stuinfo_2.stuno);
Query OK, 3 rows affected, 3 warnings (0.01 sec)
Rows matched: 8  Changed: 3  Warnings: 3

mysql> SELECT * FROM stuinfo_2;
+-------+---------+-------------+
| stuno | stuname | avg_stuscore |
+-------+---------+-------------+
| S001  | 刘卫平  |        83.8 |
| S002  | 张卫民  |        76.3 |
| S003  | 马  东  |        76.3 |
| S004  | 钱达理  |        80.0 |
| S005  | 东方牧  |        NULL |
| S006  | 郭文斌  |        NULL |
| S007  | 肖海燕  |        NULL |
| S008  | 张明华  |        NULL |
+-------+---------+-------------+
8 rows in set (0.00 sec)

mysql>
```

图 8.15　嵌套修改（使用相关子查询）

执行上面代码，然后查询 stumarks 表的数据，高等数学（课程号‘0005’）这门课确实都加了 5 分。执行修改并验证的过程如图 8.16 所示。

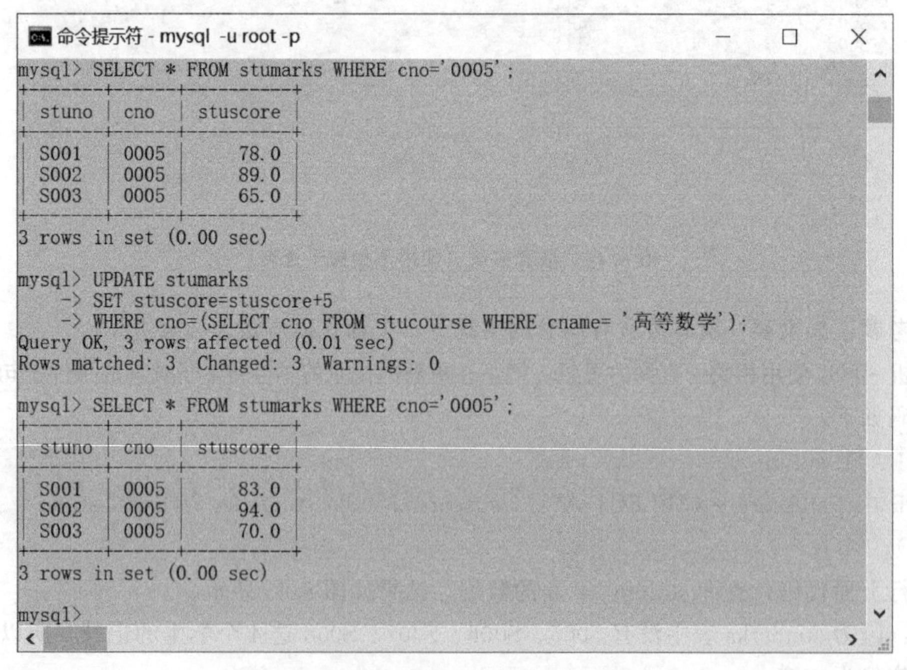

```
命令提示符 - mysql -u root -p
mysql> SELECT * FROM stumarks WHERE cno='0005';
+-------+------+----------+
| stuno | cno  | stuscore |
+-------+------+----------+
| S001  | 0005 |     78.0 |
| S002  | 0005 |     89.0 |
| S003  | 0005 |     65.0 |
+-------+------+----------+
3 rows in set (0.00 sec)

mysql> UPDATE stumarks
    -> SET stuscore=stuscore+5
    -> WHERE cno=(SELECT cno FROM stucourse WHERE cname= '高等数学');
Query OK, 3 rows affected (0.01 sec)
Rows matched: 3  Changed: 3  Warnings: 0

mysql> SELECT * FROM stumarks WHERE cno='0005';
+-------+------+----------+
| stuno | cno  | stuscore |
+-------+------+----------+
| S001  | 0005 |     83.0 |
| S002  | 0005 |     94.0 |
| S003  | 0005 |     70.0 |
+-------+------+----------+
3 rows in set (0.00 sec)

mysql>
```

图 8.16　UPDATE 语句的条件子句带子查询

4. 删除“刘卫平”同学的所有选课记录（假设“刘卫平”没有同名）

分析：stumarks 表没有学生姓名，要用子查询先从 stuinfo 表中查找出“刘卫平”这个学生的学号，然后传给外部的删除语句作为筛选条件使用。

```
DELETE FROM stumarks
WHERE stuno=(SELECT stuno FROM stuinfo WHERE stuname='刘卫平');
```

执行上面代码，查询 stumarks 表的数据，刘卫平（学号“S001”）的所有选课记录都已经删除。执行删除并验证的过程如图 8.17 所示。

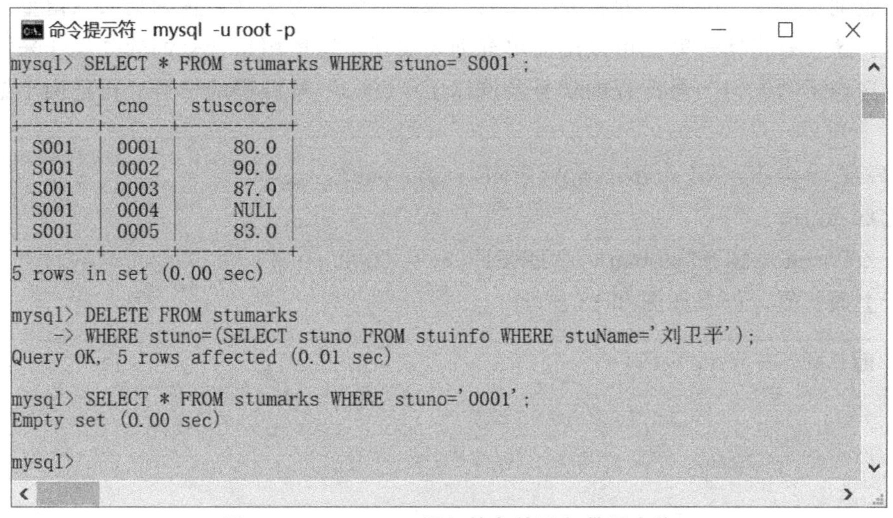

图 8.17 DELETE 语句的条件子句带子查询

任务 8.5 集合查询

【任务描述】

用集合查询完成对“学生成绩管理”数据库（stuDB）的以下查询任务。

① 查询选修了“0001”课程或“0003”课程的学生的学号，查询结果保留重复行。

② 查询选修了“0001”课程或“0003”课程的学生的学号，查询结果去掉重复行。

说明：本任务实施基于 stuDB 数据库任务 8.4 实施后的数据。

【相关知识】

面向集合的操作方式是 SQL 语言的特点之一，关系数据库的每个表就是一个集合，一条记录看作是集合的一个元素。SQL 语言提供了并、交、差运算，利用并、交、差运算可以把一些复杂的查询问题简单化。

MySQL 目前只支持并运算，并运算通俗讲就是合并查询，将多个查询结果合并到一起。

语法格式如下：

```
查询 1
UNION | UNION ALL
查询 2
```

说明：

- 查询 1 和查询 2 的结果集的字段个数和数据类型要一一地应。
- UNION ALL 是简单合并，重复行保留；UNION 合并后则会去掉重复行。
- UNION 和 JOIN 的区别：都是合并操作，但方向不同，前者是行，后者是列。

【任务实施】

(1) 查询选修了“0001”课程或“0003”课程的学生的学号，查询结果保留重复行

分析：这个查询问题完全可以用简单查询来实现，这里用集合查询的并操作来实现，先分别查出选修了“0001”号课程的学号及选修了“0003”号课程的学号，再把两个结果集进行合并。

```
SELECT stuno FROM stumarks WHERE cno='0001'
UNION ALL
SELECT stuno FROM stumarks WHERE cno='0003';
```

执行上面代码，如果如图 8.18 所示。

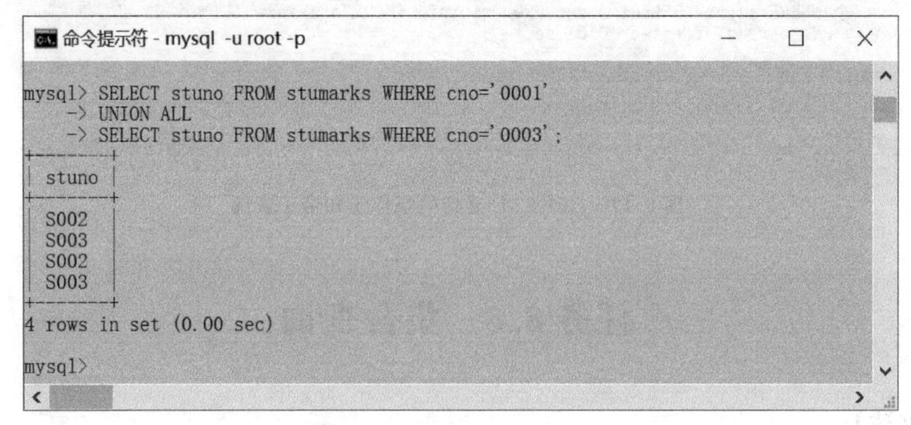

图 8.18 UNION ALL 合并结果

(2) 查询选修了“0001”的课程或“0003”课程的学生的学号，查询结果去掉重复行

```
SELECT stuno FROM stumarks WHERE cno='0001'
UNION
SELECT stuno FROM stumarks WHERE cno='0003';
```

执行上面代码，如图 8.19 所示。

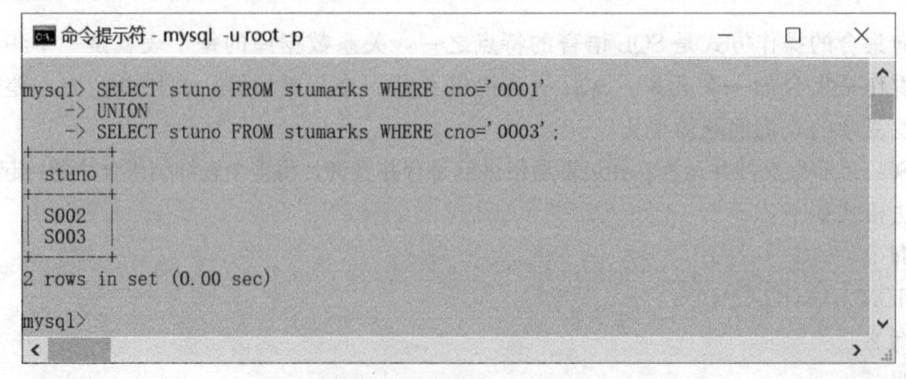

图 8.19 UNION 合并结果

这两个题完全可以用单表简单查询来实现，可以在条件子句中用 OR 运算符筛选记录，用 DISTINCT 去掉查询结果的重复行，但是如果表中数据量很大，用集合查询会提高查询效率。

【同步实训 8】“员工管理”数据库的高级数据查询

1. 实训目的

① 能用连接查询解决多表查询或复杂的单表查询问题。

② 能灵活应用子查询解决某些多表查询或复杂的单表查询问题。

③ 能用集合查询解决一些查询问题。

2. 实训内容

上机完成以下基于“员工管理”数据库（empDB）的两个数据表（dept、emp）的高级数据查询操作。

① 用内连接

a. 查询至少有一个员工的部门信息。

b. 查询所有员工的姓名、所在部门名称和工资。

c. 查询所有部门的详细信息和部门人数。

d. 查询所有“CLERK”（办事员）的姓名及其所在部门名称。

e. 查询在部门“SALES”（销售部）工作的员工的姓名。

f. 查询所有在“CHICAGO”工作的“MANAGER”（经理）和“SALESMAN”（销售员）的工号、姓名及工资。

② 用外连接或自连接

a. 查询没有员工的部门信息（外连接）。

b. 查询入职日期早于其直接上级的员工信息（自连接）。

c. 查询所有员工的姓名及其直接上级的姓名（自连接）。

③ 用子查询

a. 查询至少有一个员工的部门信息。

b. 查询工资比“SMITH”多的员工信息（假设“SMITH”没有同名）。

c. 查询在部门“SALES”（销售部）工作的员工的姓名。

d. 查询与“SCOTT”从事相同工作的员工信息。

e. 查询入职日期早于其直接上级的所有员工。

f. 查询工资高于公司平均工资的员工信息。

g. 查询工资高于员工所在部门平均工资的员工信息（内外相关子查询）。

④ 用集合查询

a. 查询“10”部门和“30”部门的所有职位，结果去掉重复行。

b. 查询“PRESIDENT”和“MANAGER”所在的部门编号，结果保留重复行。

习题 8

一、单选题

1. 给定如下 SQL 语句：

SELECT emp. name，dept. dname
FROM dept，emp
WHERE dept. did＝emp. did；
下列选项中，与其功能相同的是（　　）。
A. SELECT emp. name，dept. dname
FROM dept JOIN emp ON dept. did＝emp. did；
B. SELECT emp. name，dept. dname
FROM dept CROSS JOIN emp ON dept. did＝emp. did；
C. SELECT emp. name，dept. dname
FROM dept LEFT JOIN emp ON dept. did＝emp. did；
D. SELECT emp. name，dept. dname
FROM dept RIGHT JOIN emp ON dept. did＝emp. did；

2. 下面关于交叉连接本质的说法中，正确的是（　　）。
A. 两表进行内连接　　B. 两表进行左外连接
C. 两表进行右外连接　　D. 两表所有行进行任意组合

3. 只有满足连接条件的记录才包含在查询结果中，这种连接是（　　）。
A. 左连接　　B. 右连接　　C. 内连接　　D. 交叉连接

4. A 表 4 条记录，B 表 5 条记录，两表进行交叉连接后的记录数是（　　）。
A. 1 条　　B. 9 条　　C. 20 条　　D. 2 条

5. 下列选项中，用于实现交叉连接的关键字是（　　）。
A. INNER JOIN　　B. CROSS JOIN　　C. LEFT JOIN　　D. RIGHT JOIN

6. 阅读下面 SQL 语句：
SELECT *　FROM dept WHERE　deptno＝
(SELECT deptno FROM emp WHERE name＝'赵四')；
下面对上述语句的功能描述中，正确的是（　　）。
A. 查询员工赵四所在的部门信息　　B. 查询所有的部门信息
C. 查询不包含员工赵四的所有部门信息　　D. 以上说法都不对

7. 阅读下面 SQL 语句：
SELECT * FROM dept WHERE deptno＞（SELECTmin（deptno）FROM emp）；
下面对上述语句的功能描述中，正确的是（　）。
A. 查询所有大于员工编号的部门
B. 查询所有的部门信息
C. 查询大于任意一个员工的部门编号的所有部门信息
D. 以上说法都不对

8. 阅读下面 SQL 语句：
SELECT *　FROM dept WHERE deptno＞（SELECTmax（deptno）FROM emp）；
下面对上述语句的功能描述中，正确的是（　）。
A. 查询所有大于员工编号的部门
B. 查询所有的部门信息
C. 查询部门编号大于所有员工的部门编号的所有部门信息

D. 以上说法都不对

9. 阅读下面 SQL：

SELECT * FROM dept

WHERE deptno NOT IN（SELECT deptno FROM emp WHERE age=20）;

下面对上述语句的功能描述中，正确的是（ ）。

A. 查询存在年龄为 20 岁的员工的部门

B. 查询不存在年龄为 20 岁的员工的部门

C. 查询不存在年龄为 20 岁的员工的员工信息

D. 查询存在年龄为 20 岁的员工的员工信息

10. 阅读下面 SQL 语句：

SELECT *

FROM dept

WHERE EXISTS（SELECT * FROM emp WHERE age>21 and deptno=dept. deptno）;

下面对上述语句的功能描述中，正确的是（ ）。

A. 查询年龄大于 21 的员工信息

B. 查询存在年龄大于 21 的员工所对应的部门信息

C. 查询存在年龄大于 21 的员工所对应的员工信息

D. 查询存在年龄大于 21 的员工信息

（注：第 11 到第 15 题基于这样的三个表，即学生表 s、课程表 c 和学生选课表 sc，它们的结构如下：

s（s#，sn，sex，age，dept）

c（c#，cn）

sc（s#，c#，grade）

其中：s# 为学号，sn 为姓名，sex 为性别，age 为年龄，dept 为系别，c# 为课程号，cn 为课程名，grade 为成绩。）

11. 检索所有比“王华”年龄大的学生姓名、年龄和性别。正确的 SELECT 语句是（ ）。

A. SELECT sn，age，sex

FROMs

WHERE age>（SELECT age FROM s WHERE sn='王华'）;

B. SELECT sn，age，sex

FROMs

WHEREsn='王华';

C. SELECT sn，age，sex

FROMs

WHEREage>（SELECT age WHERE sn='王华'）;

D. SELECT sn，age，sex

FROMs

WHERE age>王华. age;

12. 检索选修“C2”课程的学生中成绩最高的学生的学号。正确的 SELECT 语句是（ ）。

A. SELECT s#

FROM sc
WHEREc＃='C2' AND grade>=（SELECT grade FROM sc WHERE c＃='C2'）;

B. SELECT s＃
FROM sc
WHERE c＃='C2' AND grade IN（SELECT grade FROM sc WHERE c＃='C2'）;

C. SELECT s＃
FROM sc
WHERE c＃='C2' AND grade NOT IN（SELECT grade FORM sc WHERE c＃='C2'）;

D. SELECT s＃ FROM sc
WHERE c＃='C2' AND grade>=（SELECT max（grade）FROM sc WHERE c＃='C2'）;

13. 检索学生姓名及其所选修课程的课程号和成绩。正确的SELECT语句是（ ）。

A. SELECT s. sn，sc. c＃，sc. grade
FROM s
WHERE s. s＃=sc. s＃;

B. SELECT s. sn，sc. c＃，sc. grade
FROM sc
WHERE s. s＃=sc. grade;

C. SELECT s. sn，sc. c＃，sc. grade
FROM s，sc
WHERE s. s＃=sc. s＃

D. SELECT s. sn，sc. c＃，sc. grade
FROMs，sc

14. 有如下的SQL语句：

Ⅰ. SELECT sn FROM s WHERE s＃ NOT IN（SELECT s＃ FROM sc）;
Ⅱ. SELECT sn FROM s，sc WHERE sc. s＃ IS NULL;
Ⅲ. SELECT sn FROM s LEFT JOIN sc ON s. s＃=sc. s＃ WHERE sc. s＃ IS NULL;

若要查找没有选修课程的学生姓名，以上正确的语句有哪些（ ）。

A. Ⅰ和Ⅱ　　B. Ⅰ和Ⅲ　　C. Ⅱ和Ⅲ　　D. Ⅰ、Ⅱ和Ⅲ

15. 有如下的SQL语句：

Ⅰ. SELECT sn FROM s，sc WHERE grade<60;
Ⅱ. SELECT sn FROM s WHERE s＃ IN（SELECT s＃ FROM sc WHERE grade<60）;
Ⅲ. SELECT sn FROM s JOIN sc ON s. s＃=sc. s＃ WHERE grade<60;

若要查找有成绩不及格的学生姓名，以上正确的语句有哪些（ ）。

A. Ⅰ和Ⅱ　　B. Ⅰ和Ⅲ　　C. Ⅱ和Ⅲ　　D. Ⅰ、Ⅱ和Ⅲ

二、多选题

1. 下列选项中，属于外连接的关键字是（ ）。

A. LEFT JOIN　　B. RIGHT JOIN　　C. CROSS JOIN　　D. JOIN

2. 下面关于左外连接的描述中，结果中包含（ ）。

A. 左表的所有记录　　B. 所有满足连接条件的记录

C. 右表的所有记录　　　　　　　　D. 左表与右表进行交叉连接的记录

3. 下面关于内连接的说法中，描述正确的是（　　）。

A. 内连接使用 INNER JOIN 关键字来进行连接

B. 内连接使用 CROSS JOIN 关键字来进行连接

C. 内连接又称自然连接

D. 内连接只有满足条件的记录才能出现在查询结果中

4. 下面关于内连接基本语法构成的说法中，正确的是（　　）。

A. INNER JOIN 用于连接两个表

B. ON 用来指定连接条件

C. ON 与 WHERE 都代表条件，使用没有区别

D. INNER JOIN 也可以省略写为 JOIN

5. 给定如下 SQL 语句：（注：emp 是员工表，name 是姓名，did 是部门编号）

```
SELECT p1. *
FROM emp p1 JOIN emp p2 ON p1. did=p2. did
WHERE p2. name='王红';
```

下面关于该 SQL 语句的说法中，正确的是（　　）。

A. 采用了自连接查询

B. 采用了普通交叉连接查询

C. 存在语法错误，因为 JOIN 两边都是对同一个表操作

D. 用于查询与王红在同一个部门的员工

6. 下列选项中，实现内连接的关键字是（　　）。

A. INNER JOIN　　B. CROSS JOIN　　C. JOIN　　D. LEFT JOIN

7. 下面关于内连接的说法中，描述正确的是（　　）。

A. 自连接是一种内连接

B. 连接条件可以写在 WHERE 子句中

C. 内连接语法格式中的 INNER JOIN 不能略写为 JOIN

D. 内连接可以得到被连接的两个表中所有数据行的笛卡儿积

8. 下面关于交叉连接的说法中，正确的是（　　）。

A. 交叉连接在实际开发中很少使用

B. 交叉连接在实际开发中经常使用

C. 交叉连接实质就是对两表进行笛卡儿积操作

D. 交叉连接使用 INNER JOIN 关键字

三、SQL 语句题

1. 写出以下基于 stuinfo、stucourse、stumarks 三个数据表的查询语句。

要求：第（1）题用连接查询完成，第（2）～（7）题分别用连接查询、子查询两种方法完成，第（8）～（10）题用子查询完成。

（1）查询统计男、女同学的平均成绩。

（2）查询选修“高等数学”课程且成绩在 80～90 分之间的学生学号及成绩。

（3）查询选修“数据结构”课程的学生的学号、姓名和性别。

（4）查询至少选修一门课程的女学生的学号及姓名。

(5) 查询没有选修“0003”这门课的学生的学号及姓名。

(6) 查询没有学生选修的课程号及课程名称。

(7) 查询“0001”号这门课不及格的学生信息。

(8) 查询年龄小于所有女生的男生的学号、姓名及出生日期。

(9) 查询成绩比所有成绩的平均成绩高的选课记录。

(10) 查询成绩比该课程平均成绩高的学生的学号、课程号及成绩（内外相关子查询）。

2. 以下面的数据库为例，用 SQL 完成以下更新操作。关系模式如下：

仓库（仓库号，城市，面积）↔warehouse（wno，city，size）

职工（职工号，工资，仓库号）↔employee（eno，salary，wno）

订购单（订购单号，职工号，供应商号，订购日期）↔ order（ono，eno，sno，odate）

供应商（供应商号，供应商名，地址）↔supplier（sno，sname，address）

(1) 删除目前没有任何订购单的供应商。

(2) 删除由在上海仓库工作的职工发出的所有订购单。

(3) 给低于所有职工平均工资的职工提高 5％的工资。

3. 有两个表，表结构如下：

员工（员工编号，员工姓名，员工工资）↔user（id，name，sal）

工资标准（最低工资，最高工资，工资等级）↔level（minsal，maxsal，grade）

写出查询 6 号员工的工资等级的 SQL 语句。

模块9　视图与索引

【项目描述】

为了优化对“学生成绩管理”数据库（stuDB）的查询，本模块将通过创建与使用视图实现查询的简化并提高数据的安全性，通过创建与使用索引加快查询速度。

【学习目标】

1. 理解视图、索引的概念。
2. 识记视图、索引相关操作语句的语法。
3. 能创建、使用及管理视图。
4. 能创建和管理索引，并能查看索引的使用情况。

任务9.1　创建与使用视图

【任务描述】

为“学生成绩管理”数据库（stuDB）创建、管理视图，并使用视图查询或更新基本表的数据。具体任务如下。

① 创建视图v1，用来查看stuinfo表中所有女生的基本信息，并且强制以后通过该视图插入的必须是女生的记录。

② 创建视图v2，用来查看所有学生的学号及平均成绩。创建后查看v2的结构及创建信息。

③ 创建视图v3，用来查看所有学生的学号、姓名、课程名及成绩。

④ 查询v2视图中“S003”学生的平均成绩。

⑤ 通过v1视图更新基本表stuinfo的数据（包括插入、修改、删除操作）。

⑥ 修改视图v3，把列名stuno、stuname、cname、stuscore分别改为学号、姓名、课程名、成绩。

⑦ 删除视图v1和v2。

【相关知识】

9.1.1 视图的概念

视图（VIEW）看上去是表，但它其实是虚拟表，因为它本身没有数据。相反地，用CREATE TABLE语句创建的表是有数据的，为了和视图区分开，把真正存放数据的表叫做基本表。视图的数据来自于对一个或多个基本表（或视图）查询的结果。视图又叫做存储的查询，定义视图的主体部分就是一条查询语句，打开视图看到的实际上就是执行这条查询语句所得到的结果集。

视图有以下作用。

① 方便用户。日常应用中可以将经常使用的查询语句定义为视图，特别是一些复杂的查询语句，从而避免重复地写同样的语句。

② 安全性。通过视图，可以把用户和基本表隔离开，能够使特定用户只能查询或修改允许他们见到的数据，其他数据则看不到也取不到。

③ 逻辑数据独立性。视图可以屏蔽真实表结构变化带来的影响。例如，当其他应用程序查询数据时，若直接查询数据表，一旦表结构发生改变，查询的SQL语句就要相应发生改变，应用程序也必须随之更改。但如果为应用程序提供视图，修改表结构后只需修改视图对应的SELECT语句，而无需更改应用程序。

9.1.2 创建视图

创建视图用CREATE VIEW语句，语法格式如下：

```
CREATE[OR REPLACE] VIEW 视图名[(列1,列2,…)]
AS
SELECT 语句
[WITH CHECK OPTION]
```

说明：

• OR REPLACE 子句可选，作用是替换已有的同名视图。

•（列1,列2,…）用来声明视图中使用的列名，相当于给SELECT子句的各个数据项起别名。

• WITH CHECK OPTION 子句用来限制通过该视图修改的记录要符合SELECT语句中指定的选择条件。

注意：创建视图成功只代表语法没错，并不代表里面的SELECT语句逻辑是对的，所以初学者创建视图前最好是先把SELECT语句单独运行调试一下。

9.1.3 查看视图

视图创建成功后，可以查看它的结构、基本信息及创建语句，查看视图的语法格式与查看表的语法格式完全类似。

（1）查看视图的结构

```
DESC[RIBE]视图名;
```

（2）查看视图的基本信息

```
SHOW TABLE STATUS [LIKE '视图名'];
```

（3）查看视图的创建信息

```
SHOW CREATE VIW 视图名；
```

9.1.4 使用视图

（1）查询数据

视图创建后，可以通过视图查询基本表的数据，这是视图最基本的应用，查询方法与查询基本表一样使用SELECT语句进行。

（2）更新数据

视图是虚拟表，本身没有数据，通过视图更新的是基本表的数据。不是所有的视图都可以更新数据，一般只能对“行列子集视图”进行数据更新，即视图是从单个基本表导出的某些行与列，并且保留了主键。

如果创建视图时使用了WITH CHECK OPTION子句，那么通过视图更新的数据必须要满足视图定义时SELECT语句中WHERE子句后面的筛选条件，否则会报错。说得更具体一点就是：如果插入，插入后通过刷新该视图可以看到；如果修改，修改完的结果也必须能通过该视图看到；如果删除，当然只能删除视图里有显示的记录。

9.1.5 修改视图

视图创建后，可以用ALTER VIEW语句进行修改，语法格式如下：

```
ALTER VIEW 视图名[(列1,列2,…)]
AS
SELECT 语句
[WITH CHECK OPTION]
```

其实，前面CREATE VIEW语句加上OR REPLACE也相当于实现修改已有视图。

9.1.6 删除视图

视图创建后，如果不需要了，可以随时用DROP VIEW命令删除，一次可以删除多个视图。

语法格式如下：

```
DROP VIEW [IF EXISTS]视图名1[,视图名2]….；
```

【任务实施】

1. 创建视图v1

用来查看stuinfo表中所有女生的基本信息，并且强制以后通过该视图插入的必须是女生的记录

分析：为了强制以后通过该视图插入stuinfo表的数据必须要满足性别为“女”的条件，可以在创建时加上WITH CHECK OPTION子句实现。代码如下：

```
CREATE OR REPLACE VIEW v1
AS
SELECT *
FROM stuinfo
WHERE stusex='女'
WITH CHECK OPTION;
```

执行上面语句，结果如图 9.1 所示。没有看到视图定义中查询语句执行的结果，只是创建了视图 v1，初学者创建前最好先单独运行一下里面的 SQL 语句，判断查询语句是否正确。

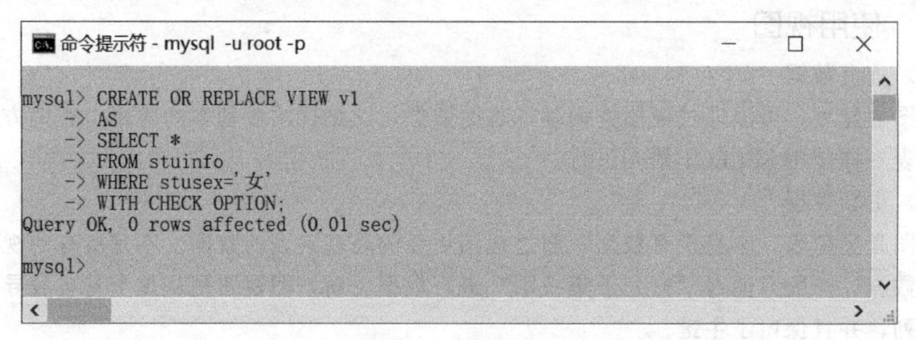

图 9.1 创建视图 v1

2. 创建视图 v2

用来查看所有学生的学号及平均成绩，创建后查看视图 v2 的结构及创建信息

分析：此题查询的数据项有一个是聚合函数，可以考虑在视图名后给出新的列名。

代码如下：

```
CREATE OR REPLACE VIEW v2(stuno,avg_stuscore)
AS
SELECT stuno,avg(stuscore)
FROM stumarks
GROUP BY stuno;
```

执行上面语句，并查看 v2 的结构及创建信息，如图 9.2 所示。

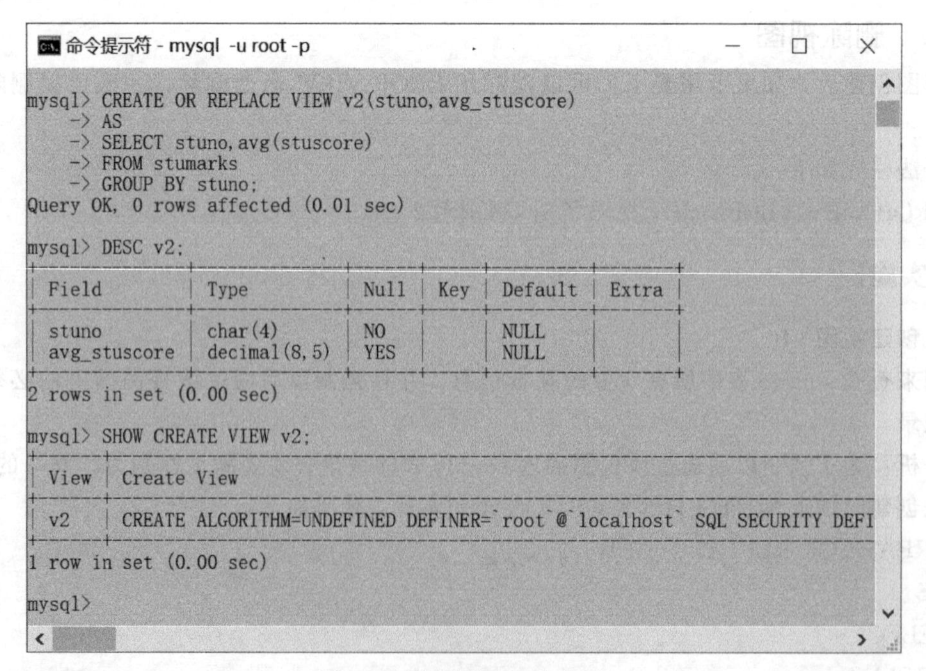

图 9.2 创建视图 v2 并查看

3. 创建视图 v3

用来查看所有学生的学号、姓名、课程名及成绩

```
CREATE OR REPLACE VIEW v3
AS
SELECT i.stuno ,stuname, cname,stuscore
FROM stuinfo i JOIN stumarks m ON i.stuno=m.stuno JOIN stucourse c ON m.cno=
c.cno;
```

执行上面代码后，用 SHOW TABLES 命令查看，可以看到所有的基本表及视图，查看结果如图 9.3 所示。

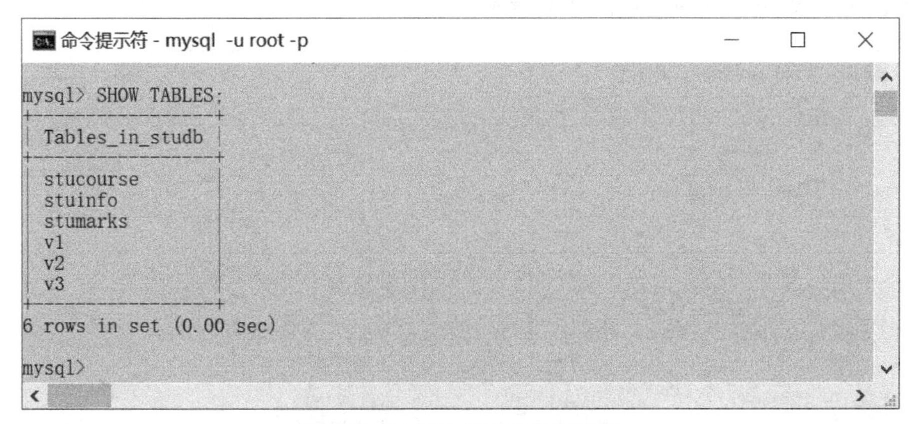

图 9.3 显示已创建的所有视图

4. 查询 v2 视图中“S003”学生的平均成绩

```
SELECT avg_stuscore FROM v2 WHERE stuno='S003';
```

执行上面语句，结果如图 9.4 所示。

图 9.4 使用视图 v2 查询表数据

5. 通过 v1 视图更新基本表 stuinfo 的数据（包括插入、修改、删除操作）

分析：前面创建的 v1、v2、v3 三个视图，只有 v1 满足“行列子集视图”的条件，可用它来更新对应基本表的数据。但是，v1 视图创建时加了 WITH CHECK OPTION 子句强制以后通过该视图插入的必须是女生的记录。

① 插入记录

```
INSERT INTO v1(stuno,stuname,stusex)VALUES('S200','马六','男');
```

执行上面语句，结果如图 9.5 所示。显示该语句执行失败，因为要插入的数据不满足性别为“女”的限制条件。

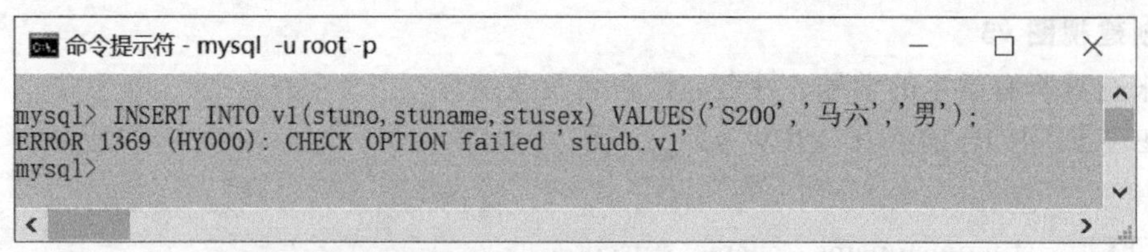

图 9.5　通过视图 v1 往基本表插入一条男生记录失败

把上面插入语句中的性别值改为“女”：

```
INSERT INTO v1(stuno,stuname,stusex)VALUES('S200','马六','女');
```

执行上面语句，系统提示插入成功，并且经过查询 stuinfo，证明通过视图 v1 插入的记录确实已在基本表 stuinfo 中，如图 9.6 所示。

```
命令提示符 - mysql -u root -p
mysql> INSERT INTO v1(stuno,stuname,stusex) VALUES('S200','马六','女');
Query OK, 1 row affected (0.01 sec)

mysql> SELECT * FROM stuinfo;
+-------+---------+--------+-------------+-------------------+
| stuno | stuname | stusex | stubirthday | stuaddress        |
+-------+---------+--------+-------------+-------------------+
| S001  | 刘卫平  | 男     | 1994-10-16  | 衡山市东风路78号  |
| S002  | 张卫民  | 男     | 1995-08-11  | 地址不祥          |
| S003  | 马  东  | 男     | 1994-10-12  | 长岭市五一路785号 |
| S004  | 钱达理  | 男     | 1995-02-01  | 滨海市洞庭大道278号 |
| S005  | 东方牧  | 男     | 1994-11-07  | 东方市中山路25号  |
| S006  | 郭文斌  | 男     | 1995-03-08  | 长岛市解放路25号  |
| S007  | 肖海燕  | 女     | 1994-12-25  | 山南市红旗路15号  |
| S008  | 张明华  | 女     | 1995-05-27  | 滨江市韶山路35号  |
| S200  | 马六    | 女     | NULL        | 地址不祥          |
+-------+---------+--------+-------------+-------------------+
9 rows in set (0.00 sec)

mysql>
```

图 9.6　通过视图 v1 往 stuinfo 表成功插入一条女生记录

② 修改记录

```
UPDATE v1
SET stubirthday='1998-12-25'
WHERE stuno='S200';
```

执行上面语句，然后查看基本表数据，结果如图 9.7 所示。

③ 删除

```
DELETE FROM v1 WHERE stuno='S200';
```

执行上面语句，然后查看基本表，结果如图 9.8 所示。

6. 修改视图 v3

把列名 stuno、stuname、cname、stuscore 分别改为学号、姓名、课程名、成绩

```
ALTER VIEW v3(学号,姓名,课程名,成绩)
AS
SELECT i.stuno ,stuname, cname,stuscore
FROM stuinfo i JOIN stumarks m ON i.stuno = m.stuno JOIN stucourse c ON m.cno =
c.cno;
```

执行上面修改语句，然后用 DESC 查看视图 v3 的结构，结果如图 9.9 所示。

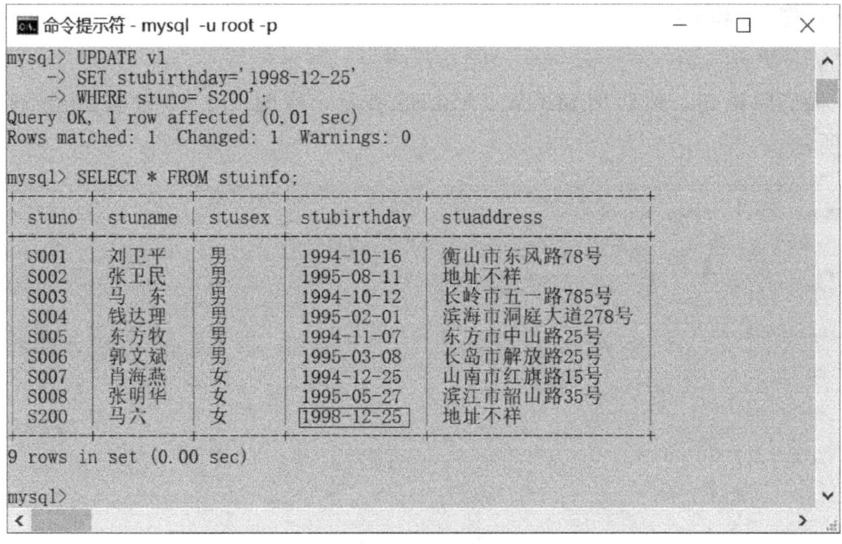

```
命令提示符 - mysql -u root -p
mysql> UPDATE v1
    -> SET stubirthday='1998-12-25'
    -> WHERE stuno='S200';
Query OK, 1 row affected (0.01 sec)
Rows matched: 1  Changed: 1  Warnings: 0

mysql> SELECT * FROM stuinfo;
+-------+----------+--------+-------------+------------------+
| stuno | stuname  | stusex | stubirthday | stuaddress       |
+-------+----------+--------+-------------+------------------+
| S001  | 刘卫平   | 男     | 1994-10-16  | 衡山市东风路78号 |
| S002  | 张卫民   | 男     | 1995-08-11  | 地址不祥         |
| S003  | 马 东    | 男     | 1994-10-12  | 长岭市五一路785号 |
| S004  | 钱达理   | 男     | 1995-02-01  | 滨海市洞庭大道278号 |
| S005  | 东方牧   | 男     | 1994-11-07  | 东方市中山路25号 |
| S006  | 郭文斌   | 男     | 1995-03-08  | 长岛市解放路25号 |
| S007  | 肖海燕   | 女     | 1994-12-25  | 山南市红旗路15号 |
| S008  | 张明华   | 女     | 1995-05-27  | 滨江市韶山路35号 |
| S200  | 马六     | 女     | 1998-12-25  | 地址不祥         |
+-------+----------+--------+-------------+------------------+
9 rows in set (0.00 sec)

mysql>
```

图 9.7　通过视图 v1 修改 stuinfo 表的数据

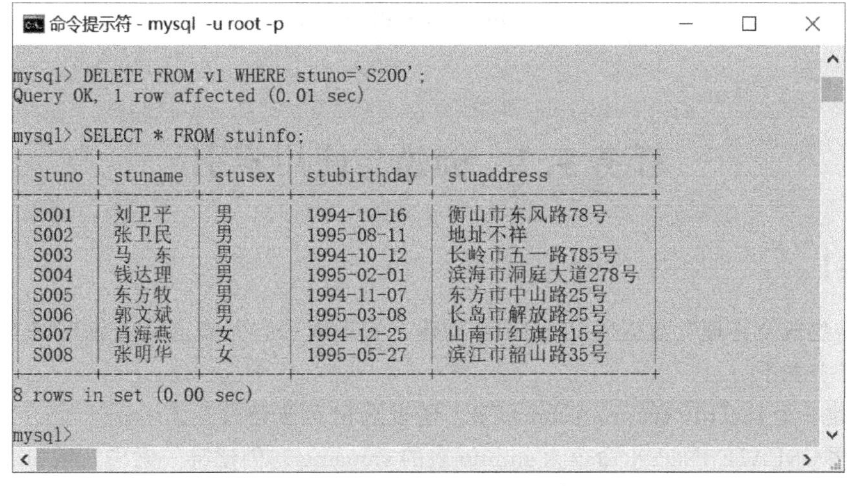

```
命令提示符 - mysql -u root -p
mysql> DELETE FROM v1 WHERE stuno='S200';
Query OK, 1 row affected (0.01 sec)

mysql> SELECT * FROM stuinfo;
+-------+----------+--------+-------------+------------------+
| stuno | stuname  | stusex | stubirthday | stuaddress       |
+-------+----------+--------+-------------+------------------+
| S001  | 刘卫平   | 男     | 1994-10-16  | 衡山市东风路78号 |
| S002  | 张卫民   | 男     | 1995-08-11  | 地址不祥         |
| S003  | 马 东    | 男     | 1994-10-12  | 长岭市五一路785号 |
| S004  | 钱达理   | 男     | 1995-02-01  | 滨海市洞庭大道278号 |
| S005  | 东方牧   | 男     | 1994-11-07  | 东方市中山路25号 |
| S006  | 郭文斌   | 男     | 1995-03-08  | 长岛市解放路25号 |
| S007  | 肖海燕   | 女     | 1994-12-25  | 山南市红旗路15号 |
| S008  | 张明华   | 女     | 1995-05-27  | 滨江市韶山路35号 |
+-------+----------+--------+-------------+------------------+
8 rows in set (0.00 sec)

mysql>
```

图 9.8　通过视图 v1 删除 stuinfo 表的记录

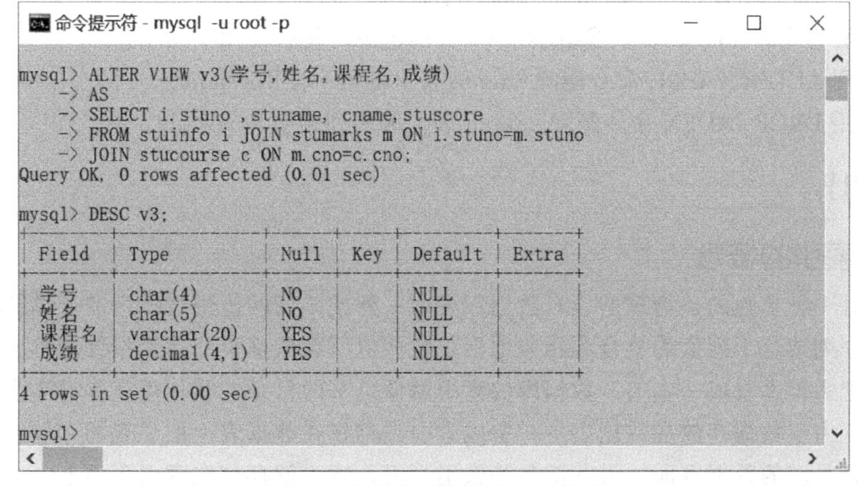

```
命令提示符 - mysql -u root -p
mysql> ALTER VIEW v3(学号,姓名,课程名,成绩)
    -> AS
    -> SELECT i.stuno ,stuname, cname,stuscore
    -> FROM stuinfo i JOIN stumarks m ON i.stuno=m.stuno
    -> JOIN stucourse c ON m.cno=c.cno;
Query OK, 0 rows affected (0.01 sec)

mysql> DESC v3;
+--------+--------------+------+-----+---------+-------+
| Field  | Type         | Null | Key | Default | Extra |
+--------+--------------+------+-----+---------+-------+
| 学号   | char(4)      | NO   |     | NULL    |       |
| 姓名   | char(5)      | NO   |     | NULL    |       |
| 课程名 | varchar(20)  | YES  |     | NULL    |       |
| 成绩   | decimal(4,1) | YES  |     | NULL    |       |
+--------+--------------+------+-----+---------+-------+
4 rows in set (0.00 sec)

mysql>
```

图 9.9　修改并查看视图 v3 的结构

7. 删除视图 v1 和 v2

```
DROP VIEW v1,v2;
```

执行上面删除语句，然后用 SHOW TABLES 查看，视图 v1、v2 确实已经不存在，结果如图 9.10 所示。

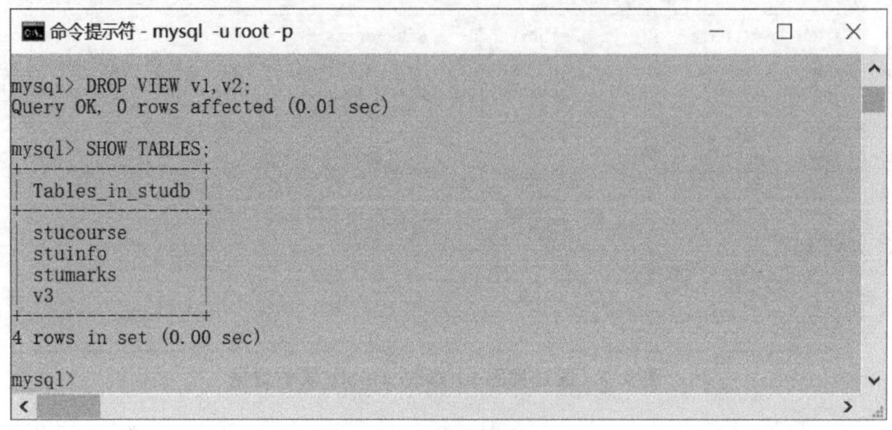

图 9.10 删除视图 v1、v2

任务 9.2 创建与使用索引

【任务描述】

为“学生成绩管理”数据库（stuDB）创建、管理索引，并查看在查询时是否使用了索引。具体任务如下。

① 创建一个 t1（id，name，score）表，同时给 id 列创建普通索引。

② 使用 CREATE INDEX 命令为 stuinfo 表的 stuname 列创建唯一索引，索引名为 uqidx。

③ 使用 ALTER TABLE 命令为 stuinfo 表的 stuno 列与 stubirthday 列建立多列索引，索引名为 multidx，stuno 列升序，stubirthday 列降序。

④ 查看查询 stumarks 表中成绩小于 60 分的记录时是否使用了索引。

⑤ 使用 ALTER TABLE 命令删除 stuinfo 表上的唯一索引：uqidx。

⑥ 使用 DROP INDEX 命令删除 stuinfo 表上的多列索引：multidx。

【相关知识】

9.2.1 索引的概念

索引是一种单独的、物理的、对数据库表中一列或多列的值进行排序的存储结构，它是某个表中一列或若干列值的集合和相应地标识这些值所在数据页的逻辑指针清单。

如果把数据库看成一本书，数据库的索引就像是书的目录，其作用就是提高表中数据的查询速度。由于数据存放在数据表中，所以索引是创建在数据表上的。表的存储由两部分组成，一部分是表的数据页面，另一部分是索引页面，索引就存储在索引页面上。

索引创建之后，在更新表中数据时由系统自动维护索引页的内容。索引需要时间与空间的开销，所以要有选择地给某些列建索引，太多的索引会降低表的更新速度，影响数据库的性能。适合创建索引的列有：用于表间连接的外键，经常出现在WHERE、GROUP、ORDER BY子句中的字段等。在查询中很少被使用的字段以及重复值很多的字段则不适合建索引。

在MySQL中，索引是在存储引擎中实现的，每种存储引擎支持的索引类型不尽相同。MySQL8.0默认的存储引擎InnoDB支持以下几种常见的索引。

① 普通索引。它是最基本的索引类型，允许在创建索引的列中插入重复值或空值，只要不与约束冲突。

② 唯一索引。要求索引列的值必须唯一，可以是空值，使用UNIQUE关键字可以把索引设为唯一索引（模块五的唯一约束其实就是通过唯一索引实现的）。

③ 主键索引。在建立主键时自动创建，索引列的值不能重复也不能为空值。

④ 单列索引。指创建索引的列是单列。

⑤ 多列索引。又叫组合索引，指创建索引的列是多列的组合，要注意的是只有在查询条件中使用了这些列中的第一列时，该索引才会被使用。

从上面定义不难看出：从创建索引的列的值是否允许重复分为普通索引和唯一索引，从索引创建在单列还是多列组合上可以把索引分为单列索引或多列索引，单列索引和多列索引也可以是普通索引或唯一索引。

一个表只能有一个主键索引，其他索引可以有多个。

9.2.2 创建索引

MySQL用语句创建索引有以下三种方法。

（1）创建表的时候创建索引

语法格式如下：

```
CREATE TABLE 表名
(字段名1 数据类型1 [列级完整性约束1]
[,字段名2 数据类型2 [列级完整性约束2]][,…]
[,表级完整性约束1][,…]
,[UNIQUE] INDEX|KEY[索引名](字段名[(长度)] [ASC|DESC])
);
```

上面创建表时指定索引的子句是：

```
[UNIQUE] INDEX|KEY[索引名](字段名[(长度)] [ASC|DESC])
```

说明：

- UNIQUE可选，如有表示创建的是唯一索引。
- 在MySQL中KEY和INDEX是一样的意思。
- 索引名如果没有，默认是字段名。
- 长度指的是使用列的前多少个字符创建索引。
- ASC|DESC可选，ASC表示升序，DESC表示降序，默认是升序。

（2）使用CREATE INDEX语句在已存在的表上创建索引

语法格式如下：

```
CREATE [UNIQUE] INDEX 索引名 ON 表名(字段名[(长度)] [ASC|DESC]);
```

其中，各选项的含义同前面建表时创建索引的说明，这里索引名不能省略。

（3）使用 ALTER TABLE 语句在已经存在的表上创建索引

语法格式如下：

```
ALTER TABLE 表名 ADD [UNIQUE] INDEX 索引名(字段名[(长度)] [ASC|DESC]);
```

其中，各选项的含义同前面建表时创建索引的说明。

9.2.3 使用索引

创建索引的目的是为了提高查询速度，想查看索引是否被使用，可以在查询语句前面加关键字 EXPLAIN 来实现。

语法格式如下：

```
EXPLAINSELECT 语句
```

这条语句执行后，会出来一个表格，可以通过 possible _ keys 和 key 这两列的值来判断是否使用了索引，说明如下：

- possible _ keys：可能使用的索引，可以有一个或多个，如果没有，值为 NULL。
- key：显示实际使用的索引，如果没有使用索引，值为 NULL。

9.2.4 删除索引

删除表中已创建的索引有以下两种方法。

（1）使用 ALTER TABLE 命令

语法格式如下：

```
ALTER TABLE 表名 DROP INDEX 索引名;
```

（2）使用 DROP INDEX 命令

语法格式如下：

```
DROP INDEX 索引名 ON 表名;
```

【任务实施】

1. 创建一个 t1（id，name，score）表，同时给 id 列创建普通索引

```
CREATE TABLE t1(
    id INT,
    name VARCHAR(20),
    score FLOAT,
    INDEX(id));
```

创建后，可以用 DESC 或 SHOW CREATE TABLE 命令查看，查看结果如图 9.11 所示。

说明：用 DESC 命令查看表结构时，Key 列可能会看到有如下的值：PRI（主键）、MUL（普通索引）、UNI（唯一索引）。

2. 使用 CREATE INDEX 命令为 stuinfo 表的 stuname 列创建唯一索引 uqidx

```
CREATE UNIQUE INDEX uqidx ON stuinfo(stuname);
```

执行上面语句后，用 DESC 命令查看结果如图 9.12 所示。

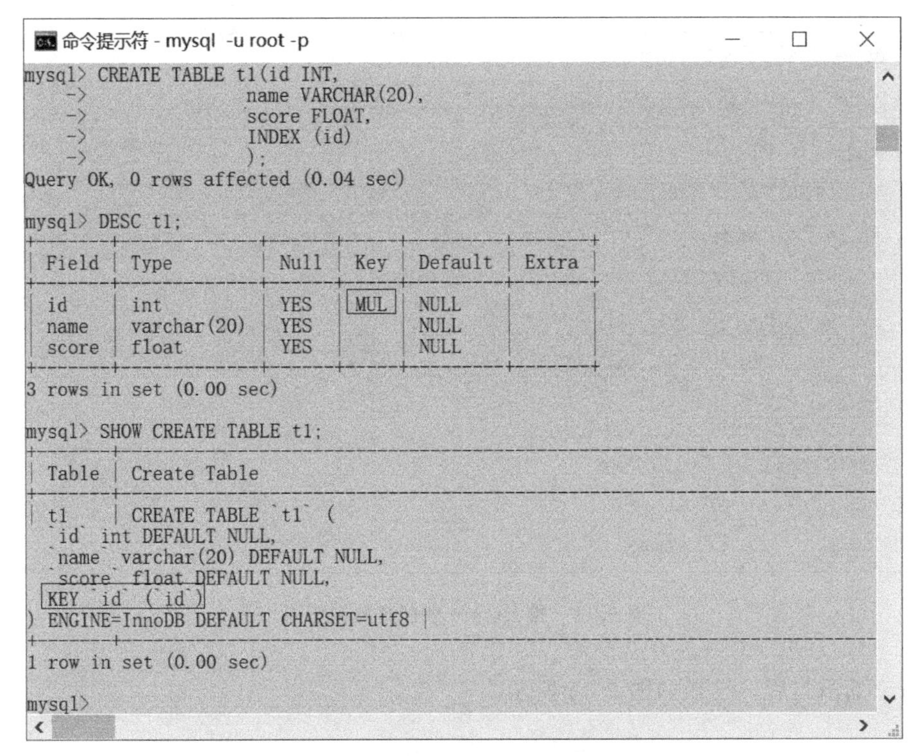

图 9.11　查看 t1 表上 id 字段的索引

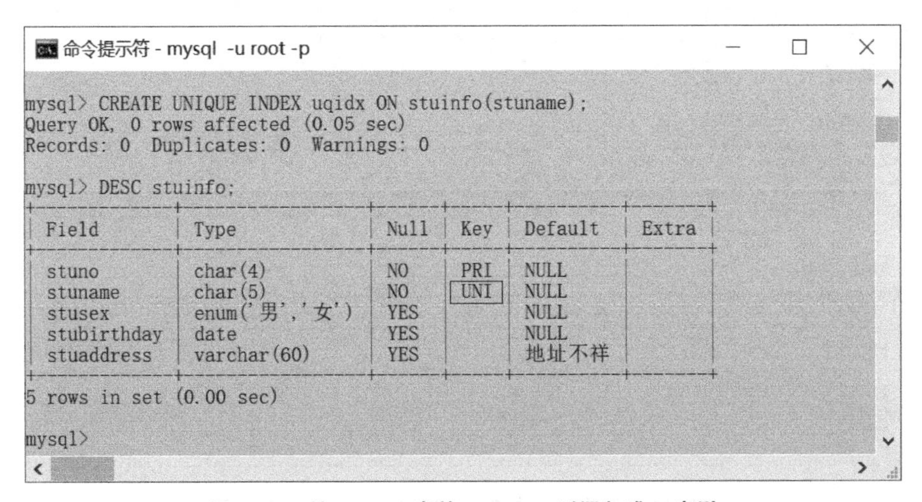

图 9.12　给 stuinfo 表的 stuname 列添加唯一索引

3. 使用 ALTER TABLE 命令为 stuinfo 表的 stuno 列与 stubirthday 列建立多列索引，索引名为 multidx，stuno 列升序，stubirthday 列降序

```
ALTER TABLEstuinfo ADD INDEX multidx(stuno,stubirthday DESC);
```

执行上面语句，用 SHOW CREATE TABLE 命令查看结果如图 9.13 所示。注意：多列索引如用 DESC 命令查看在 KEY 列不显示。

4. 查看查询 stumarks 表中成绩小于 60 分的记录时是否使用了索引

```
EXPLAIN SELECT * FROM stumarks WHERE stuscore<60\G;
```

```
命令提示符 - mysql -u root -p

mysql> ALTER TABLE stuinfo ADD INDEX multidx(stuno,stubirthday DESC);
Query OK, 0 rows affected (0.05 sec)
Records: 0  Duplicates: 0  Warnings: 0

mysql> SHOW CREATE TABLE stuinfo;
+---------+------------------------------------------------
| Table   | Create Table
+---------+------------------------------------------------
| stuinfo | CREATE TABLE `stuinfo` (
  `stuno` char(4) NOT NULL,
  `stuname` char(5) NOT NULL,
  `stusex` enum('男','女') DEFAULT NULL,
  `stubirthday` date DEFAULT NULL,
  `stuaddress` varchar(60) DEFAULT '地址不祥',
  PRIMARY KEY (`stuno`),
  UNIQUE KEY `uqidx` (`stuname`),
  KEY `multidx` (`stuno`,`stubirthday` DESC)
) ENGINE=InnoDB DEFAULT CHARSET=utf8 |
+---------+------------------------------------------------
1 row in set (0.00 sec)
```

图 9.13　给 stuinfo 表创建多列索引

执行上面语句后，结果如图 9.14 所示。

```
命令提示符 - mysql -u root -p

mysql> EXPLAIN SELECT * FROM stumarks WHERE stuscore<60\G;
*************************** 1. row ***************************
           id: 1
  select_type: SIMPLE
        table: stumarks
   partitions: NULL
         type: ALL
possible_keys: NULL
          key: NULL
      key_len: NULL
          ref: NULL
         rows: 16
     filtered: 33.33
        Extra: Using where
1 row in set, 1 warning (0.00 sec)

ERROR:
No query specified

mysql>
```

图 9.14　查看索引的使用情况（stuscore 未建索引）

从上面执行结果可以看出，possible_keys 和 key 的值都为 NULL，表示在执行 SELECT * FROM stumarks WHERE stuscore＜60 这条查询语句时没有可用索引，实际也未使用索引。

如果给 stumarks 表的 stuscore 创建一个普通索引，然后重新执行 EXPLAIN 语句查看索引使用情况，运行结果如图 9.15 所示。

从上面执行结果可以看出，possible_keys 和 key 的值都为 idx_score，表示执行该查询语句时，有可用索引 idx_score，也确实使用了该索引。

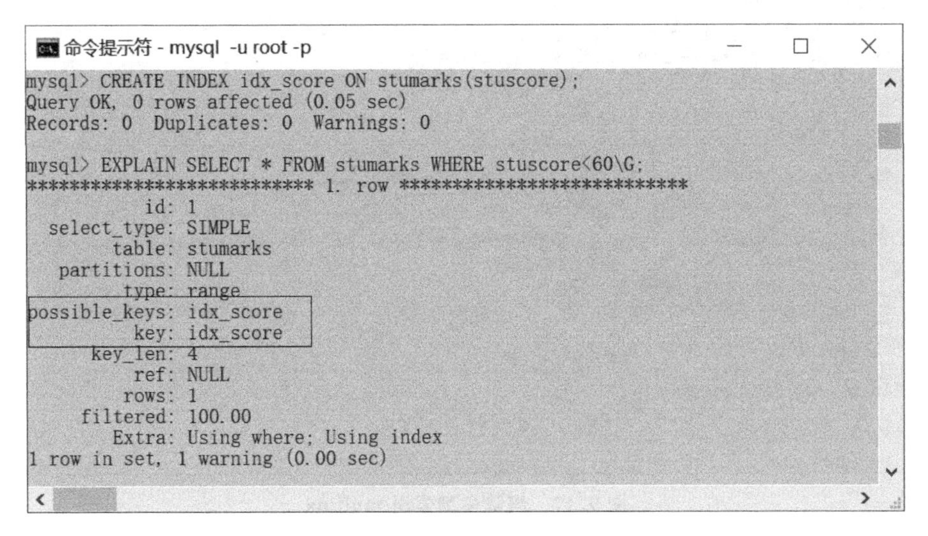

```
命令提示符 - mysql -u root -p
mysql> CREATE INDEX idx_score ON stumarks(stuscore);
Query OK, 0 rows affected (0.05 sec)
Records: 0  Duplicates: 0  Warnings: 0

mysql> EXPLAIN SELECT * FROM stumarks WHERE stuscore<60\G;
*************************** 1. row ***************************
           id: 1
  select_type: SIMPLE
        table: stumarks
   partitions: NULL
         type: range
possible_keys: idx_score
          key: idx_score
      key_len: 4
          ref: NULL
         rows: 1
     filtered: 100.00
        Extra: Using where; Using index
1 row in set, 1 warning (0.00 sec)
```

图 9.15　查看索引的使用情况（stuscore 建了索引）

5. 使用 ALTER TABLE 命令删除 stuinfo 表上的唯一索引 uqidx

ALTER TABLEstuinfo DROP INDEX uqidx;

执行上面语句，然后用 DESC 命令（或 SHOW CREATE TABLE）验证该唯一索引已被删除，如图 9.16 所示。

```
命令提示符 - mysql -u root -p
mysql> ALTER TABLE stuinfo DROP INDEX uqidx;
Query OK, 0 rows affected (0.06 sec)
Records: 0  Duplicates: 0  Warnings: 0

mysql> DESC stuinfo;
+--------------+---------------+------+-----+----------+-------+
| Field        | Type          | Null | Key | Default  | Extra |
+--------------+---------------+------+-----+----------+-------+
| stuno        | char(4)       | NO   | PRI | NULL     |       |
| stuname      | char(5)       | NO   |     | NULL     |       |
| stusex       | enum('男','女') | YES  |     | NULL     |       |
| stubirthday  | date          | YES  |     | NULL     |       |
| stuaddress   | varchar(60)   | YES  |     | 地址不详 |       |
+--------------+---------------+------+-----+----------+-------+
5 rows in set (0.00 sec)

mysql>
```

图 9.16　删除索引 uqidx（索引列 stuname）

6. 使用 DROP INDEX 命令删除 stuinfo 表上的多列索引 multidx

DROP INDEXmultidx ON stuinfo;

执行上面语句，然后用 DSHOW CREATE TABLE 命令验证该多列索引已被删除，如图 9.17 所示。

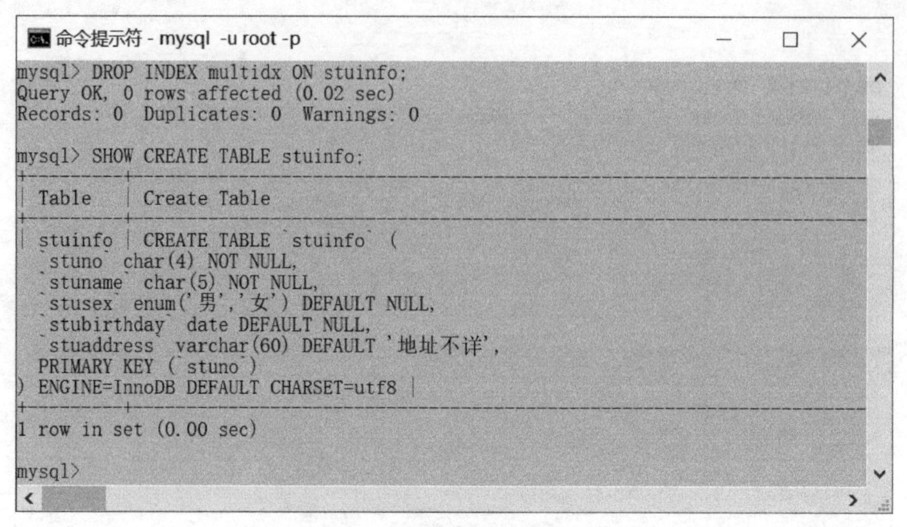
```
mysql> DROP INDEX multidx ON stuinfo;
Query OK, 0 rows affected (0.02 sec)
Records: 0  Duplicates: 0  Warnings: 0

mysql> SHOW CREATE TABLE stuinfo;
+---------+--------------------------------------------------
| Table   | Create Table
+---------+--------------------------------------------------
| stuinfo | CREATE TABLE `stuinfo` (
  `stuno` char(4) NOT NULL,
  `stuname` char(5) NOT NULL,
  `stusex` enum('男','女') DEFAULT NULL,
  `stubirthday` date DEFAULT NULL,
  `stuaddress` varchar(60) DEFAULT '地址不详',
  PRIMARY KEY (`stuno`)
) ENGINE=InnoDB DEFAULT CHARSET=utf8 |
+---------+--------------------------------------------------
1 row in set (0.00 sec)

mysql>
```

图 9.17 删除多列索引 multidx

【同步实训 9】“员工管理”数据库的查询优化

1. 实训目的

① 能创建、使用及管理视图。

② 能创建、管理索引，并能查看索引的使用情况。

2. 实训内容

以下操作基于数据库 myDB 中的部门表（dept）和员工表（emp）。

① 上机完成以下关于视图的操作

a. 创建视图 v1，用来查看 emp 表中所有在“20”部门工作的员工信息，并且强制以后通过该视图插入的必须是在“20”部门工作的员工记录。

b. 创建视图 v2，用来查看每个部门的平均工资、最高工资和最低工资。

c. 创建视图 v3，用来查看所有经理（MANAGER）的工号、姓名及所在部门名称。

d. 修改视图 v3，把列名 empno、ename、dname 分别改为工号、姓名、部门名称。

e. 查询视图 v1 的所有数据。

f. 查询视图 v2 中平均工资低于 2000 的部门编号及平均工资。

g. 通过视图 v1 更新基本表 emp 的数据（试着插入一条记录，然后对它进行修改，最后再把它删除）。

h. 删除视图 v1、v2。

② 上机完成以下关于索引的操作

a. 创建一个 test（id，name）表，创建同时给 id 字段指定普通索引。

b. 使用 CREATE INDEX 命令为 emp 表的 ename 列创建唯一索引，索引名为 uqidx。

c. 使用 ALTER TABLE 命令为 emp 表的 empno 列与 sal 列建立多列索引，索引名为 multidx，empno 列升序，sal 列降序。

d. 查看当查询 emp 表中工资（sal）达到 2000 的员工记录时是否使用了索引。

e. 查看当查询 emp 表中“7788”工号的员工记录时是否使用了索引。

f. 使用 ALTER TABLE 命令删除 emp 表上的唯一索引：uqidx。

g. 使用 DROP INDEX 命令删除 emp 表上的多列索引：multidx。

习题 9

一、单选题

1. 下列选项中，用于创建视图的语句是（　　）。

   A. DECLARE VIEW　　B. CREATE VIEW

   C. SHOW VIEW　　D. NEW VIEW

2. 下面关于视图建立的说法中，描述错误的是（　　）。

   A. 可以建立在单表上

   B. 可以建立在视图上

   C. 可以建立在两张或两张以上的表的基础上

   D. 视图只能建立在单表上

3. 下列在 student 表上创建 view _ stu 视图的语句中，正确的是（　　）。

   A. CREATE VIEW view _ stu IS SELECT * FROM student；

   B. CREATE VIEW view _ stu AS SELECT * FROM student；

   C. CREATE VIEW view _ stu SELECT * FROM student；

   D. CREATE VIEW SELECT * FROM student AS view _ stu；

4. 下列选项中，用于删除视图的语句是（　　）。

   A. DROP VIEW　　B. DELETE VIEW　　C. ALERT VIEW　　D. UPDATE VIEW

5. 删除视图时，出现“ Table 'studb. v2' doesn't exist”，其意思是（　　）。

   A. 删除视图的语句存在语法错误　　B. 被删除的视图所对应的基本表不存在

   C. 被删除的视图不存在　　D. 被删除的视图和表都不存在

6. 下列关于视图的说法，错误的是（　　）。

   A. 可以使视图集中数据，简化和定制不同用户对数据库的不同要求

   B. 视图可以使用户只关心他感兴趣的某些特定数据

   C. 视图可以让不同的用户以不同的方式看到不同或者相同的数据集

   D. 视图数据不能来自多个表

7. 视图是一种特殊类型的表，下面叙述中正确的是（　　）。

   A. 视图是由自己的专门表组成的

   B. 视图仅由窗口部分组成

   C. 视图自己存储着所需要的数据

   D. 视图所反映的是一个表和若干表的局部数据

8. 下列关于视图的描述中，不正确的是（　　）。

   A. 视图可以提供数据的安全性

   B. 视图是虚拟表

   C. 使用视图可以加快查询语句的执行速度

D. 使用视图可以简化查询语句的编写

9. 下列选项中，用于定义唯一索引的关键字是（　　）。

A. Key　　B. Union　　C. Unique　　D. Index

10. 在表中的多个字段上建立索引的情况下，只有在查询条件中使用了索引字段中的第一个字段时，才会被使用的索引是（　　）。

A. 普通索引　　B. 唯一索引　　C. 单列索引　　D. 多列索引

二、多选题

1. 下面关于 CREATE OR REPLACE VIEW 语句的描述中，正确的是（　　）。

A. 如果视图存在，那么将替换原有视图

B. 如果视图不存在，那么将创建一个视图

C. 如果视图存在，也可以创建一个新的视图

D. 以上说法都不对

2. 下面关于视图的优点的描述中，正确的是（　　）。

A. 简化查询语句　　B. 提高真实数据的安全性

C. 屏蔽真实表结构变化带来的影响　　D. 实现了逻辑数据独立性

3. 下列选项中，更新视图可进行的操作包括（　　）。

A. UPDATE 表中的数据　　B. INSERT 表中的数据

C. DELETE 表中的数据　　D. DROP 表

4. 下面关于视图的描述中，正确的是（　　）。

A. 更新视图是指通过视图来插入、修改、删除基本表中的数据。

B. 视图是一个虚拟表

C. 视图中本身不存放数据

D. 通过视图更新数据不会影响基本表中的数据

5. 下面用于删除 v1 视图的语句中，正确的是（　　）。

A. DROP VIEW IF EXISTS v1；　　B. DROP VIEW v1；

C. DELETE VIEW v1；　　D. DELETE VIEW IF EXISTS v1；

6. 下列查看 v2 视图的字段信息的语句中，正确的是（　　）。

A. DESCRIBE v2　　B. DESC v2　　C. SHOW VIEW v2　　D. SELECT v2

7. 下列关于单列索引的说法中，正确的是（　　）。

A. 在表中单个字段上创建索引　　B. 在表中多个字段上创建索引

C. 可以同时是普通索引和单列索引　　D. 可以同时是唯一索引和单列索引

8. 下列关于删除索引的语法中，正确的是（　　）。

A. ALTER TABLE 表名 DROP INDEX 索引名；

B. DROP TABLE 表名 DROP INDEX 字段名；

C. DROP INDEX 索引名；

D. DROP INDEX 索引名 ON 表名；

模块 10　数据库的安全管理

【模块描述】

本模块学习 MySQL8.0 的用户管理、权限管理、数据的备份与还原等操作。

【学习目标】

1. 识记系统数据库 mysql 中 user、db、tables _ priv 等权限表的作用。
2. 识记创建用户、修改用户密码、删除用户语句的语法。
3. 识记查看、授予、收回用户权限语句的语法。
4. 识记 mysqldump 命令备份数据库的语法。
5. 能用语句创建用户、修改用户密码、删除用户。
6. 能用语句查看用户、授予、收回用户权限。
7. 能选择一个、多个或所有数据库进行备份并还原。

任务 10.1　用户管理

【任务描述】

本任务学习 MySQL 用户管理，主要内容有查看用户、创建用户、修改用户密码、删除用户等操作。具体任务如下：

① 查看所有用户的主机名、用户名、密码及账户锁定状态。

② 创建一个新用户：用户名为“zhang”，密码为“z123”，只允许本机登录。

③ 创建一个新用户：用户名为“wang”，密码为“w123”，允许其从其他电脑远程登录。

④ 修改“wang”用户的密码，新密码为“123456”。

⑤ 删除“wang”“zhang”这两个用户。

【相关知识】

MySQL 主要包含两种用户：root 用户和普通用户。root 用户是系统安装时自带的，为超级管理员，拥有软件提供的一切权限，可以通过它完成查看用户、创建用户、修改用户密码、删除用户等操作；普通用户只拥有创建后赋予它的权限。系统数据库 mysql 中存储着用户权限表，当 MySQL 服务启动时将这些表的内容读入内存，用户登录后，系统将根据这些权限表的内容为每个用户赋予相应的权限。

10.1.1 查看用户

查看用户并没有直接的 SQL 语句，而要通过系统数据库 mysql 的 user 表，直接用 SELECT * FROM user 来查看有哪些用户，会列出数据库所有用户及其权限。

user 表有几十个字段，大致分为 4 类：用户列、权限列、安全列和资源控制列，user 表的主键是 Host 和 User 列的组合。用户登录服务器时，服务器会根据 user 表中 Host、User、authentication _ string、account _ locked（分别存储主机名、用户名、密码、帐户锁定状态）这几个字段的值判断是否接受用户的登录，只有当登录用户的主机名和用户名与 user 表中某条记录的 Host 和 User 列的值匹配，密码与该条记录的 authentication _ string 列值相符合，该记录 accout _ locked 列值为“N”时，该用户才能登录成功。

说明：

• MySQL5.7 版本开始 user 表的 password 字段改为了 authentication _ string，MySQL8.0 版本开始移除了加密函数 password ()。

10.1.2 创建用户

创建用户用 CREATE USER 语句，创建者必须拥有 CREATE USER 权限，该语句语法格式如下：

CREATE USER ‘用户名’@‘主机名’
[IDENTIFIED [WITH 身份验证加密规则] BY ‘密码’]；

说明：

• 用户名:登录数据库服务器使用的用户名。

• 主机名:表示允许这个新创建的用户从哪台机器登录,可以是 IP 地址,也可以是客户机名称,如果只允许从本机登录,则填‘localhost’,如果允许从远程登录,则填‘%’。

• IDENTIFIED BY 子句用来设置用户登录密码:如果没有密码可以省略该子句,为了安全起见,不建议省略密码设置。

• 身份验证加密规则可选择 caching_sha2_password 或 mysql_native_password,如果省略 WITH 子句,默认为配置文件 my. ini 中参数 default_authentication_plugin 的值。

10.1.3 修改用户密码

在对 MySQL 的用户进行管理时，设置用户密码是很常用的操作，除了创建用户时可以设置密码外，还可以为没有密码的用户、密码过期的用户或指定用户修改密码。

修改用户密码一般用 ALTER USER 语句或 SET PASSWORD 语句。

（1）使用 ALTER USER 语句

使用 ALTER USER 必须拥有 CREAT USER 权限，ALTER USER 语句的语法格式如下：

```
ALTER USER '用户名'@'主机名'
[IDENTIFIED BY '密码'];
```

（2）使用 SET PASSWORD 命令

```
SET PASSWORD [FOR '用户名'@'主机名']='新密码';
```

说明：

• FOR 子句用来指定修改密码的账户，如果省略表示设置当前用户密码。普通用户可以用设置当前用户密码的方式修改自己的密码。

10.1.4　删除用户

创建用户账号后，如果不需要了，可以用 DROP USER 语句删除，使用 DROP USER 同样需要拥有 CREAT USER 权限，语法格式如下：

```
DROP USER '用户名'@'主机名'[,…];
```

说明：

• 一次可以删除多个用户，用户之间用逗号隔开。

【任务实施】

（1）查看所有用户的主机名、用户名、密码及账户锁定状态

分析：用户信息存放在 mysql 数据库的 user 表中，user 表中的 Host、User、authentication_string、account_locked 字段分别存储主机名、用户名、密码、账户锁定状态。由于用户管理的相关操作都需要相关权限，本节所有的任务都以 root 用户身份连接服务器实施。

```
USE mysql
SELECT Host,User,authentication_string, account_locked FROM user;
```

执行上面代码，结果如图 10.1 所示，user 表中的用户密码是根据指定规则加密后的内容。

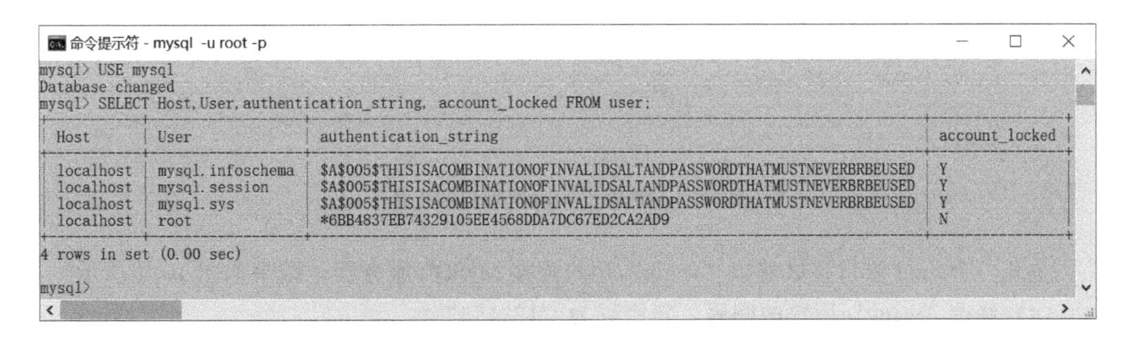

图 10.1　查看所有用户的主机名、用户名、密码及账户锁定状态

（2）创建一个新用户，用户名为“zhang”，密码为“z123”，只允许本机登录

分析：创建的用户 CRAETE USER 语句，只允许本机登录，主机名可填“localhost”。

```
CREATE USER 'zhang'@'localhost' IDENTIFIED BY 'z123';
```

执行上面代码，系统提示创建成功，查看 user 表，zhang 用户信息已经插入表中，如图 10.2 所示。

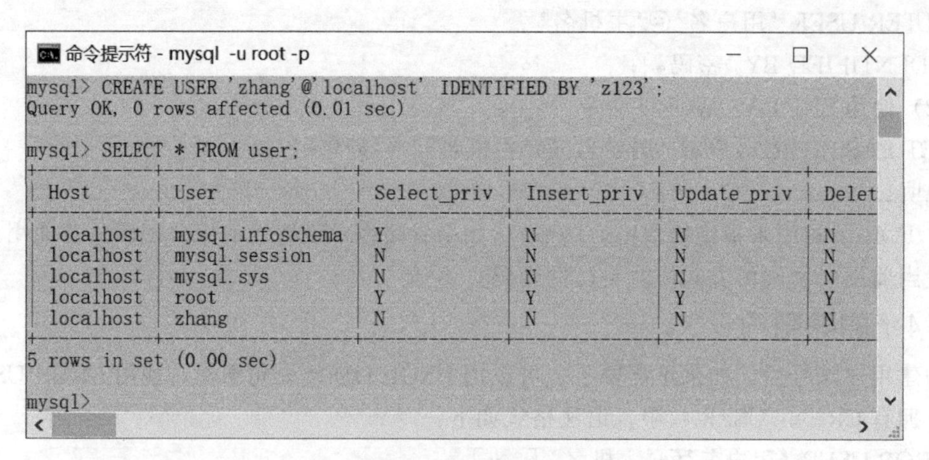

图 10.2 创建“zhang”用户并查看

（3）创建一个新用户，用户名为“wang”，密码为“w123”，允许其从其他电脑远程登录

分析：创建的用户允许远程登录，所以主机名是“%”

```
CREATE USER 'wang'@'%' IDENTIFIED BY 'w123';
```

执行上面代码，并查看 user 表，结果如图 10.3 所示。

```
命令提示符 - mysql -u root -p
mysql> CREATE USER 'wang'@'%' IDENTIFIED BY 'w123';
Query OK, 0 rows affected (0.05 sec)

mysql> SELECT * FROM user;
+-----------+------------------+-------------+-------------+-------------+------
| Host      | User             | Select_priv | Insert_priv | Update_priv | Delet
+-----------+------------------+-------------+-------------+-------------+------
| %         | wang             | N           | N           | N           | N
| localhost | mysql.infoschema | Y           | N           | N           | N
| localhost | mysql.session    | N           | N           | N           | N
| localhost | mysql.sys        | N           | N           | N           | N
| localhost | root             | Y           | Y           | Y           | Y
| localhost | zhang            | N           | N           | N           | N
+-----------+------------------+-------------+-------------+-------------+------
6 rows in set (0.00 sec)

mysql>
```

图 10.3 创建“wang”用户并查看

重开一个 cmd 窗口，试着以“wang”用户连接 MySQL 服务器，结果如图 10.4 所示。

（4）修改“wang”用户的密码，新密码为“123456”

分析：可以通过 root 用户修改普通用户的密码，普通用户也可以修改自己的密码。

① 通过 root 用户修改

```
ALTER USER 'wang'@'%' IDENTIFIED BY '123456';
```

或者

```
SET PASSWORD FOR 'wang'@'%'='123456';
```

② 用户自己修改

```
SET PASSWORD='123456';
```

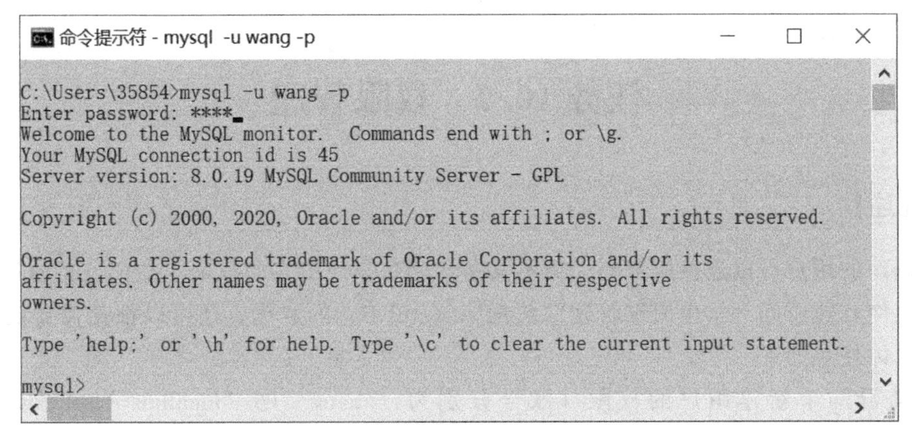

图 10.4　"wang"用户连接 MySQL 服务器

执行通过 root 用户修改密码的 ALTER USER 语句，结果如图 10.5 所示。系统提示修改成功，在图 10.4 中退出连接，运行"mysql-u wang-p"重新连接，输入新密码"123456"后连接成功，验证新密码修改已经生效。

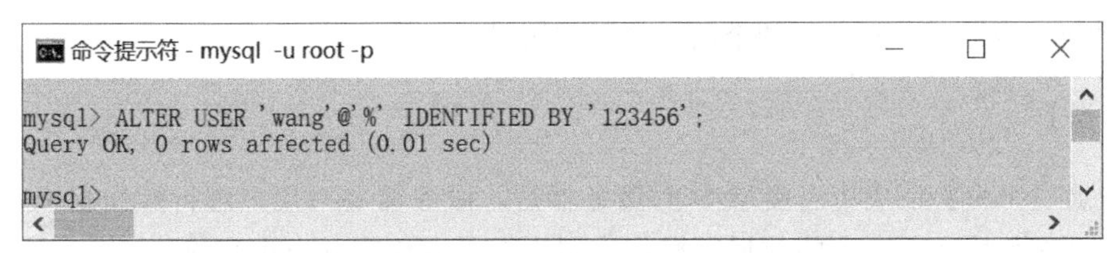

图 10.5　修改"wang"用户密码

(5) 删除"wang""zhang"这两个用户

分析：删除用户用 DROP USER 语句。

```
DROP USER 'wang'@'%','zhang'@'localhost';
```

执行上面代码，系统提示删除成功，查看 user 表，这两个用户信息确实已经不在 user 表中，如图 10.6 所示。

```
命令提示符 - mysql -u root -p
mysql> DROP USER 'wang'@'%','zhang'@'localhost';
Query OK, 0 rows affected (0.01 sec)

mysql> SELECT * FROM user;
+-----------+------------------+-------------+-------------+-------------+------
| Host      | User             | Select_priv | Insert_priv | Update_priv | Delet
+-----------+------------------+-------------+-------------+-------------+------
| localhost | mysql.infoschema | Y           | N           | N           | N
| localhost | mysql.session    | N           | N           | N           | N
| localhost | mysql.sys        | N           | N           | N           | N
| localhost | root             | Y           | Y           | Y           | Y
+-----------+------------------+-------------+-------------+-------------+------
4 rows in set (0.00 sec)

mysql>
```

图 10.6　删除"wang"用户、"zhang"用户

任务 10.2 权限管理

【任务描述】

新创建的用户可以连接服务器，但不具备访问数据库的实质权限。本任务将通过给指定用户授权使其能访问“学生成绩管理”数据库（stuDB）的数据，还可以根据需要随时收回权限，具体任务如下。

① 查看两个新建用户的权限（账号分别为‘zhang’@‘localhost’、‘wang’@‘localhost’）。

② 授予“zhang”用户查询及修改 studb 数据库中所有表数据的权限，并允许其将此权限授予其他用户。

③ 通过“zhang”用户给“wang”用户授予查看 stuinfo 表的权限。

④ 授予“zhang”用户在 studb 数据库中创建表的权限。

⑤ 收回“zhang”“wang”两个用户的所有权限。

【相关知识】

用户通过身份验证成功连接 MySQL 服务器后，服务器要对用户进行操作权限验证，确定用户是否有权执行所请求的数据库操作。用户权限存储在 mysql 库的 user、db、tables _ priv、columns _ priv、procs _ priv 等权限表中。user 表存储全局权限，全局权限对任何数据库有效；db 表存储特定数据库的权限；tables _ priv 表、columns _ priv 表和 procs _ priv 表分别存储特定表、特定列和特定存储过程及存储函数的权限。

服务器对用户操作权限进行验证，按照 user 表、db 表、tables _ priv 表、columns _ priv 表的顺序进行。比如，用户要查询 studb 数据库的 stuinfo 表，权限验证流程如下：即先检查全局权限表 user，如果 user 表中该用户的 Select _ priv 权限为 Y，则此用户对所有数据库的查询权限都为 Y，将不再检查 db、tables _ priv 和 columns _ priv 表；如果为 N，则到 db 表中检查此用户对应的 studb 数据库，如果此用户对 studb 数据库的 Select _ priv 权限为 Y，则此用户对 studb 数据库所有表的查询权限都为 Y；如果在 db 中找不到相关记录或者 Select _ priv 权限为 N，则检查 tables _ priv 表中此用户对应 studb 数据库的 stuinfo 表，取得此用户对该表的操作权限（Table _ priv 列值），根据结果允许或拒绝对 stuinfo 表的查询操作。

10.2.1 查看权限

要对用户权限进行管理，需要先了解 MySQL 提供了哪些权限，MySQL 提供的常用权限如表 10.1 所示。

表 10.1 MySQL 提供的常用权限

序号	权限类型	描述
1	SELECT	查询表数据
2	INSERT	插入表数据

续表

序号	权限类型	描述
3	UPDATE	更新表数据
4	DELETE	删除表数据
5	SHOW DATABASES	查看用户可见的所有数据库
6	SHOW VIEW	查看视图
7	PROCESS	查看 MySQL 中的进程信息
8	EXECUTE	执行存储过程或自定义函数
9	CREATE	创建数据库、表
10	ALTER	修改数据库、表
11	DROP	删除数据库、表和视图
12	CREATE TEMPORARY TABLES	创建临时表
13	CREATE VIEW	创建或修改视图
14	CREATE ROUTINE	创建存储过程或自定义函数
15	ALTER ROUTINE	修改、删除存储过程或自定义函数
16	INDEX	创建或删除索引
17	TRIGGER	触发器的所有操作
18	EVENT	事件的所有操作
19	REFERENCES	创建外键
20	SUPER	超级权限(执行一系列数据库管理命令)
21	CREATE USER	创建、修改或删除用户
22	GRANT OPTION	授予或撤销权限
23	RELOAD	重新加载权限表到系统内存中(FLUSH)
24	FILE	读写磁盘文件
25	LOCK TABLES	锁住表,阻止对表的访问/修改
26	SHUTDOWN	关闭 MySQL 服务器
27	REPLICATION SLAVE	建立主从复制关系
28	REPLICATION CLIENT	访问主服务器或从服务器

因为用户不同级别的权限分别存放在 mysql 数据库的 user、db、tables _ priv、columns _ priv、procs _ priv 等权限表中，通过 SELECT 语句查询相应的权限表，可以查看用户相应级别的权限。这种查看方法比较麻烦，此处不再具体赘述。

MySQL 提供了 SHOW GRANTS 语句可以方便地查看某个用户所拥有的各级权限，语法格式如下：

SHOW GRANTS [FOR '用户名'@'主机名'];

说明：

• 如果省略 FOR 子句,表示当前用户查看自己的权限。通过 FOR 子句,root 用户可以查看指定用户的权限。

10.2.2 授予权限

授予用户权限使用GRANT语句，语法格式如下：

```
GRANT 权限[(列名列表)] ON 库名.表名
TO '用户名'@'主机名'[,…]
[WITHwith-option[with option]…];
```

说明：

• 权限表示权限类型，可以是一个或多个，如果是多个，它们之间要用逗号隔开，如果是全部权限，可以使用all privileges，简写为all。

• 列名列表是可选的，表示权限作用于哪些列上，没有此选项则表示权限作用于整个表上。

• 如果要授予的权限对任何数据库都有效(即全局级)，则后面的"库名.表名"要写成"*.*"；如果权限对指定数据库的所有表都有效，则"库名.表名"要写成"库名.*"。

• 可以把权限一次授予多个用户，用户账号之间用逗号隔开。

• WITH with-option 指定授权选项，with-option 授权选项有以下5个选项。

GRANT OPTION：被授权的用户可以将此权限授予其他用户。

MAX_QUERIES_PER_HOURn：每小时最多可执行 *n* 次查询。

MAX_UPDATES_PER_HOUR n：每小时最多可执行 *n* 次更新。

MAX_CONNECTIONS_PER_HOUR n：每小时最多可建立 *n* 个连接。

USER_CONNECTIONS n：单个用户可以同时具有 *n* 个连接。

对同一用户多次授权，其权限是多次授权的合并。另外，MySQL8.0版本必须先创建用户，再用GRANT语句给用户授权，以前版本可以一条GRANT语句同时创建用户并给用户授权。

授权或收权操作之后，如果原来权限没有改变，但是又不想重启MySQL服务，可以用flush privileges命令刷新权限，这条命令的作用是将权限表的内容提取到内存。

10.2.3 收回权限

收回用户权限使用REVOKE语句，语法格式如下：

```
REVOKE 权限[(列名列表)] ON 库名.表名
FROM '用户名'@'主机名'[,…]
```

上面语法格式中各参数的使用说明同GRANT语句。

要注意的是，MySQL的权限不能级联收回。比如，A用户把权限X授予了B用户（授权时带WITH GRANT OPTION)，B用户再把X权限授予了C用户，那么A用户把B用户的X权限收回之后，C用户的X权限是不受影响的。

如果要把一个用户的权限用一条语句全部收回，语法格式如下：

```
REVOKE ALL PRIVILEGES,GRANT OPTION FROM '用户名'@'主机名'[,…];
```

收回某个用户的全部权限后，用户权限回到刚创建时状态，除了登录连接服务器，几乎没有什么权限。

【任务实施】

(1) 查看两个新建用户的权限（账号分别为 'zhang'@'localhost'、'wang'@

‘localhost’ ）

分析：以 root 用户账号连接服务器，创建两个用户，然后查看这两个用户的权限。查看权限用 SHOW GRANTS 语句，可以通过 root 用户查看，也可以用户连接服务器后查看自己的权限，查看当前用户权限时省略后面的 FOR 子句。

① root 用户查看普通用户权限

```
SHOW GRANTS FOR‘wang’@‘localhost’;
```

执行上面代码，结果如图 10.7 所示。“USAGE ON ＊.＊”表示这个新建的用户可以连接服务器。

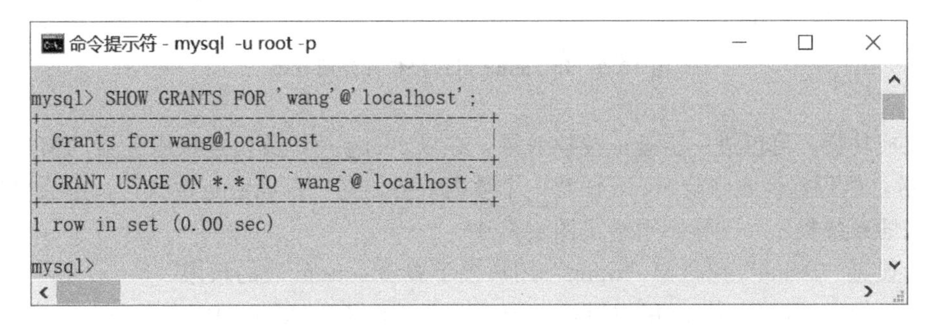

图 10.7　root 用户查看 wang 用户的权限

② zhang 用户查看自己的权限

再开一个 cmd 窗口，以 zhang 用户身份连接服务器，输入以下代码：

```
SHOW GRANTS;
```

执行上面代码，结果如图 10.8 所示，新建的两个用户权限完全一样。

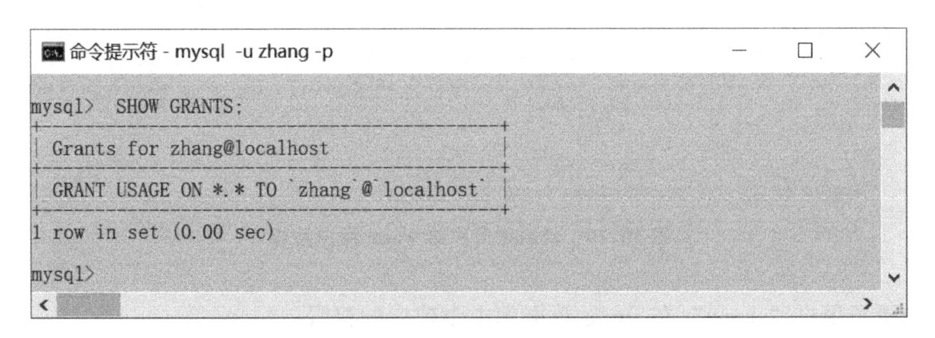

图 10.8　zhang 用户查看自己的权限

（2）授予“zhang”用户查询及修改 studb 数据库中所有表数据的权限，并允许其将此权限授予其他用户

分析：多个权限用逗号隔开，同时要授予的是操作 studb 中所有表的权限，所以是数据库级的权限（studb.＊），允许用户将得到的权限授予其他用户，需要加上 WITH GRANT OPTION 选项。

```
GRANT SELECT,UPDATE ON studb.* TO ‘zhang’@‘localhost’ WITH GRANT OPTION;
```

执行上面代码，并查看 zhang 用户的权限，结果如图 10.9 所示，显示授权成功。

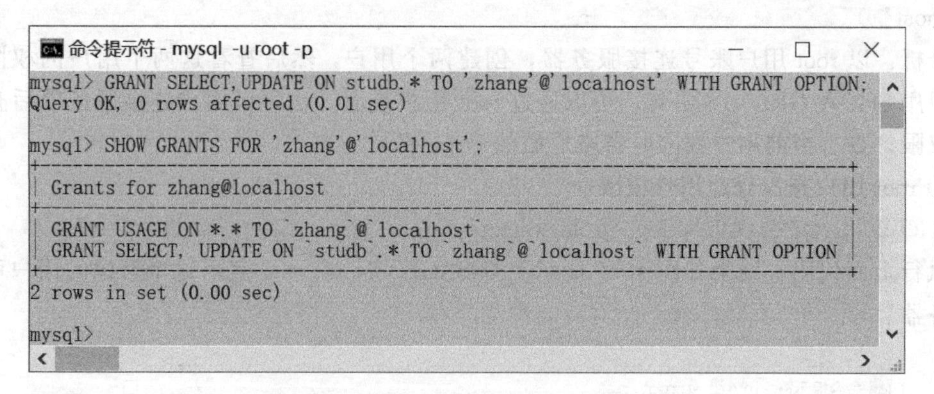

图 10.9 给 zhang 用户授权并查看权限

授权成功后，可以进一步验证授权效果：在以 zhang 用户身份连接服务器的窗口，如图 10.8 所示，执行查询或修改 studb 任意一个数据表的语句，都能够正常执行，不会出现没有相关权限的系统提示，这里不再给出图示赘述。

（3）通过“zhang”用户给“wang”用户授予查看 stuinfo 表的权限

分析：由于前面给 zhang 用户授权时带了选项 WITH GRANT OPTION，因此，可以通过该用户把权限授予其他用户。查看 stuinfo 表的权限是表级权限（studb.stuinfo），包含在查询 studb 数据库中所有表数据的权限中。

```
GRANT SELECT ON studb.stuinfo TO 'wang'@'localhost';
```

执行上面代码，结果如图 10.10 所示，显示授权成功。如果要进一步验证，可以 wang 用户账号连接服务器，查询 stuinfo 表及其他表，结果显示只有 stuinfo 表可以查询。

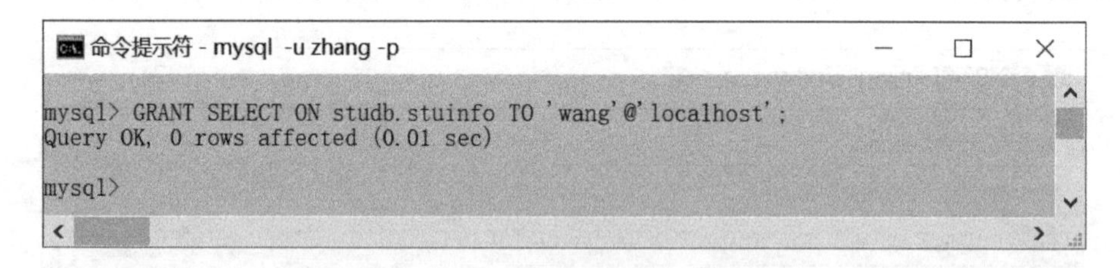

图 10.10 zhang 用户给 wang 用户授权

（4）授予用户“zhang”在 studb 数据库中创建表的权限

分析：在 studb 数据库创建表的权限是数据库级的权限（studb.*），权限类型 CREATE。

```
GRANT CREATE ON studb.* TO 'zhang'@'localhost';
```

执行上面代码，并查看 zhang 用户的权限，结果如图 10.11 所示，显示经过对 zhang 用户多次授权后，其权限是多次授权的合并。

（5）收回“zhang”“wang”两个用户所有权限

分析：zhang 用户权限比较多，用一次收回所有权限的语句比较方便，wang 用户只有一个权限，直接收回一个权限就可以了。

① 收回 zhang 用户的所有权限

```
REVOKE ALL PRIVILEGES,GRANT OPTION FROM 'zhang'@'localhost';
```

```
命令提示符 - mysql -u root -p
mysql> GRANT CREATE ON studb.* TO 'zhang'@'localhost';
Query OK, 0 rows affected (0.08 sec)

mysql> SHOW GRANTS FOR 'zhang'@'localhost';
+--------------------------------------------------------------------------------------------+
| Grants for zhang@localhost
+--------------------------------------------------------------------------------------------+
| GRANT USAGE ON *.* TO `zhang`@`localhost`
  GRANT SELECT, UPDATE, CREATE ON `studb`.* TO `zhang`@`localhost` WITH GRANT OPTION
+--------------------------------------------------------------------------------------------+
2 rows in set (0.00 sec)

mysql>
```

图 10.11　给 zhang 用户再次授权并查看权限

执行上面语句，并查看 zhang 用户权限，如图 10.12 所示，显示该用户权限确实已经全部收回，回到刚创建时的状态。

```
命令提示符 - mysql -u root -p
mysql> REVOKE ALL PRIVILEGES,GRANT OPTION FROM 'zhang'@'localhost';
Query OK, 0 rows affected (0.06 sec)

mysql> SHOW GRANTS FOR 'zhang'@'localhost';
+-------------------------------------------+
| Grants for zhang@localhost                |
+-------------------------------------------+
| GRANT USAGE ON *.* TO `zhang`@`localhost` |
+-------------------------------------------+
1 row in set (0.00 sec)

mysql>
```

图 10.12　收回 zhang 用户的全部权限

zhang 用户权限全部收回了，但是通过查看 wang 用户的权限，证明授予 wang 用户的权限没有受到影响。如图 10.13 所示。

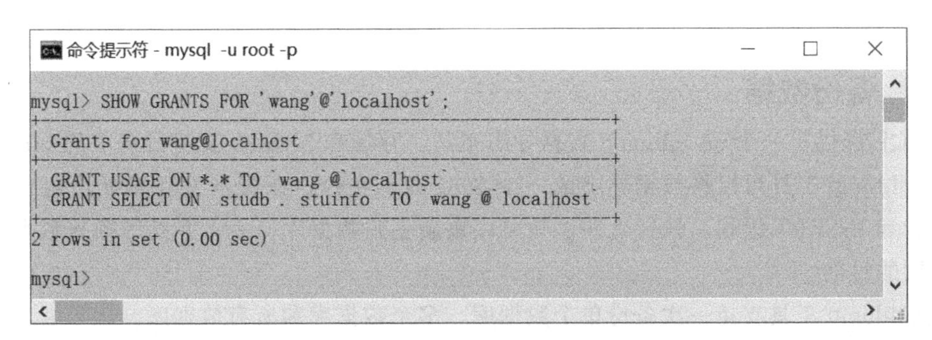

图 10.13　zhang 授予 wang 的权限不受影响

② 收回 wang 用户的查看权限

```
REVOKE SELECT ON studb.stuinfo FROM 'wang'@'localhost';
```

执行上面语句，并查看 wang 用户权限，如图 10.14 所示，显示该用户权限确实已经全部收回。

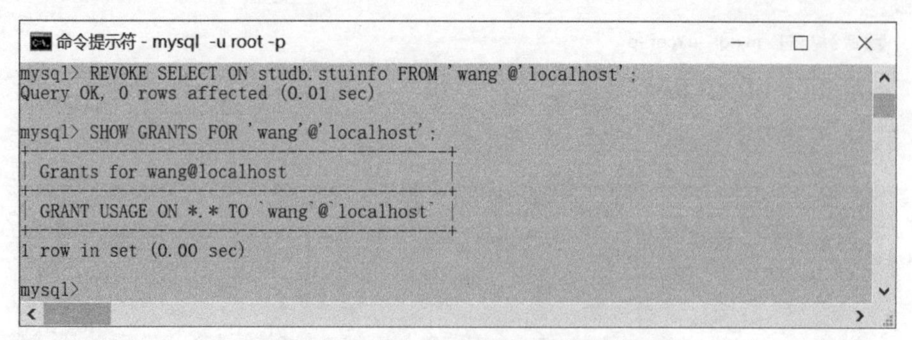

图 10.14 收回 wang 用户的权限并查看

任务 10.3 数据的备份与还原

【任务描述】

由于软硬件故障、自然灾害和操作失误等意外都有可能发生，为了确保数据的安全，需要定期对数据库进行备份。当遇到数据库中数据损坏或者出错的状况时，可以将备份的数据进行还原，从而最大限度地降低损失。

数据的备份与还原操作不但可以避免因意外发生造成的数据损失，还可以实现数据库的迁移，因为数据库的迁移不能通过简单的复制（或剪切）、粘贴数据文件操作来实现。

本任务将对“学生成绩管理”等数据库进行备份和还原。具体任务如下。

① 备份 studb 数据库并还原。

② 同时备份 studb、empdb 数据库并还原。

③ 同时备份所有数据库并还原。

【相关知识】

10.3.1 备份数据

MySQL 提供了一个 mysqldump 数据导出工具，存储在 MySQL 安装目录下的 bin 文件夹中，mysqldump 工具可以将数据导出成一个 SQL 脚本文件，该脚本文件实际上包含了多个 CREATE 和 INSERT 语句，执行这些语句可以重新创建数据库、表，并给表插入数据，实现数据还原的目的。

Mysqldump 工具支持一次备份单个数据库、多个数据库和所有数据库。

（1）备份一个数据库

使用 mysqldump 工具备份一个数据库的语法格式如下：

```
mysqldump-u username-p dbname[tbname1 tbname2…]>backupname. sql
```

说明：

- username 表示执行备份的用户名。
- dbname 表示要备份的数据库的名称，tbname1、tbname2 表示数据库中的表名，可以指定一个或多个，表名之间用空格分隔，如果没有指定数据表，表示备份整个数据库。

• backupname. sql 表示备份导出的 SQL 脚本文件名，可以包含该文件所在路径，文件扩展名“sql”表示是 SQL 脚本文件。

• 备份产生的 SQL 脚本文件中不包含创建数据库的语句。

(2) 备份多个数据库

使用 mysqldump 工具备份多个数据库的语法格式如下：

```
mysqldump-u username-p—databases dbname1 dbname2 …. >backupname. sql
```

说明：

• databases 前面有 2 个“-”，“—databases”后面跟多个数据库名称，多个数据库名之间用空格分隔。

• 备份产生的 SQL 脚本文件中包含了创建数据库的语句。

(3) 备份所有数据库

使用 mysqldump 工具备份多个数据库的语法格式如下：

```
mysqldump-u username-p—all-databases >backupname. sql
```

说明：

• “—all-databases”表示备份所有数据库。

• 备份产生的 SQL 脚本文件中包含了创建数据库的语句。

10.3.2　还原数据

在完成数据备份以后，当数据丢失、损坏或需要进行数据库的迁移时，利用备份文件来还原数据。MySQL 数据还原有两种常用的方式，下面分别介绍它们的使用方法。

(1) 使用 mysql 工具

前面备份使用 mysqldump 工具导出数据到 SQL 脚本文件，与之相反，mysql 工具（与 mysqldump 在同一文件夹，一般用它来连接服务器）可以读取 SQL 脚本文件导入数据，实现还原数据的目的。

语法格式如下：

```
mysql-uusername-p [dbname]< backupname. sql
```

说明：

• dbname 表示要还原数据库的名称，只有还原一个数据库时需要提供。

• backupname. sql 表示需要还原的 SQL 脚本文件，如果不在当前路径下，要指定该文件所在路径。

• 由于只有在备份一个数据库时，导出的 SQL 脚本文件(backupname. sql)中没有创建数据库的语句，因此，在还原一个数据库的数据前，要确认该数据库已存在，如果不存在要先创建。

(2) 使用 source 命令

source 命令是 mysql 客户端程序提供的命令，其语法格式如下：

```
source backupname. sql
```

说明：

• backupname. sql 表示需要还原的 SQL 脚本文件，如果不在当前路径下，要指定该文件所在路径。

• 如果 backupname. sql 是单个数据库的备份文件，执行 source 命令前需要先用 USE 命令切换到需要还原的数据库。

【任务实施】

注意：以下任务实施过程中，以 root 用户身份进行操作，备份的 SQL 脚本文件全部存储在 d：\ backup 文件夹中。

（1）备份 studb 数据库并还原

① 备份数据　打开一个 cmd 窗口，在 DOS 提示符后输入命令：

```
mysqldump-u root-p studb＞d:\backup\studb. sql
```

按下回车执行上面命令，按提示输入 root 用户的密码，结果如图 10.15 所示，表示备份成功。查看 d：\ backup 文件夹，确实生成了一个 studb. sql 文件，用记事本打开这个脚本文件，里面没有创建 studb 数据库的语句，但是包含了创建 studb 三个数据表（stuinfo、stucourse 和 stumarks）以及往这三个数据表插入记录的 SQL 语句。

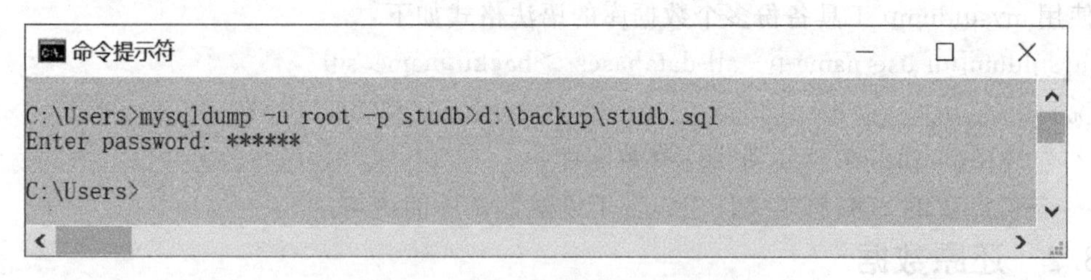

图 10.15　备份一个数据库（studb）

② 还原数据　为了验证还原效果，还原数据前，先删除 studb 中所有的数据表（不能删除数据库！因为前面备份的脚本文件里没有建库语句）。然后，可以选用以下两种方式之一还原。

a. 用 mysql 工具

```
mysql-u root-p studb＜d:\backup\studb. sql
```

在 DOS 提示符后输入上面命令并按下回车执行，按提示输入 root 用户密码，结果如图 10.16 所示，表示还原成功。启动 mysql 客户端程序，查看 studb 数据库，确认三个数据表都已还原。

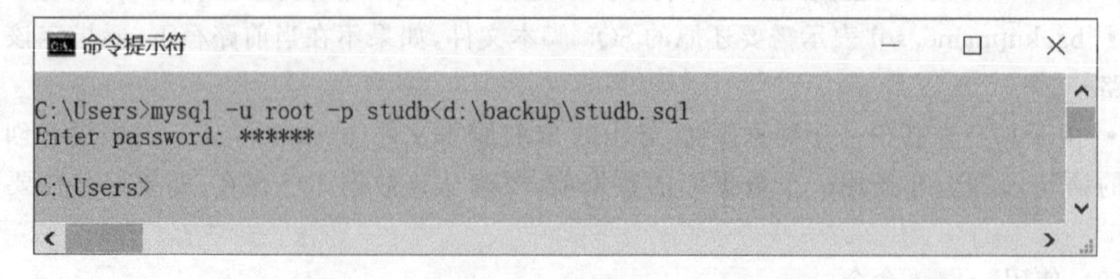

图 10.16　用 mysql 工具还原 studb 数据库

b. 用 source 命令　启动 mysql 客户端程序并切换到 studb 数据库，输入下面的命令：

```
source d:\backup\studb. sql
```

执行上面的 source 命令，系统提示很多语句执行成功（studb. sql 中的 SQL 语句），如图 10.17 所示。

查看 studb 数据库，确认三个数据表已经还原。

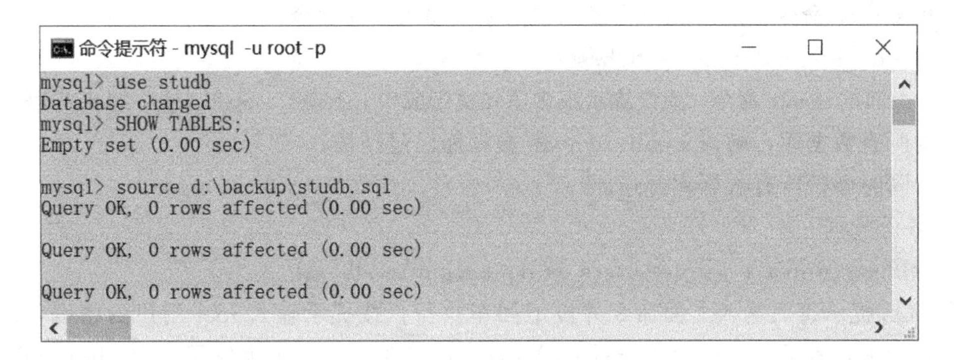

图 10.17 用 source 命令还原 studb 数据库

(2) 同时备份 studb、empdb 数据库并还原

① 备份数据

```
mysqldump-u root-p-databases studb empdb>d:\backup\studb_empdb.sql
```

在 DOS 提示符后输入上面命令并按下回车执行，按提示输入 root 用户的密码，结果如图 10.18 所示，表示备份成功。查看 d：\ backup 文件夹，确实生成了一个 studb _ empdb.sql 文件，用记事本打开这个脚本文件，里面除了创建数据表的语句和插入记录的语句，还有创建 studb、empdb 数据库的语句，意味着还原数据时的这两个数据库可以是不存在的。

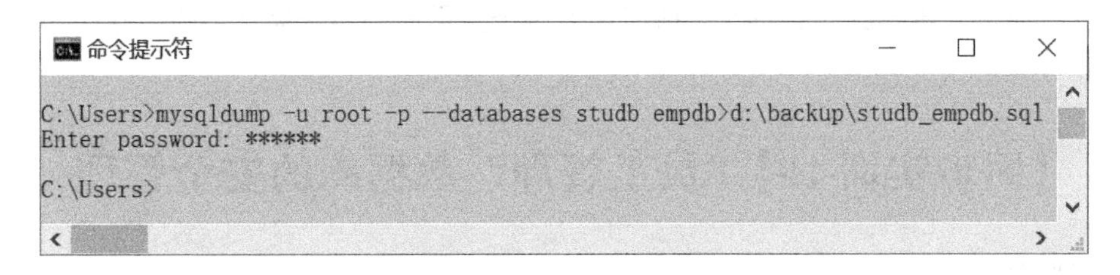

图 10.18 备份多个数据库（studb 和 empdb）

② 还原数据 为了验证还原效果，还原数据前，先删除 studb、empdb 数据库（因为备份的脚本文件里有建库语句）。然后可以选用以下两种方式之一还原。

a. 用 mysql 工具

```
mysql-u root-p<d:\backup\studb_empdb.sql
```

在 DOS 提示符后输入上面命令并按下回车执行，按提示输入 root 用户密码，结果如图 10.19 所示，表示还原成功。启动 mysql 客户端程序，查看所有数据库，确认 studb、empdb 数据库已经还原。

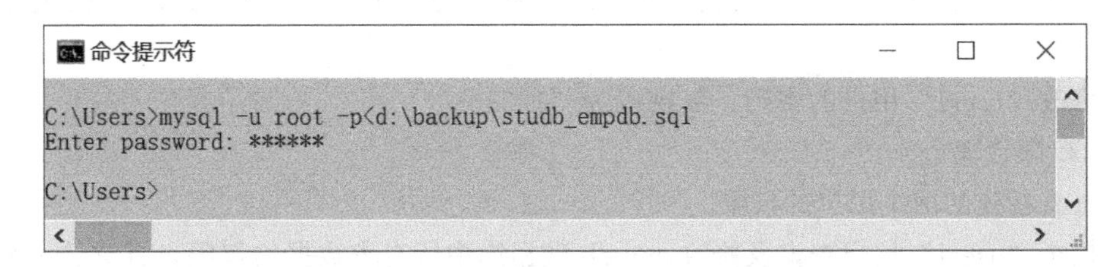

图 10.19 还原多个数据库（studb 和 empdb）

b. 用 source 命令　启动 mysql 客户端程序，输入下面命令：

```
source d:\backup\studb_empdb.sql
```

执行上面的 source 命令，系统提示很多语句执行成功（studb _ empdb. sql 中的 SQL 语句）。查看所有数据库，确认 studb、empdb 数据库已经还原。

（3）同时备份所有数据库并还原

① 备份数据

```
mysqldump-u root-p--all-databases > d:\backup\alldb.sql
```

在 DOS 提示符后输入上面命令并按下回车执行，按提示输入 root 用户的密码，结果如图 10.20 所示，表示备份成功。查看 d：\ backup 文件夹，确实生成了一个 alldb. sql 文件，用记事本打开这个脚本文件，里面包含了恢复所有数据库所需要的 SQL 语句。

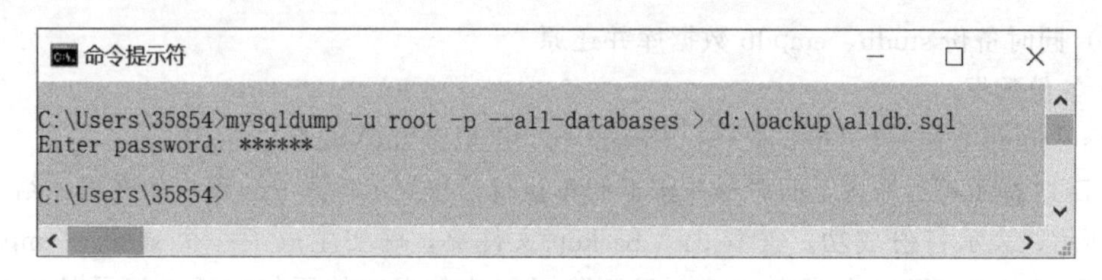

图 10.20　备份所有数据库

② 还原数据　还原数据的操作与前面还原多个数据库的操作完全类似，这里不再赘述。

【同步实训 10】“员工管理”数据库的安全管理

1. 实训目的

① 能用语句创建用户、修改用户密码、删除用户。

② 能用语句查看用户、授予、收回用户权限。

③ 能选择一个、多个或所有数据库进行备份并还原。

2. 实训内容

（1）用户管理

① 查看是否存在‘user1’@‘localhost’、‘user2’@‘%’的用户，如果存在把它们删除。

② 创建一个新用户：用户名为“user1”，密码为“u111”，只允许本机登录。

③ 创建一个新用户：用户名为“user2”，密码为“u222”，允许其从其他电脑远程登录。

④ 修改“user1”用户的密码，新密码为“123456”。

（2）权限管理

① 查看新建的两个用户的权限。

② 授予“user1”用户查询及修改 empdb 数据库中所有表数据的权限，并允许其将此权限授予其他用户。

③ 通过“user1”用户给“user2”用户授予查看 dept 表的权限。

④ 授予“user1”用户插入、修改 dept 表的权限。

⑤ 收回“user1”“user2”两个用户的所有权限。

（3）备份与恢复

① 备份 empdb 数据库并还原。

② 备份多个数据库并还原。

习题 10

一、单选题

1. 使用 CREATE USER 语句创建一个新用户，用户名为 user1，密码为 123，本地连接服务器，正确的是（　　）。

   A. CREATE USER ‘user1’ @ ‘localhost’ IDENTIFIED BY ‘123’;

   B. CREATE USER user1@localhost IDENTIFIED BY 123;

   C. CREATE USER ‘user1’ @ ‘localhost’ IDENTIFIED TO ‘123’;

   D. CREATE USER user1@localhost IDENTIFIED TO ‘123’;

2. 下面使用 DROP USER 语句删除用户 user1 的语句中，正确的是（　　）。

   A. DROP USER user1@localhost;

   B. DROP USER ‘user1’. ‘localhost’;

   C. DROP USER user1. localhost;

   D. DROP USER ‘user1’ @ ‘localhost’;

3. 下面使用 SHOW GRANTS 语句查询 user1 用户权限的语句，正确的是（　　）。

   A. SHOW GRANTS FOR ‘user1’ @ ‘localhost’;

   B. SHOW GRANTS TO user1@localhost;

   C. SHOW GRANTS OF ‘user1’ @ ‘localhost’;

   D. SHOW GRANTS FOR user1@localhost;

4. 下列选项中，关于 SHOW GRANTS 语句的描述，正确的是（　　）。

   A. SHOW GRANTS 查询权限信息时一定要指定查询的用户名和主机名

   B. SELECT 语句比 SHOW GRANTS 语句查询权限信息方便

   C. SHOW GRANTS 查询权限信息时只需要指定查询的用户名

   D. SHOW GRANTS 查询当前用户的权限信息时可以省略用户名和主机名

5. 下面实现收回 user1 用户 INSERT 权限（全局级的）的语句中，正确的是（　　）。

   A. REVOKE INSERT ON *. * FROM ‘user1’ @ ‘localhost’;

   B. REVOKE INSERT ON %. % FROM ‘user1’ @ ‘localhost’;

   C. REVOKE INSERT ON *. * TO ‘user1’ @ ‘localhost’;

   D. REVOKE INSERT ON %. % TO ‘user1’ @ ‘localhost’;

6. 下列选项中，可同时备份 mydb1 数据库和 mydb2 数据库的语句是（　　）。

   A. mysqldump-uroot-p--databases mydb1，mydb2>d：/ mydb1 _ mydb2. sql;

   B. mysqldump-uroot-p--databases mydb1；mydb2>d：/ mydb1 _ mydb2. sql;

   C. mysqldump-uroot-p--databases mydb1 mydb2>d：/mydb1 _ mydb2. sql;

   D. mysqldump-uroot-p--database mydb1 mydb2<d：/ mydb1 _ mydb2. sql;

7. 下列选项中，用于数据库备份的命令是（　　）。

A. mysqldump　　B. mysql　　C. store　　D. mysqlstore

8. 下面对于mysqldump命令参数的描述中，错误的是（　）。

A. -u参数表示登录MySQL的用户名

B. -p参数表示登录MySQL的密码

C. ＞符号代表备份文件的具体位置

D. ＞符号代表备份文件的名称，不能含路径

二、判断题

1. mysqldump命令只可以备份单个数据库，如果要备份多个数据库则需要多次执行该命令。（　）

2. 使用root登录后，SET不仅可以修改root用户密码，而且还可以修改普通用户密码，两者在修改时没有任何区别。（　）

3. 如果备份了所有的数据库，那么在还原数据库时，不需要创建数据库并指定要操作的数据库。（　）

4. 在创建新用户之前，可以通过SELECT语句查看mysql. user表中有哪些用户。（　）

5. 在MySQL中提供了一个GRANT语句，该语句可以为用户授权，合理的授权可以保证数据库的安全。（　）

6. root用户具有最高的权限不仅可以修改自己的密码，还可以修改普通用户的密码，而普通用户只能修改自己的密码。（　）

7. 在MySQL中，为了保证数据库的安全性，需要将用户不必要的权限收回。（　）

8. MySQL的权限可以级联收回，即A用户把权限X授予了B用户（授权时带WITH GRANT OPTION），B用户再把X权限授予了C用户，那么A用户把B用户的X权限收回之后，C用户的X权限也将失去。（　）

9. MySQL提供了一个SHOW GRANTS语句，但是比使用SELECT语句查询权限表得到用户的权限信息麻烦。（　）

10. MySQL在user表中的相关权限字段，都是以_priv结尾的。（　）

11. DROP USER语句一次只能删除一个用户。（　）

12. 使用source命令还原数据库时，需要先登录到mysql命令窗口。（　）

13. 如果备份了指定的单个数据库，那么还原数据库前，可以删除数据库。（　）

14. 多个数据库的备份脚本文件里，包含了创建数据库的语句。（　）

15. 使用mysqldump命令备份数据库时，直接在Dos命令行窗口执行该命令即可，不需要登录到MySQL服务器。（　）

参考文献

[1] 王珊，萨师煊. 数据库系统概论[M]. 5版. 北京：高等教育出版社，2014.
[2] 高亮，韩玉民. 数据库原理及应用(MySQL版)[M]. 北京：中国水利水电出版社，2019.
[3] 武洪萍，孟秀锦，孙灿. MySQL数据库原理及应用[M]. 2版. 北京：人民邮电出版社，2019.